Produktentwicklung und Konstruktionstechnik

Band 27

Reihe herausgegeben vom

Institut für Produktentwicklung und Konstruktionstechnik (PKT) der Technischen Universität Hamburg (TUHH), Hamburg, Deutschland unter der Leitung von Prof. Dr.-Ing. Dieter Krause

In der Buchreihe erscheinen die am Institut von Prof. Dr.-Ing. Dieter Krause erfolgreich betreuten abgeschlossenen Dissertationsschriften. Die Themen umfassen vorwiegend Arbeiten aus den beiden Forschungsschwerpunkten des Institutes, die methodische Produktentwicklung, insbesondere Themen zum Varianten- und Komplexitätsmangement sowie Methodenforschung für die Produktentwicklung im Allgemeinen und dem zweiten Forschungsthema der Strukturanalyse und Versuchstechnik mit Themen aus dem Bereich der Auslegung von Hochleistungswerkstoffen, wie CFK, Sandwich oder auch Keramik, sowie der Weiterentwicklung von Simulationsmethoden und Versuchstechnik für Spezialanwendungen. Bücher zu weiteren interessanten Themen oder Tagungsbände mit wissenschaftlichem oder mehr anwendungsorientiertem Charakter ergänzen die Buchreihe.

Emil Heyden

Vorgehen zur Schwingungsreduzierung durch anpassbare Impedanzelemente am Beispiel varianter Leichtbaustrukturen

Springer Vieweg

Emil Heyden
Institut für Produktentwicklung und
Konstruktionstechnik (PKT)
Technische Universität Hamburg
Hamburg, Deutschland

ISSN 2629-2157 ISSN 2662-7485 (electronic)
Produktentwicklung und Konstruktionstechnik
ISBN 978-3-662-70735-7 ISBN 978-3-662-70736-4 (eBook)
https://doi.org/10.1007/978-3-662-70736-4

Die Deutsche Nationalbibliothek verzeichnet diese Publikation in der Deutschen Nationalbibliografie; detaillierte bibliografische Daten sind im Internet über https://portal.dnb.de abrufbar.

Planung/Lektorat: Alexander Grün
Springer Vieweg ist ein Imprint der eingetragenen Gesellschaft Springer-Verlag GmbH, DE und ist ein Teil von Springer Nature.
Die Anschrift der Gesellschaft ist: Heidelberger Platz 3, 14197 Berlin, Germany

Vorgehen zur Schwingungsreduzierung durch anpassbare Impedanzelemente am Beispiel varianter Leichtbaustrukturen

Vom Promotionsausschuss der
Technischen Universität Hamburg

zur Erlangung des akademischen Grades
Doktor-Ingenieur (Dr.-Ing.)

genehmigte Dissertation (Monografie)

von
Emil Heyden

aus
Hamburg

2025

1. Gutachter: Prof. Dr.-Ing. Dieter Krause

2. Gutachter: Prof. Dr.-Ing. Sven Matthiesen

Tag der mündlichen Prüfung: 14. Oktober 2024

Vorwort

Leichtbaustrukturen, insbesondere im Flugzeugbau und speziell für die Flugzeugkabine, werden mit starren Verbindungselementen am Flugzeugrumpf befestigt, um die für den Festigkeitsnachweis geforderten hohen Kräfte in bestimmten Richtungen aufnehmen zu können. Bei Schwingbeanspruchung ist der Eigenfrequenzbereich zu vermeiden, um bereits bei der Entwicklung solcher Bauteile ein Aufschwingen ausschließen zu können. Liegt die Eigenfrequenz eines Kabinenbauteils, z. B. einer Bordküche oder einer Trennwand, in einem kritischen Bereich, so muss die Eigenfrequenz verschoben werden. Dies geschieht heute z.B. durch das Aufbringen einer zusätzlichen Deckschicht auf eine Sandwichplatte. Dadurch wird die Eigenfrequenz aus dem kritischen Bereich verschoben. Dieses gängige Vorgehen ist nur durch eine Gewichtszunahme durch die zusätzliche Decklage zu erreichen und widerspricht damit dem Prinzip des Leichtbaus.

Herr Heyden hat hier einen völlig anderen Ansatz gewählt, indem er die Systemgrenzen erweitert und die Schnittstellenelemente zum Flugzeugrumpf in die Betrachtung der Eigenfrequenzen mit einbezieht. Daraus ergeben sich neue Möglichkeiten zur Beeinflussung der Eigenfrequenz durch Anpassung der bisher starren Befestigungsschnittstellen hin zu Befestigungselementen mit definierten Feder- und Dämpfungseigenschaften. Da die gegenseitige Beeinflussung der Eigenschaften der Verbindungselemente und des zu untersuchenden Bauteils nicht linear ist, ist eine rein simulative Vorhersage nicht möglich.

Um dieser Herausforderung zu begegnen, hat Herr Heyden einen neuen methodischen Ansatz entwickelt, mit dem solche anpassbaren Impedanzelemente mit einstellbaren Feder- und Dämpferparametern entwickelt und für Versuche zur Verfügung gestellt werden können, um aus dem großen Parameterfeld mit vertretbarem Aufwand geeignete Einstellwerte zu ermitteln.

Die Arbeit von Herrn Heyden stellt eine bedeutende wissenschaftliche Bereicherung zur Thematik der Entwicklung von anpassbaren Impedanzelementen für die Anwendungen in Versuchsumgebungen dar. Damit wird eine Erweiterung der Systemgrenzen ermöglicht und die Befestigungselemente miteinbezogen, was zu neuen und leichteren Gesamtlösungen führen kann. In diesem Zusammenhang hat Herr Heyden eine methodische und systematische Vorgehensweise entwickelt, die ein geschicktes Zusammenspiel zwischen Versuch und Simulation zur Entwicklung solcher Elemente ermöglicht. Anhand von anschaulichen Erklär- und Validierungsbeispielen wird aufgezeigt, wie neue Impedanzelemente entwickelt oder auf bereits bestehende aufgesetzt werden können, um den Aufwand für künftige Entwicklungen zu minimieren.

Er hat seine wissenschaftlichen Erkenntnisse in mehreren nationalen und internationalen Konferenzen mit dem üblichen "Double-blind"-Review-Prozess vorgestellt, vier

Journalartikel – drei davon federführend – mit den beteiligten Kooperationspartnern verfasst und darüber hinaus an drei Buchkapiteln – eines davon federführend – mitgewirkt. Diese Leistungen werden insgesamt als deutlich überdurchschnittlich und als sehr gute wissenschaftliche Leistung anerkannt. Darüber hinaus hat er 25 studentische Arbeiten betreut, was sein hohes Engagement in Forschung und Lehre unterstreicht.

Die Arbeit ist insgesamt sehr gut und umfassend dargestellt. Die Entwicklung der Methode wurde nachvollziehbar beschrieben und in visuell ansprechend aufbereiteten Bildern dargestellt. Die von ihm durchgeführte Validierungsstudie ist von wissenschaftlicher Stringenz und Nachvollziehbarkeit geprägt. Sie hat die Funktionsfähigkeit und Anwendbarkeit der Methode sowie der damit entwickelbaren Impedanzelemente eindrucksvoll demonstriert und somit einen signifikanten Beitrag zur Weiterentwicklung der wissenschaftlichen Erkenntnisse auf diesem Gebiet geleistet.

Ich wünsche ihm auf seinem beruflich begonnenen Werdegang weiterhin viel Erfolg und danke ihm sehr herzlich für die am Institut und für die WiGeP geleistete Arbeit.

Hamburg, im Dezember 2024

Prof. Dr.-Ing. Dieter Krause

Danksagung

Dieses Buch stellt den Schwerpunkt meiner Forschung am Institut für Produktentwicklung und Konstruktionstechnik (PKT) der TU Hamburg (TUHH) dar. Meine Zeit als wissenschaftlicher Mitarbeiter brachte viele herausfordernde Themen und prägende Eindrücke mit sich, auf deren Weg mich meine Kollegen, Freunde und Familie begleitet haben. Dafür möchte ich mich herzlich bedanken.

Besonderer Dank geht an meinen Doktorvater Herrn Prof. Dr.-Ing. Dieter Krause für die Betreuung der hier mit dieser Arbeit abschließenden Promotion. Neben der wissenschaftlichen Betreuung danke ich für das hohe Vertrauen in meine Person und die vielfältigen Entwicklungsmöglichkeiten am Institut. Prof. Krause hat entscheidend dazu beigetragen, dass ich frei und innovativ meinen Forschungsbeitrag zur Schwingungsoptimierung durch Schnittstellenanpassung vorantreiben konnte. Weiterhin möchte ich meinem Zweitprüfer Prof. Dr.-Ing. Sven Matthiesen für die vielen inspirierenden Forschungsgespräche auf dem Gebiet der Schwingungstechnik danken.

Ich bin dankbar für die verantwortungsvollen Aufgaben und einhergehenden Erfahrungen, die ich als Vorstandsassistent der Wissenschaftlichen Gesellschaft für Produktentwicklung (WiGeP) machen durfte.

Weiterhin gilt mein Dank meinen Kollegen, die immer für mich da waren und mir in zahlreichen Gesprächen geholfen haben meine Themen zu konkretisieren. Ihr habt mich alle sehr unterstützt, ich möchte hier Andreas Lindenmann, Philipp Hüttich, Lukas Schwan und Fabian Laukotka hervorheben, deren Gespräche maßgeblich zu meiner Forschung beigetragen haben.

Dank gilt auch meinen Studenten, die durch ihre Tätigkeiten und Studienarbeiten die Vielzahl an notwendigen Entwicklungen, Untersuchungen und Analysen erst möglich machten. Aufgrund ihrer herausragenden Arbeit möchte ich Lukas Bunk, Ibrahim Kassem, Tim Strampe, Nico Sjursen und Rafael Neves hervorheben.

Ich möchte meinen Eltern Meline und Volker sowie meiner Frau Mariana danken, dass sie mich in allen Lebensentscheidungen bedingungslos unterstützen. Am Ende bin ich dankbar, dass mir die Willensstärke und das Interesse gegeben sind, eine solche Arbeit zielstrebig zu verfolgen und abzuschließen.

Hamburg, Dezember 2024

Emil Heyden

Zusammenfassung

Produkte, die in ihrem Betrieb Schwingungen ausgesetzt sind, sind auf die damit wirkenden dynamischen Belastungen zu untersuchen und auszulegen. Um die Belastungen zu reduzieren, gibt es unterschiedliche technische Möglichkeiten. Ein Ansatz ist die Anpassung der Schnittstelleneigenschaften, um die Systemgrenze über das Produkt hinaus zu erweitern. Die Untersuchung eines Produkts mit veränderlichen Schnittstelleneigenschaften ist anspruchsvoll und zeitintensiv, da jede Produktvariante mit einer Vielzahl an Schnittstellenelementen zu untersuchen ist, um die unterschiedlichen Schnittstelleneigenschaften abzubilden.

Die Verwendung von Schnittstellenelementen mit einstellbaren mechanischen Eigenschaften ermöglicht eine effizientere Untersuchung des erweiterten Systems. Im Konsortium pd|z der ETH Zürich, IPEK des KITs und PKT der TUHH sind im Rahmen des DFG-Projekts AIProVE anpassbare Impedanzelemente entwickelt worden, die für die Versuchstechnik geeignet sind. Anpassbare Impedanzelemente sind Maschinenelemente, deren Steifigkeits- und Dämpfungsverhalten separat voneinander einstellbar sind.

In dieser Arbeit wird aufgezeigt, wie eine Schwingungsreduzierung durch Anpassung der Schnittstelleneigenschaften auf Prüfumgebungen systematisch erreicht wird. Hierzu wird ein Vorgehen entwickelt, das über eine erweiterte Systembetrachtung konkrete Anforderungen an anpassbare Impedanzelemente stellt, die hierzu notwendige Bestimmung der Systemeigenschaften unterstützt und die effiziente Umsetzung bei hoher Produktvarianz und Vielzahl an abzubildenden Schnittstelleneigenschaften adressiert. Es wird gezeigt, dass über ein ganzheitliches Modell des Systems aus Produkt und parametrisierte Schnittstelle die notwendigen mechanischen Eigenschaften für anpassbare Impedanzelemente ableitbar sind. Der modulare Aufbau der Elemente und ein Auswahlkatalog dieser erlauben es, eine effiziente Untersuchung von Produktfamilien durchzuführen. Die technische Umsetzung erfolgt an zwei unterschiedlichen Produktfamilien. Die Schwingungsreduzierung wird an einfachen Honeycomb-Sandwichpanels und Partition-Varianten aus der Flugzeugkabine demonstriert. Durch das Vorgehen können für alle untersuchten Produktvarianten geeignete Impedanzelemente ausgewählt und entwickelt werden. Mit diesen konnte in physischen und virtuellen Untersuchungen eine signifikante Reduzierung der Schwingungen erreicht werden, die je nach untersuchter Produktvariante bis zu 65 % ausmacht.

Summary

Products that are exposed to vibrations during operation must be analyzed and designed for the dynamic loads they are subjected to. To reduce the loads, there are various technical options available. One approach is to modify the properties of the attachment to extend the system limit above the boundaries of the product. The investigation of the products with different interface properties is challenging and time-consuming, as each product variant has to be investigated with numerous interface elements to represent the varying properties.

The use of an interface with adjustable mechanical properties enables a more efficient investigation of product variants and interface elements. The consortium pd|z of ETH Zurich, IPEK of KIT and PKT of TUHH has developed adjustable impedance elements that are suitable for physical testing as part of the DFG project AIProVE. Adjustable impedance elements are machine elements with separately adjustable stiffness and damping characteristics.

The purpose of this thesis is to demonstrate how vibration reduction is achieved systematically by adjusting the interface properties of test benches. To accomplish this goal, a procedure is developed. This provides precise requirements for adjustable impedance elements through an extended system view. It supports the necessary determination of the system properties. In addition, it addresses the efficient implementation of high product variance and a variety of interface properties to be mapped. Knowledge of the necessary mechanical properties for adjustable impedance elements can be derived via a holistic model of the product and parameterized interface. The modular structure of the elements, together with a selection catalog, enables an efficient investigation of product families. The technical implementation is performed on two distinct product families. This study demonstrates vibration reduction on honeycomb sandwich panels and partition variants commonly used in the aerospace industry. The approach enables the selection and development of appropriate impedance elements for all variants. By conducting both physical and virtual investigations, a significant reduction in vibration has been achieved, up to 65 % depending on the product variant studied.

Inhaltsverzeichnis

Abkürzungen

abs	Betrag (absolute of complex value)
ADE	Anpassbares Dämpfungselement (adjustable damping element)
AIE	Anpassbares Impedanzelement (adjustable impedance element)
AM	Scheinbare Masse
arg	Phasenwinkel (argument of complex value)
AS	Scheinbare Steifigkeit
ASE	Anpassbares Steifigkeitselement (adjustable stiffness element)
CAD	Computer Aided Design
CNC	Computerized Numerical Control
dAIE	Dynamisch adaptive Impedanzelemente
DGL	Differenzialgleichung
ETHZ	Eidgenössische Technische Hochschule Zürich
FEM	Finite Elemente Methode
GFK	Glasfaser verstärkter Kunststoff
HPC	High Performance Computing
IPEK	Institut für Produktentwicklung
KIT	Karlsruher Institut für Technologie
mHIL	mechanische Hardware in the loop
MI	Mechanische Impedanz
MRF	Magnetorheologische Flüssigkeit
PD	Partikeldämpfer
pd|z	Product Development Group Zurich
PKT	Institut für Produktentwicklung und Konstruktionstechnik
R-squared	Kennzahl der Anpassungsgüte einer Regression
SLM	Selective Laser Melting
TMD	Schwingungstilger (tuned mass damper)
TUHH	Technische Universität Hamburg

VX (z. B. V1)	Produktvariante X (z. B. Variante 1)
V&V	Validierung und Verifizierung

Formelzeichen

a	Beschleunigungssignal
A	Querschnittsfläche
AM	Kraft pro Beschleunigung
AS	Kraft pro Weg
B	Flussdichte
d	Dämpfungswert
D	Durchmesser
$\boldsymbol{D}$	Dämpfungsmatrix
e	Eulersche Zahl
f	Frequenz
F	Kraft
HI	Übertragungsfunktion
i	imaginäre Zahl
I	Stromstärke
k	Steifigkeitswert
$\boldsymbol{K}$	Steifigkeitsmatrix
l	Länge
$\boldsymbol{l}$	Längenvektor
L	Gesamtlänge
m	Masse
M	Anzahl Versuchswiederholungen
$\boldsymbol{M}$	Massenmatrix
MI	Kraft pro Geschwindigkeit
n_X	Anzahl Faktorstufen je untersuchten Faktor X
N	Gesamtanzahl Versuch
p	Druck
q	Anzahl Faktoren

Q	Volumenstrom
r	Radius
R	Widerstand
R_X	Rotation um X-Achse
s	Strukturdämpfung
t	Zeit
T	Periodendauer
T_X	Translation um X-Achse
U	Stromspannung
$\boldsymbol{U}$	Verschiebungsvektor
x	Position
$\dot{x}$	Geschwindigkeit
$\ddot{x}$	Beschleunigung
$\hat{x}$	Amplitude
$\underline{\hat{x}}$	Komplexwertige Amplitude
$\boldsymbol{X}$	Matrix
y	Bewegung der Anregung
z	Relativbewegung
α	Faktor massenproportional
α_D	Drosselwert
β	Faktor steifigkeitsproportional
ε	mittleres Residuum
Δ	Differenz
η	Viskosität
μ	Reibungskoeffizient
ξ	Einheitenloses Dämpfungsmaß
ρ	Dichte
φ	Phasenverschiebung
ω	Kreisfrequenz

1 Einleitung

1.1 Ausgangssituation

Das physische Testen von Produkten stellt einen wesentlichen Bestandteil des Entwicklungsprozesses dar [Tho01]. Dabei sind schwingungsbelastete Strukturen für ihren Betriebsbereich auf Resonanzen zu untersuchen [Bra11a]. In den meisten technischen Systemen sind auftretende Resonanzen unerwünscht, da die Systeme direkt oder langfristig über Ermüdungsbrüche versagen können [Inm14]. Systeme, bei denen die Möglichkeiten ausgeschöpft sind, die Resonanz aus dem Betriebsbereich zu schieben, sind so auszulegen, dass diese der Belastung standhalten. Eine gezielte Schwingungsreduzierung kann die Belastung der Struktur begrenzen und damit auch die Auslegung der Struktur verbessern [VDI14b]. Das Schwingverhalten einer jeden Struktur ist abhängig von seinen mechanischen Randbedingungen. Bei dynamischen Tests sind die Testobjekte über Schnittstellenelemente mit der Anregungsquelle und gegebenenfalls mit Messsensoren verbunden [Lal14]. Diese beeinflussen durch ihre mechanischen Eigenschaften das Schwingungsverhalten und bringen damit eine Abhängigkeit der Versuchsergebnisse von Schnittstellenelementen zwischen Testobjekt und Anregung mit sich [Lal14], [McC95].

Bei einer Schwingungsuntersuchung kann es zu Wechselwirkungen zwischen Prüfstand, Schnittstellenelement und Testobjekt kommen [Var02]. Beim dynamischen Testen werden die Schnittstellen grundsätzlich so gestaltet, dass diese einen möglichst geringen Einfluss auf das Schwingungsverhalten aufweisen [Lal14] oder falls der Einfluss beschreibbar ist, diesen herauszurechnen [McC95], [Ewi86]. Zum Erreichen von verlässlichen Versuchsergebnissen beim dynamischen Testen ist somit sicherzustellen, dass die Eigenschaften von Schnittstellenelementen im Prüfaufbau vollständig bekannt sind oder deren Einfluss durch konstruktive Maßnahmen vernachlässigbar ist.

1.2 Problemstellung und Herausforderungen

Eine Veränderung der Eigenschaften eines Teilsystems verändert das Schwingverhalten des Gesamtsystems und damit auch rückkoppelnd das Verhalten aller Teilsysteme. Hieraus folgt die Notwendigkeit, Schwingungssysteme ganzheitlich zu betrachten. Einhergehend beeinflusst eine Veränderung der Eigenschaften an der Schnittstelle das Schwingverhalten des Gesamtsystems [Bea77], [Kim01a], [Ung73]. Der Einfluss der

E. Heyden, *Vorgehen zur Schwingungsreduzierung durch anpassbare Impedanzelemente am Beispiel varianter Leichtbaustrukturen*, Produktentwicklung und Konstruktionstechnik 27,
https://doi.org/10.1007/978-3-662-70736-4_1

Schnittstelleneigenschaften, welcher in den meisten dynamischen Untersuchungen zu vermeiden ist, kann jedoch auch positiv genutzt werden, um eine gezielte Schwingungsreduzierung zu erreichen [Hey25]. Durch systematische Untersuchung des Einflusses der Schnittstellen auf das Schwingungsverhalten ergibt sich damit ein Potenzial, dieses zur gezielten Beeinflussung der Schwingungsreduzierung des Gesamtsystems, bestehend aus Testobjekt und Schnittstellenelementen, zu nutzen. Mit der gezielten Anpassung der Schnittstelleneigenschaften zur Schwingungsreduzierung geht eine Reduzierung der Belastung der Strukturen einher, wodurch der Leichtbau unterstützt wird.

Um eine Schwingungsreduzierung über Anpassung der Schnittstellen zu erreichen, bedarf es zuvor der Kenntnis der hierfür abzubildenden Schnittstelleneigenschaften. Das Schwingungsverhalten der zu untersuchenden Struktur ist sensitiv gegenüber der Änderung ihrer Schnittstelleneigenschaften und die Wechselwirkungen untereinander erschweren deren Bestimmung. Die Änderung der Schnittstelleneigenschaften kann durch resultierende Resonanzphänomene zu ungewolltem Aufschwingen führen [Zel12]. Dieses kann sogar zu Überlastungen bis hin zur Zerstörung der Struktur und Schnittstelle führen [Kim01a]. Es bedarf somit eines geeigneten Vorhersagemodells des Schwingungsverhaltens abhängig von den Schnittstelleneigenschaften.

Unter der hier zunächst vorausgesetzten Möglichkeit zur Vorhersage des ganzheitlichen Schwingungsverhaltens eines Testobjekts, wäre es möglich, passende Schnittstelleneigenschaften zu bestimmen. Diese würden die optimalen mechanischen Eigenschaften zur Schwingungsreduzierung abbilden. Ein einzelnes Schwingungsoptimum umzusetzen, ist somit mit einem rein stationären (nicht einstellbaren) Element möglich, welches individuell auf ein Produkt auszulegen wäre. Bei der Untersuchung einer Vielzahl an Produkten, wie den unterschiedlichen Konfigurationen von Leichtbaustrukturen, liegen unterschiedliche dynamische Verhalten je Produktvariante vor [Pla14a]. Damit gehen auch unterschiedliche Schwingungsoptima der jeweiligen Schnittstelleneigenschaften einher. Um diese unterschiedlichen Konfigurationen und deren jeweilige Schwingungsbeeinflussungen abzubilden, sind eine Vielzahl an unterschiedlichen Schnittstellenelementen mit unterschiedlichen Schnittstelleneigenschaften notwendig.

Schnittstellenelemente mit einstellbaren Eigenschaften könnten ganze Bereiche von mechanischen Eigenschaften im physischen Test abbilden. Passende Schnittstellenelemente mit einstellbaren mechanischen Eigenschaften, welche für die Versuchstechnik geeignet sind, sind kommerziell nicht verfügbar und nur begrenzt erforscht. Aus diesem Grund erforschte das SNF- und der DFG geförderten Projekt AIProVE[1] einstellbare Schnittstellenelemente, um nachgiebige Randbedingungen beim Testen und Validieren von

[1] AIProVE – Adjustable Impedance Elements for Product Validation in Compliant Environments (Projektnr. 399922375), in Kooperation mit Prof. S. Matthiesen (KIT) und Prof. M. Meboldt (ETHZ), gefördert durch die DFG im Rahmen der Sachbeihilfe, Projektzeit 07/2018-12/2021.

Produkten abzubilden. Die in dem Projekt entwickelten anpassbaren Impedanzelemente (Adjustable Impedance Element) sind Maschinenelemente, welche als Schnittstellenelemente in der Versuchstechnik eingesetzt werden und deren Steifigkeits- und Dämpfungsverhalten separat voneinander einstellbar sind [Hey18]. Für die dynamische Versuchstechnik ermöglichen AIEs damit eine Vielzahl von Schwingungsverhalten abzubilden ohne die jeweils anfallende Auslegung, Herstellung und Umrüstung im Versuchsbetrieb. Die Entwicklung von AIEs ist jedoch mit einem höheren Aufwand verbunden, da nur einstellbare Wirkprinzipien genutzt werden können und zusätzlich ein Einstellmechanismus zu entwickeln ist. Eine einhergehende Herausforderung ist damit, den zusätzlichen Aufwand zur Entwicklung von AIEs zu begrenzen.

1.3 Zielsetzung

Diese Arbeit adressiert die Herausforderungen eine Schwingungsreduzierung von einer Vielzahl an Produktvarianten zu erreichen. Hierzu weist sie das Potenzial der Schwingungsreduzierung durch Anpassung der Schnittstelleneigenschaften auf Prüfumgebungen nach und leistet einen Beitrag zur systematischen Entwicklung der hierzu notwendigen AIEs. Die Bestimmung der Anforderungen an AIEs wird unterstützt sowie der hohe Aufwand bei der Untersuchung von wechselwirkenden Systemen aus Produktvarianten und Schnittstellenelementen begrenzt.

Anhand von Bild 1.1 sollen die Schritte hin zu einer ganzheitlichen Schwingungsuntersuchung von Produktvarianten und Schnittstellen erläutert werden. Bild 1.1 a) beschreibt die Ausgangssituation, in der dynamische Untersuchungen N lediglich auf die Anzahl der Produktvarianten n_V begrenzt sind. Hier wird mittels einer starren Anbindung das Schwingverhalten untersucht. Je Produktvariante kommt es zu einer Untersuchung, wobei zur statistischen Absicherung zusätzlich Versuchswiederholungen notwendig sein können.

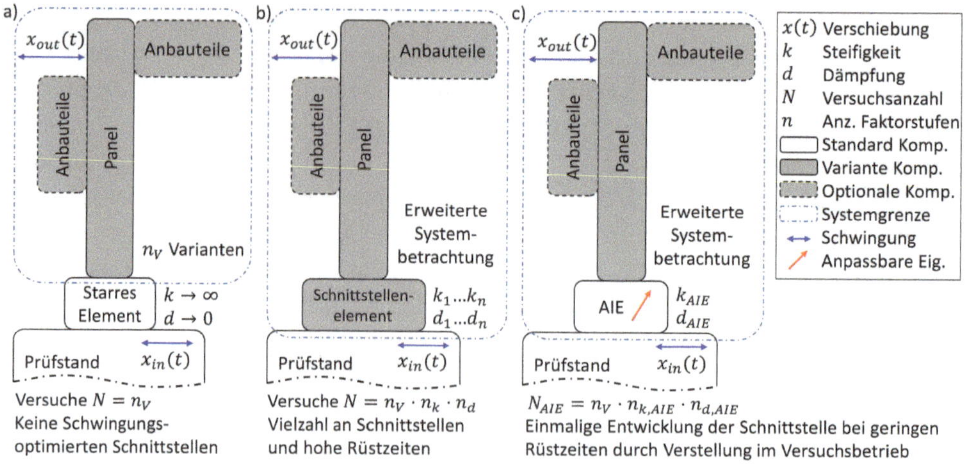

Bild 1.1: Erweiterung der Systemgrenze über Produktvariante und Schnittstelle, in a) die Ausgangssituation mit starrer Anbindung, in b) die Herausforderung mit varianten Schnittstellen und in c) die Zielsetzung mit anpassbarer Schnittstelle.

Erweitert man die Systembetrachtung um ein Schnittstellenelement mit mechanischen Eigenschaften, wie es in Bild 1.1 b) dargestellt ist, wird es möglich, den Einfluss dieser mitzubetrachten. Schwingungsoptimierte Systeme aus Produkt und Schnittstelle sind hiermit erreichbar. Es geht jedoch ein deutlich zunehmender Versuchsaufwand einher, da jede Schnittstelle mit der Zahl an zu untersuchenden Steifigkeiten n_k und Dämpfungen n_d umzusetzen ist. Weiterhin ist für jede Änderung der Schnittstelleneigenschaften ein eigenes Schnittstellenelement mit spezifischen Steifigkeits- und Dämpfungseigenschaften auszulegen, zu fertigen und zu testen. Im Versuchsbetrieb sind die Schnittstellenelemente auszutauschen, was hohe Rüstzeiten verursacht, da das auszutauschende Schnittstellenelement als Verbindung zwischen Prüfstand und Produktvariante fungiert. Bild 1.1 c) zeigt den Ansatz durch die Verwendung von AIEs den hohen Versuchsaufwand zu reduzieren. Die Schwingungsreduzierung kann je Produktvariante n_V nun direkt durch eine Verstellung der Steifigkeit $n_{k,AIE}$ und Dämpfung $n_{d,AIE}$ umgesetzt werden, ohne diese individuell herstellen und umrüsten zu müssen.

Ziel dieser Arbeit ist es, ein systematisches Vorgehen zu entwickeln, welches eine Schwingungsreduzierung durch den Einsatz von AIEs auf Prüfumgebungen systematisch und bei begrenztem Aufwand erreicht. Hierzu sind folgende Teilziele zu adressieren.

- Mit dem Vorgehen soll systematisch eine Schwingungsreduzierung für mehrerer Produktvarianten durch Anpassung der Schnittstelleneigenschaften im Prüfbetrieb erreicht werden. Die hierzu notwendige Anpassung der Schnittstelleneigenschaften ist mit AIEs umzusetzen.

- Die für die Entwicklung der AIEs notwendigen Kenntnisse der mechanischen Kennwerte soll systematisch erreicht werden. Die Bestimmung konkreter Anforderungen soll auf einer vorausgehenden ganzheitlichen Betrachtung aufbauen.
- Der hohe Versuchsaufwand, resultierend aus der ganzheitlichen Betrachtung des Systems aus Produktvarianten und Schnittstellenelementen, soll effizient gestaltet werden. Zum einen soll dieses über den Einsatz von AIEs erreicht werden, welche im Versuchsbetrieb verstellt werden. Zum anderen soll der Entwicklungsaufwand der zu entwickelnden AIEs reduziert oder ggf. ganz eingespart werden.

1.4 Aufbau der Arbeit

Folgend auf die in diesem Kapitel vorgestellte Einleitung in das Thema, wird im folgenden Kapitel 2 die Problembeschreibung aufgezeigt. Hier werden die gegenseitige Beeinflussung von Produktvarianten und Schnittstellenelementen und die Notwendigkeit, der Vorhersage des dynamischen Verhaltens sowie die Begrenzung des Versuchsaufwands bei hoher Produkt- und Schnittstellenvarianz adressiert. Zu entwickelnde AIEs bieten die Möglichkeit diesen Herausforderungen technisch zu begegnen. Das Kapitel wird durch das Aufstellen von Anforderungen an ein Vorgehen zur Schwingungsreduzierung durch anpassbare Schnittstellenelemente abgeschlossen.

Im Kapitel 3 wird zunächst der Hintergrund des Themenfelds und der Forschungsstand am Institut dargelegt. Folgend werden die Grundlagen zu Themen der Schwingungsübertragung gegeben, sowie deren experimentellen und numerischen Untersuchung. Dies soll aus dem breiten Feld der Schwingungslehre und Versuchstechnik, die hier notwendigen Themen nahebringen. Über eine systematische Literaturrecherche wird folgend der Stand der Technik zu nachgiebigen Schnittstellenelementen und den Möglichkeiten zur Schwingungsreduzierung erarbeitet und vorgestellt.

In Kapitel 4 wird der Einsatz von AIEs zur Schwingungsreduzierung von Produktfamilien konkretisiert und folgend die Forschungsfragen und Hypothesen, welche diese Arbeit bestimmen, erläutert. Das Vorgehen zur Schwingungsreduzierung durch anpassbare Impedanzelemente wird entwickelt und exemplarisch an einem einfachen Sandwichpanel erläutert.

Kapitel 5 zeigt die technische Umsetzung des Vorgehens an mehreren Varianten von Partitions (Trennwände) aus der Flugzeugkabine auf, an deren Erfüllungsgrad die gestellten Hypothesen geprüft werden. Abschließend werden in Kapitel 6 die Erkenntnisse der Arbeit zusammengefasst und der Forschungsausblick gegeben.

2 Problembeschreibung

In diesem Kapitel wird die Problembeschreibung mit ihren einhergehenden Herausforderungen bei der Schwingungsreduzierung der dynamisch belasteten Produktvarianten durch Anpassung ihrer Schnittstelleneigenschaften dargestellt. Zu den Herausforderungen gehören die Schwingungsbeeinflussung, die Vorhersage des dynamischen Verhaltens und der einhergehende hohe Versuchsaufwand. Das Kapitel schließt mit der Aufstellung der resultierenden Anforderungen an ein systematisches Vorgehen zur Schwingungsreduzierung ab.

2.1 Schwingungsbeeinflussung von Produkten

Systeme, die unter dynamischen Belastungen stehen, sind grundsätzlich auf ihr Verhalten bei auftretenden Resonanzen zu untersuchen, um aus sicherheitskritischer Sicht ein Versagen zu verhindern und aus Komfortaspekten Lärmbelastung zu vermeiden [Pla14b]. Die zu entwickelnden Systeme können über folgende Ansätze gegen kritisches Aufschwingen ausgelegt werden, wobei hier auf die mechanischen und sicherheitskritischen Aspekte begrenzt wird.

- Nutzen von dämpfenden Eigenschaften innerhalb des Produktes, um die kinetische Energie der Schwingung zu dissipieren [Riv10].
- Tilgen der Resonanz durch Einbringen einer weiteren, der zu beeinflussenden Schwingung entgegengesetzten Resonanz [Vöt06].
- Anpassung der Gestalt hinsichtlich Verhältnis aus Trägheiten und Steifigkeiten im anregenden Frequenzbereich [Riv10], sodass die Eigenfrequenzen des Produkts nicht angeregt werden [Roj19].
- Anpassung der Anregung, durch Änderung von Drehzahlen und Geschwindigkeiten [Riv10], sowie Reduzierung von Unwuchten [Wit21].
- Beeinflussung der Schwingungsübertragung an den Anbindungen des Produktes [VDI14a], [Gau01].

Die Auslegung von dynamisch belasteten Leichtbaustrukturen stellt in der Produktentwicklung in vielen Fällen eine Herausforderung dar [Stu19], [Roj19]. Für Anwendungen, in denen die anregenden Frequenzbereiche nicht vollständig bekannt sind oder

E. Heyden, *Vorgehen zur Schwingungsreduzierung durch anpassbare Impedanzelemente am Beispiel varianter Leichtbaustrukturen*, Produktentwicklung und Konstruktionstechnik 27,
https://doi.org/10.1007/978-3-662-70736-4_2

konstruktive Maßnahmen, um die Resonanzen aus dem Anregungsbereich zu bringen, ausgeschöpft sind, ist eine Auslegung hinsichtlich des dynamischen Verhaltens notwendig. Diese Notwendigkeit verstärkt sich noch für Leichtbaustrukturen, z. B. in der Luftfahrt, die aufgrund der notwendigen Massenreduzierung häufig nicht so steif gestaltet sind, dass Resonanzen außerhalb des Anregungsbereichs geschoben werden können [Gér15]. Hier sind experimentelle Untersuchungen zur Bestimmung der Eigenschaften im Entwicklungsprozess [Inm14] und physische Tests zur Zertifizierung [EASA21] notwendig.

Eine frühzeitige Berücksichtigung von Schwingungsphänomenen im Entwicklungsprozess ist zu beabsichtigen, um unvorhergesehene Entwicklungszeiten und -kosten im späteren Prozess zu vermeiden [Ram17]. Für eine Vielzahl von dynamisch belasteten Strukturen fehlt allerdings in den frühen Entwicklungsphasen die Kenntnis über die dynamischen Eigenschaften der Produkte, weshalb häufig auf Werte aus Vorgängergenerationen zurückgegriffen wird [Pla14b]. Das dynamische Verhalten dieser wird zu einem großen Teil durch Schnittstelleneigenschaften beeinflusst, deren Einfluss meist nichtlinear ist [Ibr05]. Hinzu kommt hier noch die Herausforderung, dass bei der dynamischen Untersuchung eines Gesamtsystems die unterschiedlichen Teilsysteme einander beeinflussen [McC95], [Var02].

2.2 Vorhersage des dynamischen Verhaltens

Bei der dynamischen Untersuchung von Systemen, bestehend aus Produktvariante und Schnittstellenelementen, stellt die gegenseitige Beeinflussung der Teilsysteme eine Herausforderung dar. Das Schwingungsverhalten des wechselwirkenden Systems kann sich wie beabsichtigt reduzieren, aber auch verstärken [Riv10], [Zel12]. Eine Verstärkung kann die Komponenten in diesem Fall überlasten und bis zu deren Versagen führen [Kim01a]. Zur Vermeidung der Überlastung sind somit die Wechselwirkung der Teilsysteme bereits vor dem physischen Versuch mit AIEs zu berücksichtigen. Ein direkter Austausch starrer Anbindungen mit AIEs an den Schnittstellen ist somit nicht sinnvoll. Erst ein Modell zur Vorhersage des dynamischen Verhaltens des Gesamtsystems bestehend aus Produktvariante und deren Schnittstellenelement ermöglicht es, die resultierenden Belastungen auf Produkt und Schnittstelle zu bestimmen.

Die Bestimmung der resultierenden Belastungen ist zum einen notwendig, um die zu untersuchenden Produktvarianten nicht zu überlasten und zum anderen um AIEs entwickeln zu können, die diesen standhalten. Ein ganzheitliches Vorhersagemodell über Produktvariante und Schnittstellenelementen ermöglicht die Bestimmung der Belastung der AIEs vor dem physischen Versuch. Aus dem resultierenden dynamischen Verhalten, abhängig von den Schnittstelleneigenschaften, lassen sich damit die Anforderungen an die zu entwickelnden AIEs ableiten.

Zur Abbildung des dynamischen Verhaltens werden die dynamischen Eigenschaften der zu untersuchenden Produktvarianten und Schnittstellen benötigt. Wobei die mechanischen Eigenschaften der Schnittstellen die Einflussgrößen zur Zielgröße Schwingungsreduzierung darstellen. Hierbei handelt es sich um ihre mechanischen Eigenschaften, wie Steifigkeit und Dämpfung. Die dynamischen Eigenschaften der Produktvarianten sind grundsätzlich experimentell zu bestimmen.

Um die Schwingungsreduzierung durch Anpassung der Schnittstelleneigenschaften zu erreichen, ist die Vorhersage des dynamischen Verhaltens des Gesamtsystems, bestehend aus Produktvariante und Schnittstellenelement, mit ihren Wechselwirkungen, notwendig. Ein solches Modell dient der Vorhersage der resultierenden Belastung der Produktvarianten und Schnittstellenelementen und bildet damit auch einen Ansatz zur Bestimmung der mechanischen Anforderungen an die zu entwickelnden AIEs.

2.3 Beherrschung des Versuchsaufwands bei Produkt- und Schnittstellenvarianz

Zur Bestimmung der dynamischen Eigenschaften eines Produkts sind physische Untersuchungen notwendig [Vöt06]. Die dynamischen Eigenschaften, wie beispielsweise die Dämpfung im System, kann nichtlinear abhängig von der Frequenz und Amplitude sein [McC95]. Um die Eigenschaften statistisch abzusichern, sind die Untersuchungen mit Versuchswiederholungen durchzuführen. Betrachtet man Produktfamilien kommt die Produktvarianz, aus deren Kombinatorik der Komponenten hinzu. Mit steigender Produktvarianz steigt die Anzahl an durchzuführenden Untersuchungen. Bereits die dynamische Untersuchung von Produktfamilien ohne Berücksichtigung der Schnittstelleneigenschaften geht aufgrund von nichtlinearen dynamischen Eigenschaften, der statistischen Absicherung und der Anzahl an Produktvarianten mit einem hohen Versuchsaufwand einher.

Die Berücksichtigung von Schnittstellenelementen in der dynamischen Untersuchung potenziert den Versuchsaufwand noch einmal. Ein Produkt weißt meist mehrere Schnittstellen zur Umgebung auf. Je Schnittstelle können bei deren Berücksichtigung zur Schwingungsreduzierung deren mechanische Eigenschaften Steifigkeit, Dämpfung, und Trägheit variiert werden. Die Vielzahl an zu untersuchenden Faktoren, resultierend aus Produkt- und Schnittstellenvarianz, mit ihren jeweiligen zu untersuchenden Faktorstufen, führen zu einem sehr hohen Versuchsaufwand, welcher grundsätzlich kaum noch umsetzbar ist.

AIEs, die als einstellbare Elemente eine Vielzahl an mechanischen Eigenschaften abdecken, bieten einen Ansatz den hohen Versuchsaufwand zu reduzieren. Im Versuchsbetrieb können AIEs, ohne Austausch der Schnittstelle, eine Vielzahl an Schnittstellenbedingungen abbilden. Somit wird es zum einen möglich mehrere Schwingungsoptima von mehreren Produktvarianten umzusetzen und zum anderen Kennfelder der Verstärkung über deren Schnittstelleneigenschaften zu bestimmen.

Die AIEs sind für den Einsatz in der Versuchstechnik zu entwickeln. Hierzu müssen sie die resultierenden Anforderungen aus der Prüfumgebung und Prüfbedingen erfüllen. Hierzu gehören beispielsweise die separat einstellbaren Steifigkeits- und Dämpfungseigenschaften und die Auslegung gegen weite Frequenz- und Lastbereiche. Bestehende einstellbare Elemente sind meist auf explizite Anwendungen hin entwickelt und erfüllen diese Anforderungen damit vorrausichtlich nicht.

2.4 Anforderungen an ein Vorgehen zur Schwingungsreduzierung durch Anpassung der Schnittstelleneigenschaften

Aus Abschnitt 1.3 ergibt sich bereits die Zielstellung, ein Vorgehen aufzustellen, mit dem systematisch eine Schwingungsreduzierung durch den Einsatz von AIEs an den Schnittstellen erreicht wird. In Abschnitt 2.1 ist aufgezeigt, dass es notwendig ist, dynamische Systeme ganzheitlich zu betrachten, da das dynamische Verhalten der Teilsysteme sich gegenseitig beeinflusst. Hiermit resultiert die in Abschnitt 2.2 dargestellte Notwendigkeit, das dynamische Systemverhalten mit veränderlichen Schnittstelleneigenschaften vor der physischen Umsetzung durch ein Modell vorherzusagen. Abschnitt 2.3 beschreibt den mit zu untersuchender Produktvarianz einhergehenden hohen Versuchsaufwand, das Vorgehen soll diesen bei gleichbleibendem Erkenntnisgewinn begrenzen. Im Folgenden werden die sich hieraus ergebenden Anforderungen an ein Vorgehen zur Schwingungsreduzierung durch AIEs detailliert adressiert.

Das Vorgehen soll eine erweiterte Systembetrachtung über Testobjekt und Schnittstellen ermöglichen.

Ziel ist es, durch eine Erweiterung des Untersuchungsraums über die Systemgrenze des eigentlichen Testobjekts hinweg eine Schwingungsreduzierung zu erreichen. Durch die erweiterte Systembetrachtung sind Wechselwirkungen zu betrachten und einhergehend die Untersuchung ganzheitlich durchzuführen. Für den hier vorliegenden Betrachtungsraum sind in physischen Tests und den zugehörigen virtuellen Modellen Testobjekt und Schnittstelle gemeinsam zu untersuchen. Sollte nicht von einem idealen Anregungsverhalten seitens des Prüfstands ausgegangen werden können, ist dieses ebenfalls in die Systembetrachtung einzubinden.

Das Vorgehen soll systematisch Anforderungen für die Entwicklung von AIEs ableiten.

Unkonkrete Formulierung der Anforderungen an die Entwicklung der AIEs sind zu vermeiden, weshalb eine systematische Bestimmung dieser notwendig ist. Veränderliche Schnittstelleneigenschaften und variante Testobjekte weisen Wechselwirkungen untereinander auf [Riv10], aus denen sich das Schwingungsverhalten und deren einhergehende Belastungen der Schnittstellen und Testobjekte nicht vorhersagen lassen [Kim01a]. Zur Entwicklung der AIEs sind somit bereits vor dem physischen Test von

Produktvarianten und AIEs Vorhersagemodelle zu entwickeln um systematisch Anforderungen hinsichtlich Steifigkeits-, Dämpfungs-, Last- und Wegbereichen zu bestimmen.

Das Vorgehen soll die Bestimmung der Systemeigenschaften der untersuchten Produktvarianten unterstützen.

Um das Schwingungsverhalten eines Systems bewerten zu können, sind dessen Systemeigenschaften zu bestimmen. Häufig sind die statischen Eigenschaften von Systemen durch Kenntnis der Werkstoffeigenschaften abbildbar, die dynamischen Eigenschaften jedoch meist unbekannt. Insbesondere die Bestimmung der Dämpfung des Systems bedarf im Allgemeinen jedoch einer experimentellen Bestimmung [Olt18]. Die Herausforderung bei der Bestimmung der Dämpfung liegt zum einen in der Wahl eines geeigneten Dämpfungsmechanismus [McC95], weiterhin in der Bestimmung dessen Wertes [Rad13] und dessen Gültigkeitsbereich [Han20a].

Das Vorgehen soll die hohe Produktvarianz und damit notwendigen Schnittstelleneigenschaften beim dynamischen Testen berücksichtigen.

Das genaue Schwingungsverhalten von individuellen Produkten ist ohne experimentelle Untersuchung nicht hervorzusagen. Unterschiedliche Kombinationen von Komponenten führen zu einer Vielzahl an zu untersuchenden Produktvarianten. Je abzuleitender Produktvariante geht die Bestimmung von Dämpfungsverhalten einher. Produktänderung, insbesondere an Verbindungsstellen und Bereichen mit großer Deformation, führen zu stark abweichendem Dämpfungsverhalten [Bog07]. Neben der Betrachtung der Produktvarianten multipliziert sich durch die Anpassung der Schnittstellen der Versuchsaufwand. Die Vielzahl an dynamischen Untersuchungen lassen sich für mehrere Produktvarianten mit individuellen Schnittstellen meist nicht in einem akzeptablen Zeitrahmen umsetzen und sind deshalb zu reduzieren.

Das Vorgehen soll eine Auswahlhilfe vorhandener AIE enthalten.

Mit der Entwicklung von AIEs geht ein hoher Aufwand einher, der im besten Fall durch Zurückgreifen auf bestehende Elemente vermieden wird [Hey23a]. Hierfür ist ein Auswahlkatalog für bestehende Systeme anzulegen und im Vorgehen zu berücksichtigen. Dieser Katalog soll passend zu den systematisch zu bestimmenden Anforderungen die Eigenschaften der Elemente zuordnen.

3 Grundlagen und Stand der Wissenschaft

In diesem Kapitel werden ausgehend vom Hintergrund des Themengebiets die notwendigen Grundlagen zur Schwingungs- und Versuchstechnik, sowie der Stand der Wissenschaft zu anpassbaren Schnittstellenelementen und Schwingungsreduzierung vorgestellt. Jeweils wird der Erkenntnisgewinn für diese Arbeit abgeleitet und die Forschungslücken im Wissensgebiet dargestellt.

3.1 Hintergrund des Themengebiets

In diesem Abschnitt wird die Ausgangssituation der Arbeit zu der dynamischen Analyse von Leichtbaustrukturen am Beispiel der Flugzeugkabine und der Varianz von Produkten und Schnittstellen dargestellt. Der Abschnitt schließt mit den sich ergebenden weiterführenden Wissensgebieten und hierbei zu beachtenden Themenfeldern ab.

3.1.1 Schwingungsanalyse von Leichtbaustrukturen am Beispiel der Flugzeugkabine

Flugzeuge sind dynamischen Belastungen ausgesetzt, welche hohe Beanspruchungen in Leichtbaustrukturen verursachen [Wri14]. Das resultierende Schwingungsverhalten ist auch ein entscheidendes Auslegungskriterium in der Entwicklung von Kabinenelementen [Ras17]. Um das dynamische Verhalten von Leichtbaustrukturen zu untersuchen, werden diese in einem definierten Frequenzbereich angeregt und das resultierende Verhalten der Struktur analysiert. Eine entscheidende Größe zur Darstellung des Schwingungsverhaltens ist die Übertragungsfunktion $HI_{out,in}$ mit ihrer Verstärkung über der Frequenz sowie der Phasenverschiebung. Die Verstärkung beschreibt das Verhältnis der Amplitude des schwingenden Elements zur Amplitude der Anregung. Die Phasenverschiebung beschreibt die zugehörige Verschiebung des Nulldurchgangs bei gleicher Frequenz. Das Schwingungsverhalten einer Struktur ist abhängig von seinen Trägheiten, Steifigkeiten und Dämpfungen. Vereinfacht lässt sich mit der Änderung von Steifigkeit und Masse die Eigenfrequenzen beeinflussen, durch Dämpfung lässt sich das Aufschwingen im Bereich der Resonanz beeinflussen [Inm14].

Strukturen aus der Flugzeugkabine, wie Galleys (Bordküchen), Partitions (Trennwände), Lavatories (Toiletten) oder Overhead Bins (Gepäckablagen), sind dynamischen Lasten ausgesetzt. Bei der dynamischen Auslegung sind sowohl Komfortaspekte als auch sicherheitsrelevante Aspekte durch Vibration zu beachten [Pla14b]. Ein sicherheitsrelevanter

E. Heyden, *Vorgehen zur Schwingungsreduzierung durch anpassbare Impedanzelemente am Beispiel varianter Leichtbaustrukturen*, Produktentwicklung und Konstruktionstechnik 27,
https://doi.org/10.1007/978-3-662-70736-4_3

Auslegungsfall bei Kabinenelementen ist insbesondere der sogenannte Windmilling-Lastfall. Bei diesem lösen sich eine oder mehrere Turbinenschaufeln infolge eines Schadens während des Flugs (vgl. Bild 3.1 a). Die abgeschaltete Turbine wird während der Restflugzeit weiter durch den Luftstrom angetrieben und durch die resultierende Unwucht eine Schwingung erzeugt [Gal81]. Diese kann zu einem fremderregten Aufschwingen der Flugzeugstruktur und des Kabineninterieurs und zu einer Gefährdung der Passagiere führen (vgl. Bild 3.1 b). Ein sicherer Weiterflug und folgende Landung sind nach Luftfahrtspezifikation EASA CS-25 [EASA21] zu gewährleisten. Strukturversagen von Triebwerken treten selten auf, das Flugzeug ist jedoch danach vollständig zu überholen oder bei zu starker Beschädigung der Außerbetriebnahme zuzuführen [EASA21]. Statistische Auswertungen zeigen, dass die Wahrscheinlichkeit des Eintretens eines Windmilling-Lastfalls mit einer bis zu 60-minütigen Flugzeit zum nächstliegenden Flughafen bei 10^{-7} bis 10^{-8} liegt [EASA21]. Längere Flugzeiten zum nächstliegenden Flughafen unter Windmilling-Last liegen bei einer Wahrscheinlichkeit von weniger als 10^{-9} [EASA21].

Zur Zertifizierung sind die Belastungen der Flugzeugkomponenten durch eine dynamische Untersuchung zu ermitteln [EASA21]. Die Komponenten des Flugzeugrumpfs und der Kabine sind im niedrigen Frequenzbereich mit unterschiedlichen Beschleunigungsamplituden zu untersuchen [ABS06].

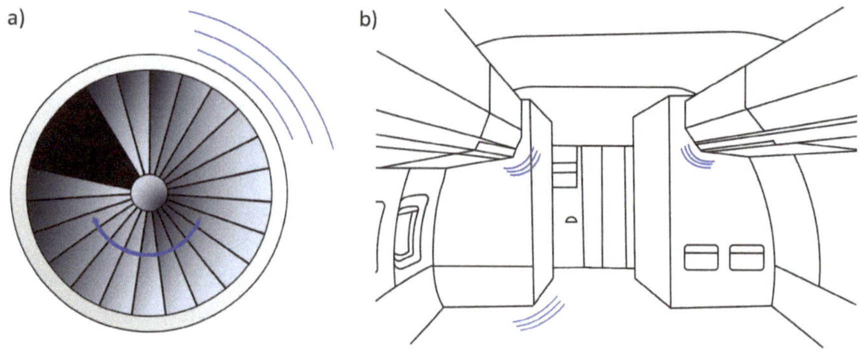

Bild 3.1: Windmilling-Lastfall, in a) Turbinenschaden und resultierende Schwingung nach [Han20b] und in b) übertragene Schwingungen auf Kabineninterieur nach [Olt15].

Am PKT sind zahlreiche Versuchsreihen zu Strukturen aus der Flugzeugkabine mit unterschiedlichen Beladungszuständen und Konfigurationen durchgeführt worden, um deren Schwingungsverhalten, Eigenmoden und Dämpfungswerte zu ermitteln [Kra16], [Hey20a]. Typischerweise werden zum Nachweis von Modellen aus der Flugzeugkabine starre Verbindungen angewendet [GAMA09]. Dieses bildet jedoch nicht die mechanischen Eigenschaften der realen Schnittstellen ab und die Übertragbarkeit des Schwingungsverhaltens der Kabinenelemente auf den realen Einsatz ist kritisch zu beurteilen [Hey19].

Für die Untersuchung des auslegungskritischen Windmilling-Lastfalls sind hydraulische Schwingungsprüfstände geeignet. Der in Bild 3.2 a) dargestellte einachsige servohydraulische Shaker befindet sich am PKT, dieser steht auf einem entkoppelten Schwingfundament und kann Frequenzen im Spektrum von 1 Hz bis 40 Hz und Kräfte bis zu 125 kN über Wege von ±175 mm erzeugen [Lau20]. Mit einem angebundenen Schlitten kann das Schwingverhalten von fußpunkterregten Sandwichpaneln untersucht werden [Olt18]. Für mehrdimensionale dynamische Untersuchungen von Großkomponenten bietet sich der Hexapod-Prüfstand an, der in Bild 3.2 b) dargestellt ist. Mit diesem Prüfstand sind mehrdimensionale Schwingungsanalysen von Flugzeuginterieur im Bereich von 2 bis 30 Hz realisierbar [Pla13]. Die Ringplattform des Hexapods wird über sechs doppeltwirkende Zylinder verfahren. Drei 150 kW Elektromotoren treiben den Hydraulikkreislauf an und ermöglichen statische und dynamische Analysen in alle translatorischen und rotatorischen Richtungen. Statische Lasten bis zu 500 kN und Momente bis zu 40 kNm über einen Weg von ±150 mm und Winkel von ±5° bei Geschwindigkeiten von bis zu 1 m/s sind erreichbar [Pla13].

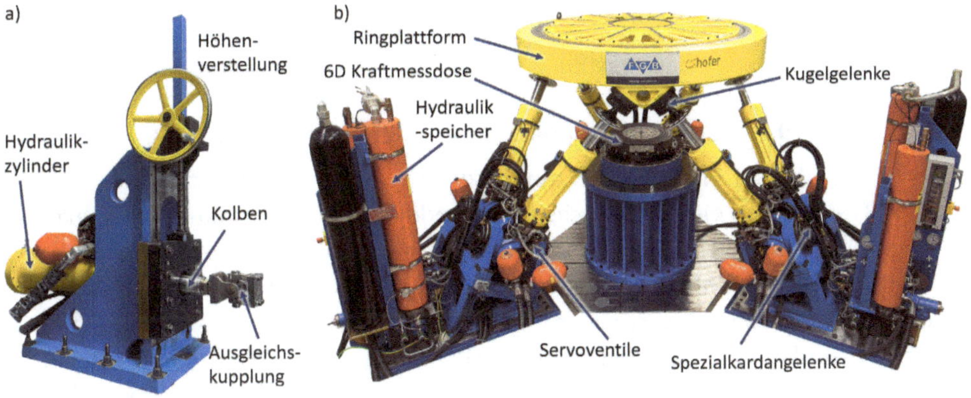

Bild 3.2: a) Servohydraulischer Shaker; b) Hexapod-Prüfstand.

Am PKT wurden u. a. Flugzeug-Partitions untersucht. Bei diesen handelt es sich um plattenförmige Raumtrenner, die zum Beispiel Economy- und Businessclass voneinander separieren oder den Eingangsbereich vom Passagierbereich trennen. Aufgrund vieler Anbauelemente weisen sie eine hohe Varianz auf. RASMUSSEN ET AL. [Ras17] haben zudem die Verstärkung unterschiedlicher Partition-Varianten untersucht. Die Untersuchungen wurden an der TUHH am Hexapod-Prüfstand durchgeführt, wobei die Partition-Varianten mit einer Gleitsinus-Schwingung (engl. *sweep*) von 3 bis 25 Hz bei einer konstanten Peak Beschleunigung von 0,25 g angeregt wurde [Ras17]. Bild 3.3 zeigt die Versuchsergebnisse der Untersuchung mit der Verstärkungsfunktion $HI_{6,2}$ (Verhältnis zwischen Schwingungsamplitude an Sensor 6 zur Anregung an Sensor 2) über der Anregungsfrequenz für die unterschiedlichen Konfigurationen.

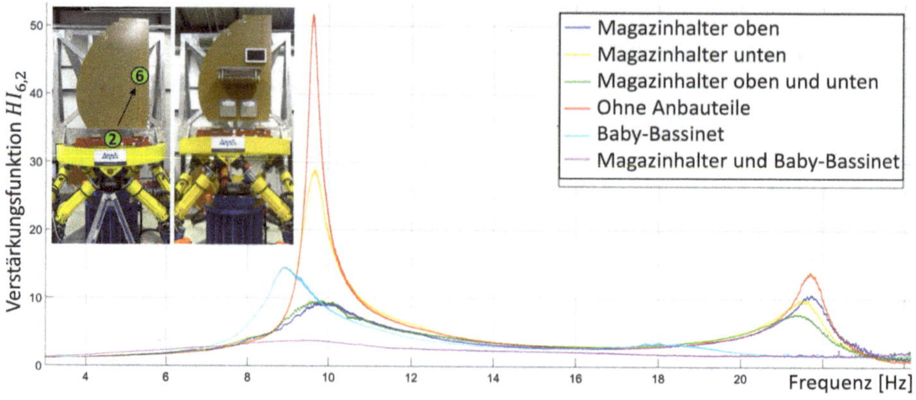

Bild 3.3: Untersuchung des Schwingungsverhaltens einer Partition mit unterschiedlichen Beladungszuständen auf dem Hexapod-Prüfstand bei 0,25 g nach [Ras17].

Die Partition-Varianten weisen zwei Resonanzen auf, die erste im Bereich zwischen 8 und 10 Hz und die zweite im Bereich zwischen 17 und 22 Hz. Es ist deutlich zu erkennen, dass die Partition ohne Anbauelemente (in Bild 3.3 rot dargestellt) am stärksten aufschwingt. Die diversen Anbaukomponenten reduzieren das Aufschwingen (vgl. Bild 3.3).

3.1.2 Dynamische Analyse unter Produkt und Schnittstellenvarianz

Unternehmen bieten ihren Kunden aufgrund extern geforderten Individualisierungen und Sonderwünschen ein stetig wachsendes Produktprogramm an [Kra18]. Die externe Angebotsvielfalt induziert intern im Unternehmen eine Erhöhung der Komponentenvielfalt und damit werden höhere Aufwände hinsichtlich Entwicklung, Prozessvielfalt, Montageaufwand und Angebotserstellung verursacht [Kra18]. Das Produktprogramm eines Unternehmens lässt sich in Produktlinien und Produktfamilien einteilen, welche dann die unterschiedlichen Produktvarianten enthalten. Produktvarianten einer Produktfamilie sind Produkte mit ähnlicher Form und Funktion [Kra18]. In dieser Arbeit wird einhergehend definiert, dass die Anbindungssituation der Produktvarianten einer Produktfamilie gleich bleibt.

Modulare Produktstrukturen zeichnen sich durch Entkopplung, Funktionsbindung, standardisierte Schnittstellen, Kombinierbarkeit und kommunale Verwendung aus [Sal07], [Kra18]. Geeignete modulare Produktstrukturen sind strategisch, unternehmens- und produktspezifisch über alle Lebensphasen auszuwählen [Kra18]. Eine variantengerechte modulare Produktstruktur bildet ein möglichst breites Produktangebot bei einer einhergehend reduzierten internen Varianz an Modulen ab [Kra18]. Grundsätzlich sind dynamisch belastete Produktvarianten, welche Resonanzen im Betriebsbereich aufweisen auf deren Schwingverhalten zu untersuchen.

PLAUMANN [Pla15] untersuchte unterschiedliche Partition-Varianten dynamisch. Durch die hohe Kombinationsmöglichkeiten von Partition-Typen, Anbauteilen und Anbindungselementen ergibt sich eine Vielzahl an Produktvarianten mit jeweils geringen abgesetzten Stückzahlen. Jede Produktvariante weist unterschiedliche Dämpfungseigenschaften auf und ist somit individuell zu untersuchen [Pla15]. Mit einer steigenden Produktvarianz steigt einhergehend auch der Versuchsaufwand. PLAUMANN ET AL. [Pla14a] zeigen auf, wie durch geeignete Einteilung der Produktstruktur in Substrukturen auf das dynamische Verhalten der Gesamtstruktur geschlossen werden kann. Die hierbei verwendete dynamische Substrukturierung verwendet die Annahme linearer Schwingungssysteme.

OLTMANN ET AL. [Olt15] zeigen das Schwingverhalten eines Sandwichpanels mit vermeintlich ähnlichen festen Einspannungen, bei denen unter anderem verschraubte und geklebte Anbindungen untersucht werden, hierbei sind signifikante Abweichungen abhängig von der Situation der Einspannung zu beobachten. RASMUSSEN ET AL. [Ras17] untersuchten Leichtbaustrukturen hinsichtlich ihres Schwingverhaltens abhängig von der Schnittstellensituation. Durch die Verwendung von kommerziell erhältlichen Schwingungspuffern (Wirkprinzip innere Dämpfung von Elastomeren) erreichte er damit eine deutliche Schwingungsreduzierung. Die Vorarbeiten am Institut zeigen das Potential der Schwingungsreduzierung durch Anpassung der Schnittstellenelemente auf, eine systematische Untersuchung der Schnittstelle mit einer Vielzahl an Schnittstellenelementen oder AIEs bietet eine Erweiterung des Themengebiets und die Möglichkeit Schwingungsoptima gezielt zu erreichen.

3.1.3 Weiterführende Wissensgebiete

Zur Einordnung der Grundlagen und des Stands der Wissenschaft werden die zugehörigen Wissensgebiete und deren Themenfelder weiter detailliert. Die zu berücksichtigenden Publikationen werden über eine systematische Literaturrecherche bestimmt.

Die adressierten Wissensgebiete sind in Bild 3.4 dargestellt. Oben die beiden Grundlagenthemen zum Schwingungsverhalten von Strukturen und der experimentellen und numerischen Schwingungsuntersuchung. Unten der Stand der Wissenschaft zu einstellbaren nachgiebigen Elementen und zur Schwingungsreduzierung.

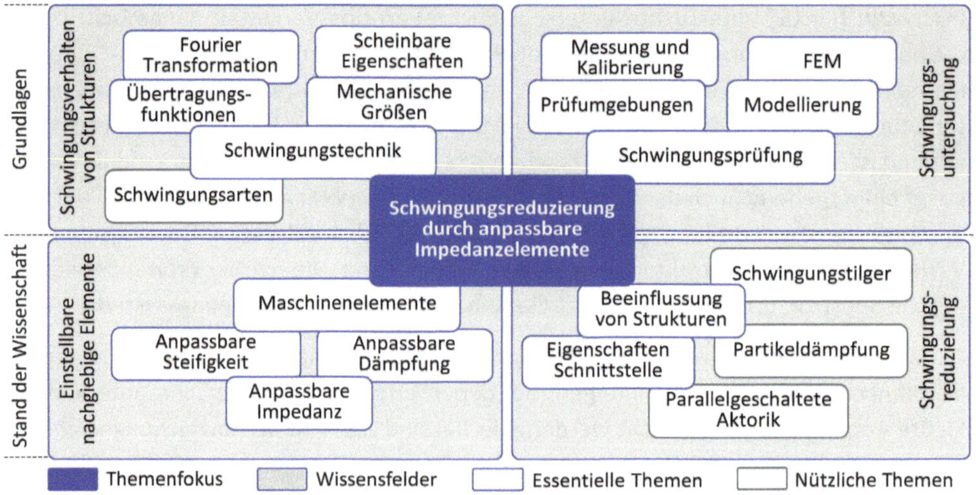

Bild 3.4: Adressierte Wissensgebiete zur Schwingungsreduzierung durch anpassbare Schnittstellenelemente.

Die Schwingungsreduzierung durch AIEs bedarf den Grundlagen zum dynamischen Verhaltens von schwingungsbelasteten Strukturen sowie experimentellen und virtuellen Untersuchung dieser, welche in den beiden folgenden Abschnitten 3.2 und 3.3 vorgestellt werden. Aus dem breiten Feld der Schwingungstechnik werden fokussiert die essenziellen Kenntnisse für diese Arbeit vorgestellt, wie die Übertragungsfunktionen und scheinbaren mechanischen Eigenschaften. Im Bereich der Schwingungsuntersuchung werden physischen Prüfumgebungen und virtuelle Modelle vorgestellt.

3.2 Schwingungsverhalten von Strukturen

In diesem Abschnitt werden die Grundlagen zum dynamischen Schwingungsverhalten gegeben. Es stellt die notwendigen Teilgebiete, aus dem breiten Feld der Schwingungstechnik und das notwendige Verständnis für diese Arbeit dar.

3.2.1 Schwingungstheorie

Strukturdynamische Themenstellungen, wie Schwingungen, treten in den verschiedensten natürlichen und technischen Systemen in unterschiedlicher Ausprägung auf [Lal14]. Schwingungen definieren sich über zeitliche Änderung einer Zustandsgröße, welche regelmäßig wiederkehrt [Mag16].

Abhängig vom betrachteten System können Schwingungen nach Ihrem Entstehungsmechanismus und ihrem zeitlichen Verhalten eingeteilt werden. In Bild 3.5 ist die Einteilung nach DIN 1311-1 [DIN00] von Schwingungen nach ihrem Entstehungsmechanismus in autonome und heteronome Schwingungen unterteilt. Autonome Schwingungen sind ausschließlich vom System selbst bestimmt. In dieser Arbeit sind heteronome Schwingungen im Fokus, bei diesen wird Energie von außen eingebracht. Teil dieser sind die erzwungenen Schwingungen, bei welchen ein externer Erreger das Schwingverhalten des untersuchten Systems erzwingt. Bei übereinstimmender Erregerfrequenz und Eigenfrequenz schwingt das System auf und wird nur durch Dämpfungseffekte begrenzt.

Bild 3.5: Einteilung der Schwingung hinsichtlich ihrer Entstehung nach DIN 1311-1 [DIN00].

Die Einteilung nach dem zeitlichen Verhalten ist in Bild 3.6 dargestellt. Man kann Schwingungen zunächst in deterministische Schwingungen und stochastische Schwingungen einteilen, wobei deterministische Schwingungen durch eine funktionale Abhängigkeit beschrieben werden [DIN00]. Bei der periodischen Form der Schwingung gilt für eine beliebige Zustandsänderung $x(t)$, dass sich diese Zustandsgröße zu späteren Zeitpunkten t_n jeweils um die Periodendauer T verschoben erneut einstellt [DIN00].

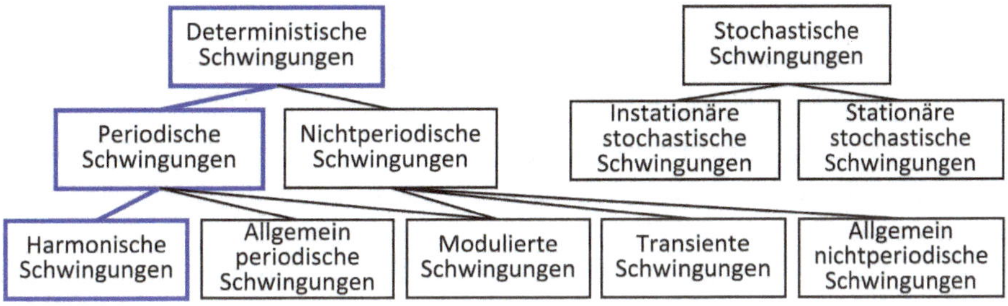

Bild 3.6: Einteilung der Schwingung hinsichtlich ihres Zeitverlaufs nach Din 1311-1 [DIN00].

Unter den allgemein periodischen Schwingungen werden nach DIN 1311-1 [DIN00] all die Schwingungen zusammengefasst, die periodisch vorkommen, sich jedoch nicht als harmonische Schwingung beschreiben lassen. Alle unregelmäßigen Bewegungen, bei denen eine Schwingung sich nicht wiederholt, fallen unter den Begriff nichtperiodischer Schwingungen [DIN00].

Lässt sich der Verlauf des Zustandes über der Zeit durch eine Kosinus- oder eine Sinus-Funktion beschreiben, deren Phasenwinkel eine lineare Funktion der Zeit ist, so handelt es sich um eine harmonische Schwingung [DIN00]. Der Kehrwert der Periode ist die Frequenz f, welche meist als Kreisfrequenz ω angegeben ist. Eine Schwingung lässt sich weiterhin durch ihre Amplitude $\hat{x}$ um die Mittellage beschreiben. Eine Sinus-Funktion lässt sich durch Ableiten durch eine amplitudenproportionale und phasenverschobene

Funktion beschreiben. Gleichung (3.2) zeigt die zeitlichen Ableitungen der harmonischen Schwingung aus Gleichung (3.1). Diese sind in Bild 3.7 a) normiert dargestellt und weisen eine Phasenverschiebung von $\pi/2$ zueinander auf.

$$x(t) = \hat{x} \cdot \cos(\omega t + \varphi_0);\ \text{mit}\ \omega = 2\pi f = \frac{2\pi}{T} \qquad (3.1)$$

$$\dot{x}(t) = -\hat{x} \cdot \omega \cdot \sin(\omega t + \varphi_0);\ \ddot{x}(t) = -\hat{x} \cdot \omega^2 \cdot \cos(\omega t + \varphi_0) \qquad (3.2)$$

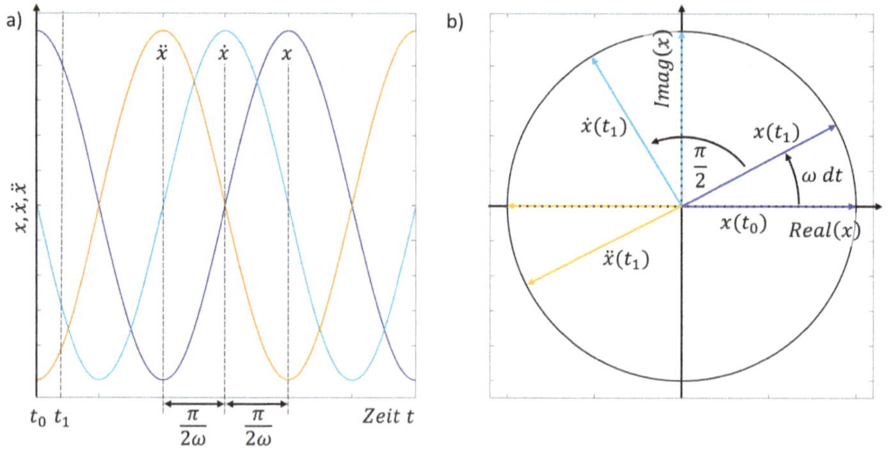

Bild 3.7: Normierte Verläufe der Auslenkung $x(t)$, Geschwindigkeit $\dot{x}(t)$, Beschleunigung $\ddot{x}(t)$ in a) über der Zeit und in b) in Eulerschen Form.

Neben der Beschreibung des Realteils einer Schwingung als Funktion mit Kosinus-Anteil und zugehörigem Phasenwinkel lassen sich Schwingungen auch in der komplexen Ebene darstellen [DIN00], siehe Bild 3.7 b). Mit fortschreitender Zeit t und abhängig von der Kreisfrequenz ω wandern die Zeiger für Position $x(t)$, Geschwindigkeit $\dot{x}(t)$, und Beschleunigung $\ddot{x}(t)$ mit konstantem Abstand zueinander im Uhrzeigersinn. Die komplexe Darstellung als Eulersche Formel ist in Gleichung (3.3) dargestellt.

$$x(t) = \hat{x} \cdot e^{i(\omega t + \varphi_0)} \qquad (3.3)$$

Mit der Eulerschen Formel vereinfacht sich die mathematische Behandlung von Schwingungen und einhergehend deren Umformung [DIN94].

3.2.2 Schwingungsbeschreibung durch Übertragungsfunktionen

Um das dynamische Verhalten eines Systems zu beschreiben, kann der Frequenzgang verwendet werden, der das Verhältnis zwischen Ausgangs- und Eingangsgröße darstellt [DIN02]. Der Frequenzgang wird auch als Übertragungsfunktion bezeichnet, im englischsprachigen Raum *frequency response function* (FRF). Einer der Hauptgründe für die Verwendung von Übertragungsfunktionen im Frequenzbereich bei dynamischen Analysen ist deren Einfachheit in der Beschreibung von linearen Schwingungssystemen [Ole79].

Bild 3.8 stellt den Zusammenhang zwischen Eingangs- und Ausgangsgrößen im Zeit- und Frequenzbereich dar. Über die Fourier-Transformation können Signale vom Zeit- in den Frequenzbereich übertragen werden. Hierbei wird das periodische Signal $x(t)$ in die Summe ihrer harmonischen Anteile $x(i\omega)$ aufgeteilt [DIN00]. Im Falle einer erzwungenen Schwingung führt eine Erregerschwingung $x_{in}(i\omega)$ bei einer bestimmten Frequenz zu einer Ausgangsschwingung mit derselben Frequenz $x_{out}(i\omega)$, welche eine veränderliche Amplitude und Phase aufweist [Sch21]. Hieraus lässt sich ein Übertragungswert $HI_{out,in}$ bei der jeweiligen Erregerfrequenz bestimmen.

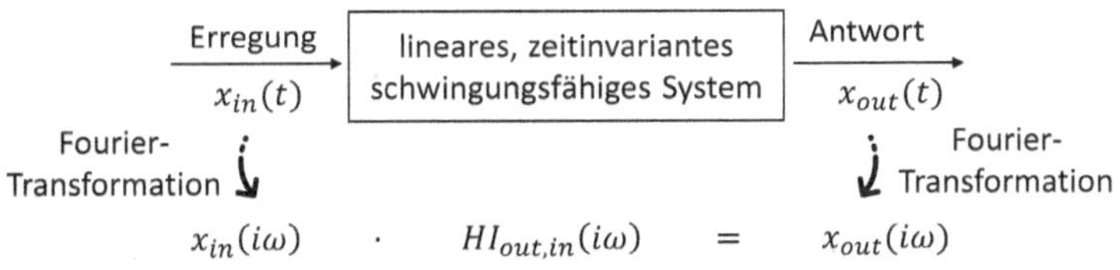

Bild 3.8: Übertragungsfunktion eines linearen, zeitinvarianten, schwingungsfähigen Systems nach [DIN02].

Über ein ganzes Frequenzband lässt sich die Übertragungsfunktion wie in Gleichung (3.4) bestimmen.

$$HI_{out,in}(i\omega) = \frac{x_{out}(i\omega)}{x_{in}(i\omega)} \tag{3.4}$$

Die Darstellung von Übertragungsfunktionen ermöglicht eine Vielzahl von Schwingungsanalysen. Unter anderem wird die Bestimmung der Eigenfrequenz des Testobjektes ermöglicht, welche sich aus dem größten resultierende Übertragungswert ergibt [Sch21]. Einheitenlose Übertragungsfunktionen, wie Verstärkungsfunktionen, und einheitenbehaftete Übertragungsfunktionen, wie die mechanische Impedanz, sind zu unterscheiden.

Komplexe Systeme können durch Übertagungsfunktionen beschrieben werden, sie sind jedoch nur schwer nachvollziehbar. Als eine einfache Modellvorstellung des Schwingverhaltens bietet sich das dynamische Verhalten eines Ein-Massen-Schwingers an. In den folgenden Unterkapiteln soll deshalb zunächst das Verständnis zu Übertragungsfunktionen an einem solchen erläutert werden. An dem Ein-Massen-Schwinger werden Verstärkungsfunktionen, wie sie in dieser Arbeit zu beeinflussen sind, vorgestellt. Das Verständnis für scheinbare Größen wird adressiert, um mit deren Wissen die mechanischen Eigenschaften der AIEs abzuleiten. Es werden die notwendige Unterscheidung der Verstärkung im Absolut- und Relativsystem für dynamische Systeme hervorgehoben.

3.2.2.1 Modellvorstellung eines Ein-Massen-Schwingers

Zur Modellvorstellung eines Ein-Massen-Schwingers ist in Bild 3.9 a) ein System mit einer Masse m angebunden über eine Steifigkeit k und eine Dämpfung d an einer festen Einspannung betrachtet. Dieses wird mit einer dynamischen Kraft $F(t)$ belastet.

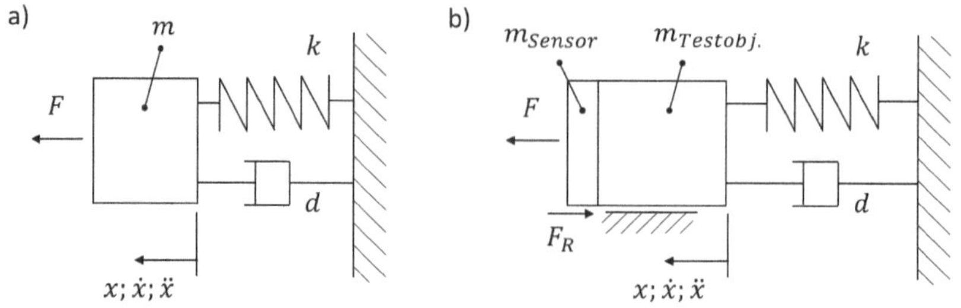

Bild 3.9: a) Mechanisches Modell eines einfachen Ein-Massen-Schwingers; b) Ein-Massen-Schwinger erweitert um viskose Dämpfung, Coulombsche Reibung und Trennung in Sensormasse und Masse des Testobjekts nach [Hey21].

Die Bewegungsgleichung eines solchen Ein-Massen-Schwingers ist mit Gleichung (3.5) gegeben [DIN02]. Unter der Annahme einer erzwungenen sinusförmigen Schwingungsanregung für $F(t)$ und resultierend einer gleichförmigen stationären Lösung für $x(t)$ ergibt sich aus Gleichung (3.5) mit der eulerschen Formel Gleichung (3.6).

$$F(t) = m\ddot{x}(t) + d\dot{x}(t) + kx(t) \tag{3.5}$$

$$\hat{F} \cdot e^{i\omega t} = (-m\omega^2 + i \cdot d\omega + k) \cdot \hat{x}(\omega) \cdot e^{i\omega t} \tag{3.6}$$

Mit einem angenommen dämpfungsfreien System $d = 0$ ohne Kraftanregung $F(t) = 0$, lässt sich aus Gleichung (3.6) die natürliche Eigenfrequenz des Systems ableiten, siehe Gleichung (3.7) [Sch21]. Nur die positive der beiden Eigenfrequenz ist von technischer Bedeutung.

$$0 = (-m\omega^2 + k) \cdot \hat{x}(\omega) \cdot e^{i\omega t} \Rightarrow \omega_n = \pm\sqrt{k/m} \tag{3.7}$$

In der Schwingungstheorie und zugehöriger Literatur (u. a. [Sin10], [Lal14], [Inm14], [Sch21]) werden die Zusammenhänge meist auf normierte einheitenlose Größen reduziert, dieses ist aufgrund des ingenieurtechnischen Einsatzes hier nicht zielführend, es bietet sich die Form mit realen Werten für m, d, k und ω an.

3.2.2.2 Übertragungsfunktionen eines Ein-Massen-Schwingers

Wird ein Ein-Massen-Schwinger mit einer Kraft $F(t)$ angeregt, kann ein Verhältnis zur resultierenden Bewegung $x(t)$ gebildet werden. Durch Umformen der Gleichung (3.6) ergibt sich die Übertragungsfunktion im Frequenzbereich, dargestellt in Gleichung (3.8).

$$HI_{x,F}(\omega) = \frac{\hat{x}(\omega)}{\hat{F}(\omega)} = \frac{1}{-m\omega^2 + id\omega + k} \tag{3.8}$$

Bild 3.10 zeigt die resultierenden Übertragungsfunktionen im Bode-Diagramm mit einer konstanten Masse m von 10 kg links mit Variation der Steifigkeit k von 5 bis 320 N/mm und rechts der Dämpfung d von 20 bis 2.000 Ns/m.

Für die dargestellte schwarze Kurve mit k_A = 100 N/mm und d_A = 100 Ns/m ergibt sich eine Eigenfrequenz von ω_n = 100 s^{-1}. Bei dieser gleichen sich die Trägheits- und Elastizitätskräfte genau aus, womit sich ein Übertragungswert von $HI_{x,F}$ = 0,1 mm/N ergibt. Nach der Resonanz ändert sich das Verhalten des Systems vom Feder-dominierten zum Trägheits-dominierten, welches mit einer Phasenänderung von $-\pi$ im Phasendiagramm einhergeht.

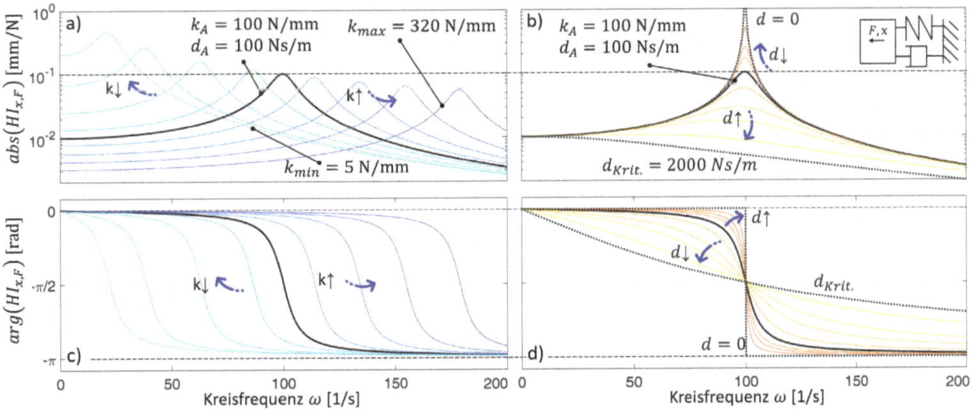

Bild 3.10: Übertragungsfunktion im Bode-Diagramm für einen Ein-Massen-Schwinger mit Änderung der Steifigkeit k und Dämpfung d über der Kreisfrequenz ω.

Eine Verringerung der Steifigkeit führt zu einer Reduzierung der resultierenden Eigenfrequenz, wie es über die blau dargestellten Übertragungsfunktionen im Betrags- und Phasendiagramm in Bild 3.10 a) und c) zu erkennen ist. Eine Erhöhung der Dämpfung in Bild 3.10 b) und d) orange dargestellt, führt zu einer reduzierten Wegamplitude pro angeregter Kraft und einem breiteren Übergang im Phasendiagramm.

Zur Analyse der Systemeigenschaften eines untersuchten Elements zeigt sich der Kehrwert der Übertragungsfunktion der Gleichung (3.8) als vorteilhaft. Von technischer Relevanz sind die Übertragungsfunktionen zur Verschiebung, Geschwindigkeit und Beschleunigung [McC95]. Im Zusammenhang mit dynamischen Systemen wird von den Größen scheinbare Steifigkeit (engl. apparent stiffness – AS), mechanische Impedanz (engl. mechanical impedance – MI) und scheinbarer Masse (engl. apparent stiffness – AM) gesprochen [McC95]. Die folgenden Gleichungen (3.9) bis (3.11) beschreiben diese, welche

Ableitungen bzw. Stammfunktionen voneinander darstellen und damit ineinander umformbar sind.

$$AS(\omega) = \frac{F(t)}{x(t)} = \frac{\hat{F}(\omega) \cdot e^{i\omega t}}{\hat{x}(\omega) \cdot e^{i\omega t}} = -m\omega^2 + id\omega + k \tag{3.9}$$

$$MI(\omega) = \frac{F(t)}{\dot{x}(t)} = \frac{\hat{F}(\omega) \cdot e^{i\omega t}}{i\omega \cdot \hat{x}(\omega) \cdot e^{i\omega t}} = im\omega + d + \frac{k}{i\omega} = \frac{AS}{i\omega} \tag{3.10}$$

$$AM(\omega) = \frac{F(t)}{\ddot{x}(t)} = \frac{\hat{F}(\omega) \cdot e^{i\omega t}}{-\omega^2 \cdot \hat{x}(\omega) \cdot e^{i\omega t}} = m + \frac{d}{i\omega} - \frac{k}{\omega^2} = \frac{MI}{i\omega} = -\frac{AS}{\omega^2} \tag{3.11}$$

In Bild 3.11 sind die drei Übertragungsfunktionen AS, MI und AM im Bode-Diagramm dargestellt. In Bild 3.11 ist die AS dargestellt, a) und b) zeigen die Amplituden und g) und h) die zugehörigen Phasenwinkel. Für Frequenzen nahe null lässt sich aus diesen die Steifigkeit ablesen. Bei geringer Dämpfung lässt sich die Eigenfrequenz des Systems ableiten, diese ermöglicht es nach Gleichung (3.7) auf das Verhältnis zwischen Steifigkeit und Masse zu schließen.

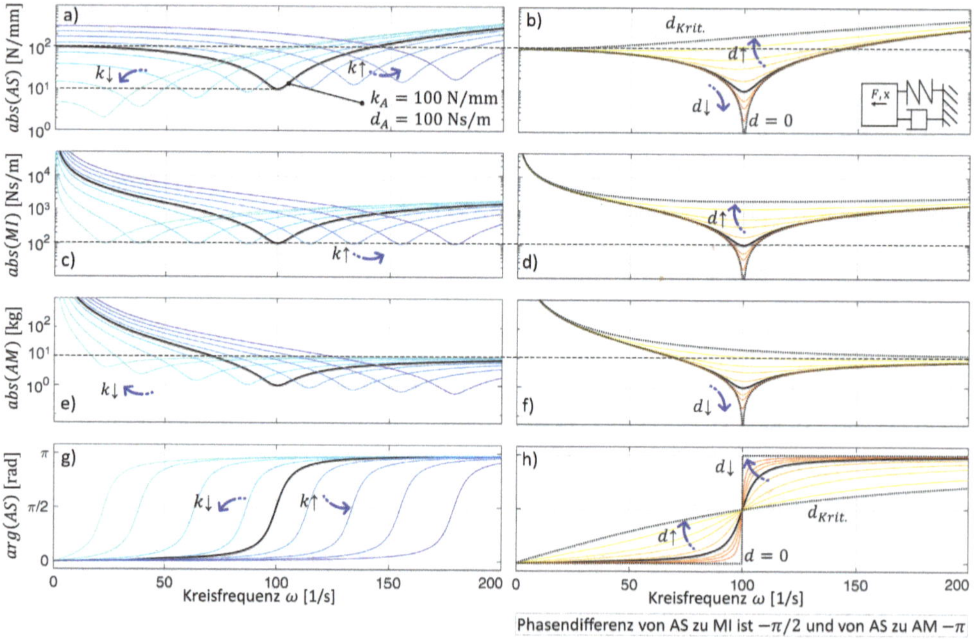

Bild 3.11: Übertragungsfunktionen AS, MI und AS eines Ein-Massen-Schwingers mit Änderung der Steifigkeit k und Dämpfung d über der Kreisfrequenz.

Bild 3.11 c) und d) zeigen die MI aus Gleichung (3.10), diese kann man sich in Analogie vorstellen als scheinbare Dämpfung. Die MI entspricht der resultierenden Kraft aus

Trägheit, Dämpfung und Steifigkeit geteilt durch die Geschwindigkeit. Die Phasendifferenz der MI zeigt geometrisch denselben Verlauf wie die der AS in g) und h), sie ist jedoch um $-\pi/2$ verschoben. Der viskose Dämpfungswert bildet sich bei der Eigenfrequenz aus, da sich hier die Steifigkeits- und Trägheitsterme ausgleichen.

Die AM folgt aus Gleichung (3.11) und ist in Bild 3.11 e) und f) dargestellt, sie entspricht der resultierenden Kraft aus Trägheit, Dämpfung und Steifigkeit geteilt durch die Beschleunigung. Die Phasendifferenz ist um $-\pi$ zur AS verschoben. Mit zunehmender Kreisfrequenz nähert sich der Verlauf dem Wert der Masse des Systems an, da bei hohen Frequenzen die resultierenden Steifigkeits- und Dämpfungskräfte vernachlässigbar werden. Aus den Asymptoten in e) und f) lässt sich die Masse von 10 kg ableiten.

Es sei darauf hingewiesen, dass die Benennung von Übertragungsfunktionen in der Literatur teilweise unterschiedlich verwendetet wird. So verwenden EWINS [Ewi86] und MCCONNELL [McC95] die Begriffe Admittanz und Rezeptanz als Kehrwert der Nachgiebigkeit (x/F), welcher abhängig von der Auslenkung ist. Bei BRANDT [Bra11a], KERN ET AL. [Ker09], MÖSER ET KROPP [Mös10] und in der DIN 1311-2 [DIN02] wird der Begriff Admittanz der Mobilität $(\dot{x}/F)$ gleichgesetzt. Aus diesem Grund wird in dieser Arbeit nur die Form der AS, MI und AS direkt verwendet, alle weiteren Übertragungsfunktionen werden eindeutig als $HI_{out,in}$ benannt, um In- und Output immer klar zu definieren.

3.2.2.3 Übertragungsfunktionen bei Fußpunktanregung eines Ein-Massen-Schwingers

Eine Weganregung an den Schnittstellen des Systems, welche über die Federsteifigkeit k und den Dämpfungskoeffizient d übertragen wird, ist als Fußpunktanregung definiert [DIN02]. Das zugehörige System ist in Bild 3.12 a) dargestellt, $x(t)$ beschreibt die Position der schwingenden Masse, $y(t)$ die anregende Position des Fußpunkts und $z(t)$ die relative Bewegung zwischen den beiden.

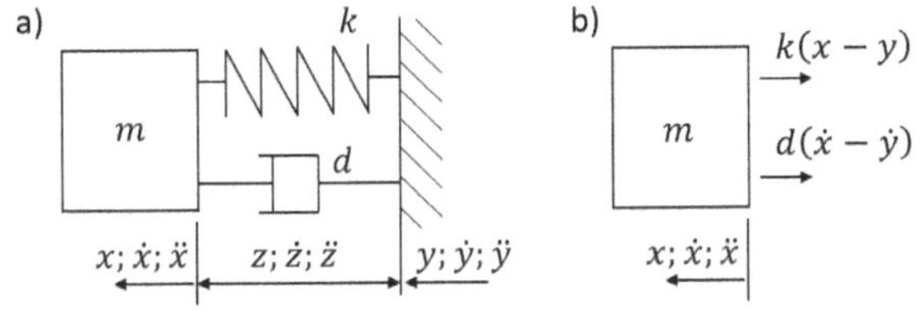

Bild 3.12: a) Mechanisches Modell eines am Fußpunkt angeregten Ein-Massen-Schwinger; b) zugehöriges Freikörperbild.

Aus dem gegebenen Ein-Massen-Schwinger lässt sich das in Bild 3.12 b) dargestellte Freikörperbild und die zugehörige Bewegungsgleichung (3.12) ableiten. Über Substitution und Umformung (siehe Anhang A2) ergibt sich die Verstärkungsfunktion in Gleichung (3.13) zwischen der relativen Bewegung $z(t)$ und der Anregung $y(t)$.

$$0 = m\ddot{x}(t) + d\big(\dot{x}(t) - \dot{y}(t)\big) + k\big(x(t) - y(t)\big) \tag{3.12}$$

$$HI_{zy}(\omega) = \frac{\hat{z}}{\hat{y}} = \frac{m\omega^2}{-m\omega^2 + id\omega + k} \tag{3.13}$$

Bild 3.13 a) bis d) zeigen die Verstärkung des Ein-Massen-Schwingers, für den Fußpunkt angeregten Fall. Bei Frequenzen deutlich unter der Resonanz schwingt das System in Phase, weshalb keine Schnittstellenbewegung vorliegt und einhergehend keine Belastung der Schnittstelle. Für Frequenzen über der Resonanz schwingt das System gegenphasig, welches sich an eine Phasenverschiebung von $-\pi$ und Verstärkung von eins annähert.

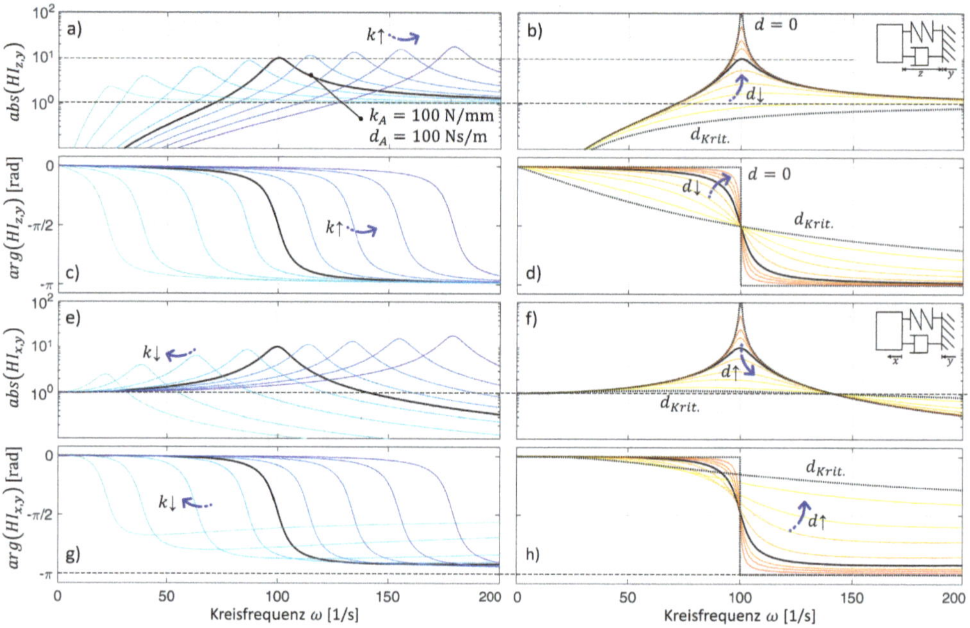

Bild 3.13: Verstärkungsfunktionen eines Ein-Massen-Schwingers mit Änderung der Steifigkeit k und Dämpfung d über der Kreisfrequenz.

Während die Verstärkungsfunktion der Relativbewegung $z(t)$ eine entscheidende Größe für die Belastung der Struktur und der Schnittstelle darstellt, ist die Verstärkungsfunktion der Absolutbewegung $y(t)$ zur Anregung $x(t)$ für die Validierung auf Prüfständen notwendig. Bei dieser Verstärkung wird die Bewegung zur stehenden Umgebung dargestellt, wie dieses in der Versuchstechnik durch verwendete Sensoren messbar ist. Hierzu wird Gleichung (3.12) zu (3.14) umgeformt (siehe Anhang A2).

$$HI_{xy}(\omega) = \frac{\hat{x}}{\hat{y}} = \frac{id\omega + k}{-m\omega^2 + id\omega + k} \tag{3.14}$$

Vor Erreichen der ersten Resonanz entspricht die Bewegung des Systems, der der Anregung, weshalb sich eine Verstärkung von eins ergibt. Bei Kreisfrequenzen, höher als die der Resonanz, nehmen die Trägheitskräfte so zu, dass die Masse zur stehenden Umgebung keine Bewegung vollführt, die absolute Verstärkung nähert sich null an. Dieses führt wie in der Phasendifferenz in Bild 3.13 g) und h) gezeigt dazu, dass eine Phasenverschiebung von $-\pi$ bei der Resonanz nicht mehr vollständig erreicht wird.

3.2.2.4 Dynamisches Systemverhalten von Mehrkörpersystemen

Systeme mit einer endlichen Anzahl an Massen können über Mehrkörpersystemen beschrieben, modelliert und berechnet werden [Vöt06]. Bei der Beschreibung dieser kommen je Körper, deren jeweilige Trägheit sowie Dämpfungs- und Steifigkeitseigenschaften der Verbindungen und Lagerbedingungen hinzu. Die Bewegungsgleichungen können in Matrixschreibweise, wie es Gleichung (3.15) zeigt, erweitert werden. Die Lösungen der Differenzialgleichung ergeben eine Vielzahl an komplexen Eigenwerten, welche komplexe Eigenvektoren und Eigenschwingungen zugeordnet werden [DIN00]. Anders als beim Ein-Massen-Schwinger lassen sich bei Mehrkörpersystemen jeder Resonanz sogenannte Modenformen zuordnen [Sin10], welche geometrisch dem maximalen Ausschlag der Resonanz entsprechen.

$$\boldsymbol{M} \cdot \ddot{\boldsymbol{x}} + \boldsymbol{D} \cdot \dot{\boldsymbol{x}} + \boldsymbol{K} \cdot \boldsymbol{x} = \boldsymbol{p} \tag{3.15}$$

Systeme mit einer Vielzahl an Freiheitsgraden lassen sich ebenso wie der vorgestellte Ein-Massen-Schwinger durch Übertragungsfunktionen beschreiben. Bild 3.14 zeigt repräsentativ die Verstärkung eines angeregten Mehrkörpersystems mit drei Freiheitsgraden und resultierenden Resonanzen, welche einen ausreichenden Abstand zueinander aufweisen, um sich einzeln auszubilden. Beim Anregen über unterschiedliche Frequenzen bilden sich die jeweiligen Resonanzen mit der zugehörigen Phasenverschiebung von π aus.

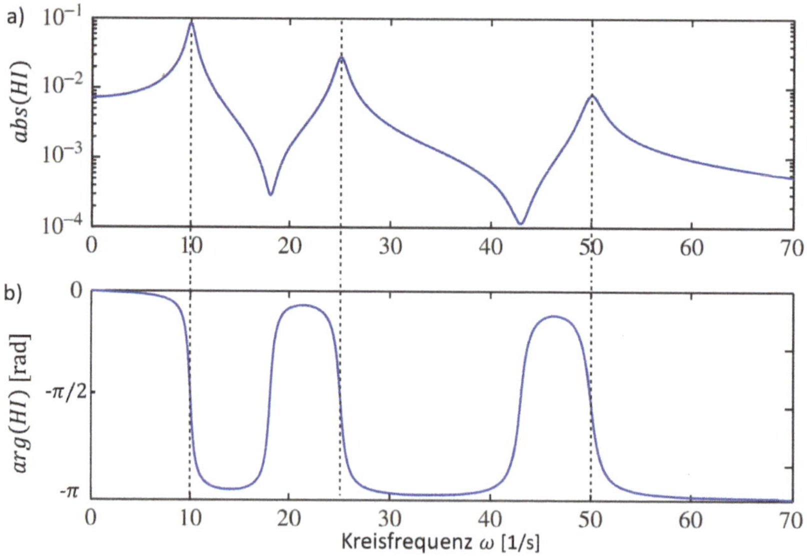

Bild 3.14: Bode-Diagramm der Verstärkung eines gering gedämpften Mehrkörpersystems nach [Gér15].

Liegen die Resonanzen eines Systems näher beieinander, können Schwingungen einander beeinflussen, für diese Fälle spricht man von Koppelschwingungen [Mag16]. Eine gegenseitige Beeinflussung von Schwingungen tritt auch bei stärker gedämpften Systemen auf, da die Resonanzen zwar geringer ausfallen, jedoch über einen weiteren Frequenzbereich vorliegen [Vöt06]. Die Theorie eines linearen Ein-Massen-Schwinger, wie sie in Abschnitt 3.2.2.1 vorgestellt ist, legt nahe, dass eine hohe Dämpfung grundsätzlich in einer maximalen Schwingungsreduzierung resultiert. Jedoch führen für Systeme mit mehreren Freiheitsgraden unterschiedliche Schnittstelleneigenschaften zu individuellen optimalen Schwingungsreduzierung [Gug08], [Rao11]. Eine hohe Dämpfung bedeutet nicht zwangsläufig eine hohe Schwingungsreduzierung [Inm14], beispielsweise kann eine Erhöhung der Dämpfung zu einer Wechselwirkung mehrerer Resonanzen führen, welche gemeinsam zu einer höheren führen können [Sin10].

Weitergedacht folgt aus der fortschreitenden Diskretisierung der Mehrkörpersysteme der Übergang zu finiten Elementen (FE) [Kle15]. Dieses gilt insbesondere für Systeme mit komplizierten Geometrien, Lastfällen, Randbedingungen und Werkstoffgesetzen, welche numerisch mittels *Finiter Elemente Methode* (FEM) lösbar sind [Red19], [Kle15].

3.2.3 Kalibrierung von Übertragungsfunktionen

Zur Übertragung von Schnittstelleneigenschaften in Prüfumgebungen sind die Eigenschaften dieser zuverlässig über Verbindungselemente abzubilden. Nach LALANNE [Lal14] sind mechanischen Eigenschaften von Verbindungselementen jedoch bei den meisten

Vibrationsuntersuchungen nicht vollständig bekannt. Randbedingungen in Form der Schnittstellenelemente werden grundsätzlich so steif wie möglich umgesetzt [Lal14], [GAMA09], um die Anregung des Testobjekts so wenig wie möglich zu beeinflussen. Bei Untersuchungen kann diese Versteifung aufgrund der damit einhergehenden Massenerhöhung die Messergebnisse gleichwohl weiterhin beeinflussen. Unter der Annahme eines linearen Schwingsystems ist es jedoch möglich diese herauszurechnen, hierzu führt EWINS [Ewi86] die *mass cancelation* ein.

Kalibrierung sind unter der Verwendung von bekannten Referenzstandards und -materialien durchzuführen [DIN18]. Es können für Schwingungsprüfungen ebenfalls Verhältnisse von Eingangs- als auch die Ausgangsgröße kalibriert werden (vgl. Übertragungsfunktionen) [Ewi86]. DONG ET AL. [Don06] führt an, dass eine Vielzahl von Abweichungen in der Literatur auf eine fehlende oder unzureichende dynamische Kalibrierung zurückzuführen sind.

Einen Ansatz für die Kalibrierung von Übertragungsfunktionen über einen breiten Frequenzbereich stellen DONG ET AL. [Don06] für die Charakterisierung der Übertragungsfunktion eines Hand-Arm-Modells vor. Die Kalibrierung baut auf der *mass cancelation* von EWINS [Ewi86] auf, welche von MCCONNELL [McC95] um den Fehlerterm *measurement systems FRF* weiterentwickelt wurde, der sich als komplexwertiger Multiplikator über die Frequenz ergibt (Herleitung [McC95]). Das Ziel ist den Kalibrierwert m_{sensor} und die Kalibrierfunktion $HI_{pp}(\omega)$ zu bestimmen, indem man eine bekannte Referenzmasse beschleunigt und misst. Die Bestimmung der Masse der Adapter und Sensoren zusammengefasst in m_{sensor} können gewogen werden. Zur Bestimmung der Kalibrierfunktion HI_{pp} kann das System ohne angebundenes Testobjekt gemessen werden, sodass $AM_{testobj.}(\omega) = 0$ gilt und sich damit Gleichung (3.16) zu (3.17) umformen und auflösen lässt.

$$AM_{testobj.}(\omega) = HI_{pp}(\omega) \cdot AM_{meas.}(\omega) - (m_{sensor}) \tag{3.16}$$

$$HI_{pp}(\omega) = \frac{(m_{sensor})}{AM_{meas.}(\omega)} \tag{3.17}$$

3.2.4 Erkenntnisse für diese Arbeit zum dynamischen Systemverhalten

Die Grundlagen des dynamischen Verhaltens bauen auf den drei Grundsätze der Bewegungslehre von ISAAC NEWTON auf und das theoretische Wissen ist hier über Jahrhunderte fortgeschritten. Die vorliegende Arbeit kann damit auf einer Vielzahl an gegebenen mathematischen und mechanischen Zusammenhängen und Modellen aufbauen. Insbesondere die Modelle zur linearen Schwingungstheorie und die einhergehenden Übertragungsfunktionen eignen sich, um die Zusammenhänge an den untersuchten Produktvarianten und Schnittstellen zu beschreiben. Das breite Feld der Schwingungstheorie ist auf das notwendige Verständnis für diese Arbeit zusammengefasst.

Die Übertragung zwischen Kraft und den Bewegungsgrößen ist geeignet, um Eigenschaften der AIEs zu bestimmen. Unterschiedliche Übertragungsfunktionen, wie die AS, MI und AM bringen ihre jeweiligen Vorteile bei der Bestimmung der Eigenschaften der untersuchten Elemente mit sich. Die AS ist besonders geeignet, um das Steifigkeitsverhalten eines untersuchten Systems zu bestimmen, für Frequenzen nahe null, lässt sich direkt die vorliegende Steifigkeit ablesen, da Geschwindigkeit und Beschleunigung hier vernachlässigbar sind [Hey21]. Am Punkt der Eigenfrequenz kann im Tiefpunkt der Kurve der mechanischen Impedanz die vorliegende Dämpfung abgelesen werden, da an diesem Punkt sich die resultierenden Elastizitätskräfte und Trägheitskräfte ausgleichen und somit nur der Term der Dämpfung bleibt [Hey21]. Die Masse der untersuchten Elemente lässt sich als Asymptote der AM bei hohen Frequenzen bestimmen [Hey21]. Bei realen Elementen besteht jedoch häufig die Schwierigkeit, dass Reibung im System zu einem nichtlinearen Verhalten führt [Lin22] und dieses in abnehmender Reihenfolge AS, MI und AM beeinflusst.

Eine Anwendung der Übertragungsfunktion zwischen Kraft und Beschleunigung ist die Möglichkeit eine dynamische Kalibrierung an Referenzmassen durchzuführen. Welche für die dynamische Untersuchung von AIEs sinnvoll einsetzbar ist, um die Eigenschaften über breite Einsatzbereiche zu bestimmen [Hey21].

Weiterhin zeigen die Übertragungsfunktionen eines Ein-Massen-Schwingers bereits die Möglichkeit eine schwingende Masse durch Veränderung der Schnittstelleneigenschaften zu beeinflussen. Der hier geltende Zusammenhang, dass mit steigender Steifigkeit die Resonanzfrequenz steigt und mit steigender Dämpfung die Verstärkung reduziert wird, ist auf reale Produkte mit einer Vielzahl an elastischen Freiheitsgraden nicht direkt übertragbar, da die verteilten Massen, Steifigkeiten und dämpfenden Effekte unregelmäßig über die Struktur verteilt sind und auch wechselwirken können.

3.3 Experimentelle und numerische Schwingungsuntersuchungen

Schwingungsuntersuchungen finden in unterschiedlichen Themenbereichen Anwendung. Sie können gesundheitliche Aspekte, Themen des Komforts, der Akustik oder Auslegung von Strukturen adressieren [Bra11a]. Typische Tätigkeiten in diesen Themenbereichen dienen der Bestimmung von Resonanzen, der Verifizierung von Modellen, der Bestimmung der dynamischen Lebensdauer, der Zertifizierung von Produkten oder dem Condition Monitoring [Inm14]. Zur Untersuchung des Schwingungsverhaltens können experimentelle, virtuelle und kombinierte Ansätze zum Einsatz kommen.

3.3.1 Experimentelle Untersuchungen des Schwingungsverhaltens

DIN 17025 [DIN18] definiert Anforderungen an Kompetenzen von Prüf- und Kalibrier-Laboratorien, u. a. organisatorische Themen zur Kalibrierung von Messsystemen, zur Prozessgestaltung und Versuchsdurchführung sowie zur Datenspeicherung und

Validierung von durchgeführten Prüfungen [DIN18]. Damit bildet die DIN 17025 auch eine Orientierung zur experimentellen Untersuchung an Forschungsinstituten.

3.3.1.1 Schwingungsprüfstände

Nach PINTELON ET SCHOUKENS [Pin12] ist die Bestimmung von Übertragungsfunktionen im Frequenzbereich über eine kontinuierlich ändernde Schwingungsanregung zur Untersuchung vom dynamischen Verhalten von Testobjekten empfohlen. Diese ist einfach umzusetzen und ermöglicht eine Vielzahl an qualitativen und quantitativen Informationen zur Auswertung. Die Bestimmung der Übertragungsfunktion bietet sich über Prüfstände an, welche eine kontinuierliche Schwingungsanregung über Frequenzbereiche ermöglichen.

Für die Untersuchung des Schwingungsverhaltens werden häufig elektrodynamische Schwingungsprüfanlagen eingesetzt [McC95], [Bra11a]. Das entscheidende Element dieser Prüfanlagen ist der elektrodynamische Shaker, der sich wie in Bild 3.15 a) schematisch darstellt. Dieser weist eine möglichst leicht ausgelegte Armatur mit zugehöriger Spule auf und ist im Shaker-Topf geführt, welcher als Permanentmagnet umgesetzt ist. Die Erzeugung der Schwingung baut auf dem Wirkprinzip der Lorentz-Kraft auf. Der resultierende Kraftvektor $\boldsymbol{F_L}$ ist somit proportional zur Stromstärke I, der gerichteten Länge $\boldsymbol{L}$ und Flussdichte $\boldsymbol{B}$ des Magnetfeldes (siehe Gleichung (3.18)).

$$\boldsymbol{F_L} = I \cdot (\boldsymbol{L} \times \boldsymbol{B}) \tag{3.18}$$

$$F_P = A \cdot (p_1 - p_2) \tag{3.19}$$

Elektrodynamische Schwingungsprüfanlagen gibt es in unterschiedlichsten Größen mit unterschiedlichen Kraftbereichen und erreichbaren Frequenzen. Das Wirkprinzip führt jedoch zu gewissen Einschränkungen im Niederfrequenzbereich, in diesem Bereich kann die statische Kompensation entweder durch externe pneumatische Systeme oder durch Anlegen von Gleichstrom an den Schwingerreger erfolgen. Die Anwendung von Gleichstrom erwärmt das System, was zwangsläufig zu einer Verringerung der dynamischen Fähigkeiten führt [Lan01].

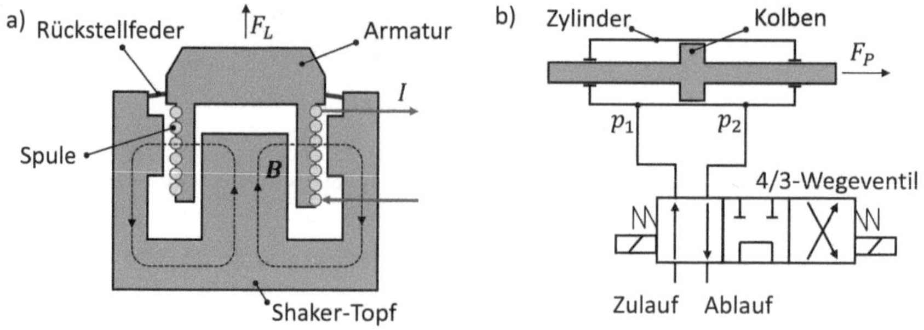

Bild 3.15: a) Schematische Darstellung eines elektrodynamischen Shaker, zusammengefasst nach [Lan97], [Lan01], [Bra11a], [McC95]; b) Schematische Darstellung eines hydraulischen Shakers, nach [McC95].

Zur Untersuchung von niedrigen Frequenzbereichen bis zu statischen Tests bieten sich hydraulische Shaker an, wie in Bild 3.15 b) gezeigt. Der Einsatz von hydraulischen Shakern ist im Allgemeinen vorteilhaft für Prüfumgebungen, die eine relativ große Kraft über einen weiten Wegbereich erfordern, während die Verfahrgeschwindigkeit begrenzt ist. Der Prüfbereich hängt von einer Reihe von Faktoren ab, u. a. von der Förderleistung der Pumpe und der Schaltgeschwindigkeit der Ventile. Die resultierende Kraft ergibt sich aus der erreichbaren Druckdifferenz der beiden Zylinderräume und der Kolbenfläche, siehe Gleichung (3.19). Der erreichbare Frequenzbereich ergibt sich aus der erreichbaren Stellgeschwindigkeit des Wegeventils in Kombination mit der Reaktionsträgheit des Systems und kann bis zu 40 Hz reichen [McC95].

3.3.1.2 Abschätzung des Versuchsaufwands

Im Produktentstehungsprozess ist ein fundamentaler Schritt das Testen, um die Eigenschaften eines Produktes nachzuweisen. In der Produktentstehung sind die Testaktivitäten hinsichtlich des Zeitpunktes, der Häufigkeit und Genauigkeit so zu managen, dass die Entwicklungszeit reduziert wird [Tho01]. Prüfmethoden ermöglichen die Vorhersage des Versuchsaufwands. Ziel geeigneter Prüfmethoden ist es, den Versuchsaufwand zu reduzieren bei gleichzeitigem Maximieren des Informationsgewinns [Kle16]. Je näher das betrachtete System am endgültigen Produkt ist, desto aufwendiger gestaltet sich die Versuchsdurchführung [Dep02]. Um das Entwicklungsrisiko und den Aufwand gering zu halten, ist eine hierarchische Anordnung des Grades der Produktkomplexität in Hierarchiestufen sinnvoll [Dep02].

Nach KLEPPMANN [Kle14] beschreiben Faktoren die zu untersuchenden Einflussgrößen. Die Faktorstufen beschreiben die Werte, die diese annehmen können. Herausfordernd bei der experimentellen Untersuchung sind eine Vielzahl von Faktoren und Faktorenstufen, da mit diesen ein hoher Aufwand zur Erstellung der physischen Komponenten mit passenden Eigenschaften einhergeht [Han20a]. Erschwerend kommt hinzu, dass in der

Praxis Versuche zu unsystematisch geplant werden, was nach KLEIN [Kle11] auch für große Testabteilungen und Labore gilt. Systematische Versuchsdurchführung machen den Versuchsaufwand vorhersagbar und ermöglichen damit eine Ressourcenplanung. Nach KLEPPMANN [Kle14] ergeben sich für einen vollfaktoriellen Versuchsplan N Versuchsdurchführungen aus der Anzahl der untersuchten Faktoren q und der Anzahl der untersuchten Faktorstufen n. Dieser exponentielle Zusammenhang ist in Gleichung (3.20) dargestellt und ist noch mit der Anzahl der notwendigen Versuchswiederholung M zu multiplizieren.

$$N = M \cdot n^q \tag{3.20}$$

Die statistische Versuchsplanung (engl. *Design of Experiment* – DoE) ist ein Optimierungsansatz auf der Basis eines reduzierten Variablensatzes [Kle16]. Dieser bietet für Untersuchungen mit einer Vielzahl an zu untersuchenden Faktoren eine Reduzierung des Versuchsaufwands durch Vermengung mehrere Faktoren und ihrer Faktorstufen bei gleichzeitiger statistischer Berücksichtigung.

Versuchsergebnisse streuen unter nominal gleichen Bedingungen. Zur Bestimmung signifikanter Versuchsergebnisse ist deshalb nachzuweisen, ob eine Differenz zwischen den Versuchsergebnissen zufällig entsteht oder einem systematischen Effekt entspricht [Kle16]. Hierzu stehen eine Vielzahl an Signifikanztests zur Verfügung, welche unterschiedliche Vorteile und Randbedingungen haben. Gemeinsam haben diese, dass sie abhängig von der Versuchswiederholung, deren Streuung der Ergebnisse und der Differenz der Mittelwerte bei Variation der untersuchten Eingangsgrößen eine Aussage über die Signifikanz des Ergebnisses geben. Festzulegen ist bei einem Signifikanztest das Vertrauensintervall, das beschreibt, welcher Anteil einer Häufigkeitsverteilung berücksichtigt wird. Typische Vertrauensbereiche sind 95 %, 99 % oder 99,9 %, ab einem Vertrauensbereich von 95 % spricht man von indifferenter Signifikanz, bei 99,9 % von hoher Signifikanz [Kle16]. Mit steigender Versuchsanzahl erhöht sich die Wahrscheinlichkeit, signifikantes Verhalten zu erreichen.

3.3.2 Virtuelle Modellierung des Schwingungsverhaltens mittels FEM

Virtuelle Modelle erlauben, das Schwingungsverhalten bereits in der frühen Phase der Produktentwicklung abzubilden. Mit numerischen Modellen sind komplizierte Geometrien, überlagerte Lastfälle und verschiedenartige Werkstoffgesetze umsetzbar, hier sind Modelle insbesondere der FEM zu nennen [Kle15], [Red19]. STURM ET AL. [Stu19] untersuchen unterschiedliche Modelle und ihren Nutzen, um die Entwicklung von Produkten unter Vibrationsbelastung zu unterstützen. Speziell die FEM wird hier für die Möglichkeit der Änderung der Anregung und Übertragung hervorgehoben. Bei der FEM handelt es sich um eine numerische Lösungsmethode zur Simulation physikalischer Vorgänge. Sie ermöglicht die Analyse des mechanischen Verhaltens durch Diskretisieren der Geometrie in finite Elemente, welche mithilfe der grundlegenden technischen Mechanik analysiert werden können. Bei der Lösung des Gleichungssystems liefert die FEM numerische Näherungswerte für die Unbekannten an einer diskreten Anzahl von verbundenen Knoten, welche die Kontinuität des Systems gewährleistet [Hut04]. Nachfolgend kann auf die Verformung der Gesamtstruktur zurückgeschossen werden [Kle15].

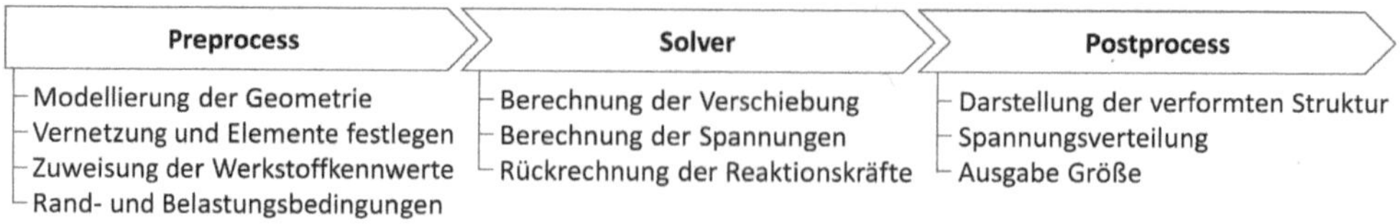

Bild 3.16: Allgemeine Vorgehensweise der rechnergestützten FEM, zusammengefasst nach [Kle15], [Liu14], [Hut04].

Wie in Bild 3.16 stellt die Einteilung des Vorgehens der FEM-Analyse in den Preprocess, Solver und den Postprocess dar. Im Preprocess wird die Modellaufbereitung umgesetzt, auf welchem das später zu lösende Gleichungssystem basiert. Zunächst werden die Geometrien modelliert oder aus einem CAD-System integriert. Für die Genauigkeit der Darstellung der Geometrie ist die Anzahl und Form der verwendeten finiten Elemente entscheidend [Liu14]. Diesen können dann die zugehörigen Eigenschaften aus Datenblättern oder Materialversuchen zugeordnet werden. Weiterhin werden dem Modell die Rand- und Belastungsbedingungen definiert. Um diese Bedingungen für reale technische Systeme sinnvoll zu simulieren, sind Erfahrung, Wissen und akkurates ingenieurtechnisches Verständnis erforderlich [Liu14], [Kle15]. Ausgehend von den Vorgaben im Preprocess lässt sich ein Gleichungssystem ableiten, welches für die jeweiligen Zeitpunkte gelöst und dessen definierte Werte abspeichert. Die Auswertung findet im Postprocess statt, dieser ermöglicht eine quantitative und qualitative Auswertung. Es können Datensätze, sowie eine grafische Darstellung, bspw. von Dehnung oder Spannungen, als Isolinien-Plot oder als Falschfarbenbilder ausgegeben werden [Kle15]. Eine Vielzahl von simulierten Werten für die Schwingungsanalyse können ausgegeben werden, wie Positionen, Geschwindigkeiten, Beschleunigungen, Kräfte, Spannungen, Verformungen, Dehnungen.

3.3.2.1 Aufstellung des Gleichungssystems der Elastodynamik

Für die Kenntnis der FEM von rein statischen Systemen wird in dieser Arbeit auf geeignete Literatur verwiesen (u. a. Klein [Kle15]) der Fokus in dieser Arbeit wird auf dynamische Modelle gelegt.

Themenstellungen der erzwungenen Schwingungen finden Anwendung in der Elastodynamik und können lineare und nichtlineare Systeme betrachten [Kle15]. Wie auch in der Elastostatik werden in der Elastodynamik Differenzialgleichung des Gleichgewichts oder ersatzweise die Gleichheit der inneren und äußeren virtuellen Arbeit angewendet [Kle15]. Bei beiden Ansätzen wird vorzugsweise die Verschiebungs-Methode eingesetzt, wobei nach den differenzierten Bewegungen gelöst wird [Kle15].

Bei allen Problemstellungen, bei denen zeitabhängiges Verhalten von technischer Bedeutung ist, führt dies zu einer erweiterten Formulierung der Bewegungsgleichung, um beschleunigungsabhängige Trägheitskräfte und geschwindigkeitsabhängige Dämpfungseffekte zu berücksichtigen [Kle15]. Für dynamische Systeme lässt sich die Differenzialgleichung (DGL) der Bewegung in (3.21) beschreiben. Die Größen sind hier als Matrizen beschrieben und enthalten alle mechanischen Eigenschaften und Bewegungen an jedem Knoten und deren Beziehung untereinander. Das Gesamtsystem ist beschrieben durch die Massenmatrix $\boldsymbol{M}$, Dämpfungsmatrix $\boldsymbol{D}$ und Steifigkeitsmatrix $\boldsymbol{K}$ und dem Systemverschiebungsvektor $\boldsymbol{U}$ sowie den Lastvektor $\boldsymbol{P}$.

$$\boldsymbol{M} \cdot \ddot{\boldsymbol{U}} + \boldsymbol{D} \cdot \dot{\boldsymbol{U}} + \boldsymbol{K} \cdot \boldsymbol{U} = \boldsymbol{P} \tag{3.21}$$

Weiterführende Erläuterungen zur Bestimmung der einzelnen Matrizen und Terme des Gleichungssystems finden sich im Anhang A2.

3.3.2.2 Lösung des Gleichungssystems

Eine Schwierigkeit bei der Lösung von Systemen mit Dämpfung ist, dass die Dämpfungsmatrix unsymmetrisch sein kann, weshalb eine Vielzahl an Vorgehen zur Lösung von DGLs nicht angewendet werden können [Kle15], [Wag22]. Häufig werden die Gleichungssysteme so angepasst, dass eine äquivalente Dämpfungswirkung berechnet wird. Nach NASDALA [Nas12] bieten sich auf globaler Ebene hierzu zwei Ansätze der Modellierung der Dämpfung an, die Rayleigh-Dämpfung und die Strukturdämpfung. Die Rayleigh-Dämpfung (auch proportionale Dämpfung) wird abgebildet, indem die Dämpfung $\boldsymbol{D}_r$ anteilig als Linearkombination aus Massenmatrix $\boldsymbol{M}$ mit dem Faktor α und Steifigkeitsmatrix $\boldsymbol{K}$ mit dem Faktor β definiert wird, siehe Gleichung (3.22) [Wag22]. Unter der Verwendung von Strukturdämpfung wird die Dämpfungsmatrix durch eine komplexe Steifigkeitsmatrix $\boldsymbol{K}_{com}$ abgebildet [Nas12], wie in Gleichung (3.23) dargestellt. Da durch die Adaption über die komplexe Steifigkeit die Dämpfung proportional zu den Verschiebungen wird, handelt es sich bei Strukturdämpfung mit ihrem Faktor s um wegabhängige Dämpfung [Nas12], [Rad13].

$$\boldsymbol{D}_r = \alpha \cdot \boldsymbol{M} + \beta \cdot \boldsymbol{K} \tag{3.22}$$

$$\boldsymbol{K}_{com} = \boldsymbol{K}_{Re} + i \cdot \boldsymbol{K}_{Im} \text{ mit } \boldsymbol{K}_{Im} = s \cdot \boldsymbol{K}_{Re} \tag{3.23}$$

Bild 3.17 zeigt das resultierende Dämpfungsmaß der Rayleigh-Dämpfung (Gleichung (3.22)) und Strukturdämpfung (Gleichung (3.23)) über der Kreisfrequenz. Während die Strukturdämpfung zu einem konstanten Dämpfungsmaß führt, ergibt sich die Rayleigh Dämpfung aus der Addition der steifigkeits- und massenproportionalen Dämpfung. Eine Schwierigkeit bei der Rayleigh-Dämpfung ist die Überschätzung des Dämpfungsmaßes bei niedrigen und hohen Frequenzen und eine Unterschätzung zwischen den Stützstellen [Nas12]. Bei der Strukturdämpfung handelt es sich um eine amplitudenabhängige

Dämpfung, welche nicht die mechanisch typische Geschwindigkeitsabhängigkeit aufweist [Nas12], [Aut18].

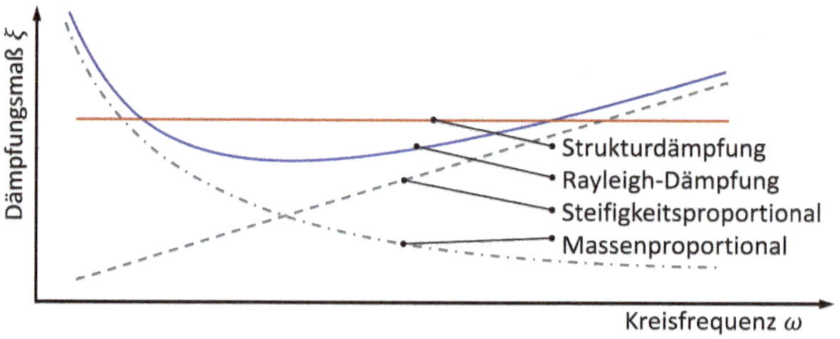

Bild 3.17: Dämpfungsmaß ξ über der Kreisfrequenz für die Rayleigh-Dämpfung und Strukturdämpfung, zusammengefasst nach [Nas12], [Aut18], [Dun18].

Bei der Lösung der Bewegungs-DGL aus (3.21), verwendet man iterative Verfahren im Zeitbereich, z. B. nach Newmark oder Lagrange, welche stets von einem bekannten Verhalten zum Zeitpunkt t den späteren Zeitpunkt $t + \Delta t$ bestimmen [Kle15]. Hierbei ist in implizite und explizite Lösungsverfahren zu unterscheiden. Beim impliziten Verfahren wird der Zustand über das dynamische Gleichgewicht mehrerer Zeitschritte dargestellt [Kle15]. Damit führen bei der Verwendung von impliziten Lösungsverfahren auch größere Zeitschritte zu verlässlichen und stabilen Ergebnissen [Liu14], [Das14b]. Implizite Lösungsverfahren sind bei dynamischen Modellen mit nicht oder nur langsam ändernden Randbedingungen meist effizienter [Liu14]. Bei expliziten Verfahren wird die Zustandsänderung durch Extrapolation des dynamischen Gleichgewichts des vorangegangenen Schritts ermittelt [Kle15]. Dieses kann bei einem zu hoch gewählten Zeitschritt Δt zu instabilen Lösungen führen, ist jedoch bei Modellen mit sich schnell ändernden Randbedingungen effizienter [Liu14], [Das14b]. Weiterhin steigt der Rechenaufwand bei expliziten Berechnungen mit der Anzahl an Gleichungen nur linear an, während dieser bei impliziten Berechnungen exponentiell zunimmt [Das14b], da die Gleichungen invertiert werden müssen.

3.3.2.3 Modellierung von Systemeigenschaften und Schnittstellen

Die Bewegungs-DGL in (3.21) zeigt das in einem FEM-Modell zu lösende Gleichungssystem. Systemeigenschaften und auch Schnittstellen werden über Knotenpunkte mit vorgegebenen Freiheitsgraden definiert, welchen Kennwerte für Trägheit, viskose Dämpfung, Steifigkeit und angreifende Kräfte zugeordnet sind.

Bei der Beschreibung des Systemverhaltens sind Steifigkeit und Trägheit eines Systems grundsätzlich über Werkstoffinformationen vorhanden, die Bestimmung der Dämpfung eines Systems bedarf jedoch einer experimentellen Untersuchung [Vöt06]. In dynamischen Systemen ist die Dämpfung meist nichtlinear und kann unter anderem abhängig von der anregenden Frequenz und Amplitude sein [McC95], weshalb Parameter wie die Dämpfung nur für ähnliche Anregungsbereiche verwendbar sind und nicht aus anderen Anwendungen übertragen werden sollten. Die DGL in (3.21) berücksichtigt zunächst nur geschwindigkeitsabhängige Dämpfung, die Modellierung von anderen Dämpfungseffekten ist nur über Umwege möglich.

IBRAHIM ET AL. [Ibr05] zeigen in ihrem Übersichtsbeitrag zum Stand der Technik des dynamischen Verhaltens von Schnittstellen auf, dass die mechanische Modellierung von Schnittstellen herausfordernd ist und meist unzureichend umgesetzt wird. Da sie mit hoher Streuung behaftet ist und für die individuelle Schnittstellen auf unterschiedlichste physikalische Einflüsse, meist gleichzeitig, zurückzuführen ist [Ibr05]. Diese in einem virtuellen Modell abzubilden, bedarf der Abbildung des Verhaltens auf mikromechanischer Ebene [Qui05]. Insbesondere die resultierende Dämpfung von Verbindungselementen ist schwer zu modellieren. Die Dämpfung ist nichtlinear über Zeit, Last und Amplitude und unter anderem abhängig von der Materialpaarung, der Oberflächenbeschaffenheit, der Vorspannung und Geometrie [Ibr05]. Sie weist einen entscheidenden Einfluss auf das dynamische Verhalten der Gesamtstruktur auf [Gau01] und ist somit für die Auslegung dynamisch belasteter Strukturen von entscheidender Bedeutung. IBRAHIM ET AL. [Ibr05] stellen weiterhin fest, dass es einen hohen Forschungsbedarf im Bereich der Untersuchung von variablen Verbindungselementen gibt. Sie geben an, dass die idealisierten Randbedingungen, welche häufig starr oder als ideale Gelenke angenommen werden, nicht ausreichen, um das dynamische Verhalten von Systemen zu beschreiben [Ibr05]. Ein häufig praktizierter Ansatz ist, die zu modellierende Schnittstelle über das individuell bestimmende Verhalten der Verbindung abzubilden [Qui05].

Aus der Produktvarianz und der Vielzahl an zu untersuchenden Schnittstelleneigenschaften resultiert eine exponentiell zunehmende Anzahl an Simulationen. Parametrisierte numerische Modelle bieten sich bei der Analyse einer hohen Anzahl von Faktoren mit vielen Faktorstufen an, um ein Verständnis von dem Gesamtsystem zu erhalten [Red19]. Durch eine automatisierte Modellierung, Berechnung und Auswertung kann die virtuelle Untersuchung parametrisierter Modelle effizient gestaltet werden. Dieses bringt eine Vielzahl von Vorteilen für die Systemuntersuchung mit sich.

- Die Möglichkeit der Parametrisierung u. a. durch Modifizierung von Randbedingungen, Materialien, Geometrien und Belastungen [Das14a], [Das14b]
- Zeiteffiziente Erstellung von einer Vielzahl von Modellen [Pur11]
- Parallele Durchführung der Berechnungen auf High Performance Clustern
- Automatisierte Dokumentation und einhergehende Auswertung [Pur11]

Die teilweise sehr individuellen Modelle zu automatisieren, bedarf im Allgemeinen einer programmierbaren Schnittstelle der verwendeten Programmumgebung.

3.3.2.4 Verifizierung und Validierung von virtuellen Modellen

Die Verifizierung ist die Überprüfung der Richtigkeit einer Sache oder Aktivität (ugs. „Haben wir richtig entwickelt?") und die Validierung die Überprüfung nach der Eignung und der Zweckerfüllung (ugs. „Haben wir das Richtige entwickelt?"). Hierzu ist zur Verifizierung die Erfüllung der Anforderungen zu überprüfen [Lin14] und zur Validierung ein objektiver Nachweis zu führen, ob der beabsichtigte Gebrauch oder die beabsichtigte Anwendbarkeit erreicht ist [DIN15]. Im Kontext der Validierung von FEM-Modellen gilt es, diese für ihre Anwendbarkeit für gültig zu erklären [Kle15]. Mit Versuchen lässt sich die Gültigkeit des Modells nie vollständig nachweisen, lediglich dass die Modellierung unter den gegebenen Randbedingungen wie die physische Untersuchung reagiert [Hof20]. Aktivitäten, welche durchzuführen sind, um ein Simulationsmodell zu verifizieren und zu validieren, sind in der Literatur begrifflich unsauber, teils sogar widersprüchlich. Während bspw. BRAND [Bra11b] unter Validierung die Gegenüberstellung zu analytischen Kontrollrechnungen versteht und versuchstechnische Messungen der Verifizierungen zuschreibt, verstehen THACKER ET AL. [Tha04] und BI [Bi18] unter Validierung den Abgleich mit physischen Versuchen. ALBERS ET AL. [Alb16] stellen ebenfalls fest, dass die Begriffe der Verifizierung und Validierung in der Produktentwicklung heterogen verwendet werden, insbesondere in Bezug auf die Überprüfung der Richtigkeit von Modellen. Eine Vielzahl weiterer Arbeiten trennen nicht explizit zwischen Validierung und Verifizierung und behandeln Verifizierung und Validierung unter den Begriffen *V&V* miteinander, wobei sie nicht zwangsläufig physische Untersuchungen einbeziehen. Die VDI 2206 [VDI21] definiert bspw. den Begriff der Eigenschaftsabsicherung als Überbegriff von Verifizierung und Validierung.

3.3.3 Kombination von virtuellen und physischen Untersuchungsmethoden

Kombinierte Untersuchungsmethoden verbinden physische Versuche mit virtuellen Modellen. Ziel ist es, den Versuchsaufwand zu reduzieren, indem Teile der Gesamtstruktur simulativ bestimmt werden und andere experimentell.

Ein Ansatz zur hybriden Untersuchung ist der *Hardware-in-the-Loop-Test*. Bei diesem kommunizieren die Schnittstellen eines physischen Systems über Ein- und Ausgangsgrößen mit einem virtuellen Modell, wodurch es möglich wird, deren Interaktionen abzubilden. Untersuchungen von Substrukturen unter realistischen dynamischen Lasten und deren Darstellung zeitabhängiger und verteilter Trägheitseffekte sind umsetzbar [Rei04]. Die Ein- und Ausgangsgrößen der physischen und virtuellen Substrukturen werden durch Sensoren und Aktoren repräsentiert [Rei04]. ALBERS ET DÜSER [Alb10] entwickeln hieraus den *X-in-the-Loop Ansatz* mit Fokus auf die Automobilbranche, wobei das *X* dem untersuchten (Teil-)System entspricht. MATTHIESEN ET AL. [Mat19] übertragen diesen Ansatz auf handgeführte Geräte (auch *Powertools*). Zur Realisierung der Ansätze ist eine Echtzeitkopplungen erforderlich, sowie zur Abbildung von Wechselwirkungen eine ausreichende virtuelle oder physische Modellierung der relevanten Einflüsse und Charakteristika der Umgebung [Alb16].

Ein weiterer Ansatz, der insbesondere bei der Untersuchung von Strukturen aus Faserkunststoffverbunden Anwendung findet, ist die *Building Block Approach for Composites Structures* [Dep02]. Die Building Blocks werden hier *bottom up* durchgeführt, vom Material zum vollständigen Produkt, wobei vorausgesetzt wird, dass das strukturelle Verhalten der niedrigeren Ebene sich auf die höhere Ebene übertragen lässt. Auf jeder Ebene gibt es einen Abgleich zwischen Modellen und Testergebnissen. Auf den niedrigeren Hierarchiestufen sind hohe Anzahlen an Versuchswiederholungen umzusetzen, um Streuung von Eigenschaften bewerten zu können, mit steigender Hierarchiestufe hin zum fertigen Produkt sind einzelne Nachweis-Prüfungen zu führen [Dep02]. Basierend auf der Nutzbarkeit der *Building Block Approach* entwickeln Seemann [See15] und Krause et al. [Kra16] Testpyramiden für den Abgleich physischer und virtueller Modelle. Ziel ist die Übertragung von Simulationen auf höhere Produktebenen.

3.3.4 Erkenntnisse für diese Arbeit zur Schwingungsuntersuchung

Zur Untersuchung des Schwingverhaltens von unterschiedlichen Produktvarianten bietet sich die Bestimmung von Übertragungsfunktionen im Frequenzbereich an. Der zu untersuchende Frequenzbereich ist abhängig vom Betriebsbereich der Produktvariante im Einsatz [Hey18]. Abhängig von den zu untersuchenden Frequenzen bieten sich für niederfrequente Untersuchungen hydraulische und für hochfrequente Untersuchungen elektrodynamische Schwingungsprüfstände an [Lin19].

Die Anzahl der notwendigen Versuche steigt mit der Anzahl untersuchter Produktvarianten, der Anzahl an untersuchten Schnittstellen, der variierenden Schnittstelleneigenschaften und der Anzahl an notwendigen Versuchen, um die Signifikanz der Versuchsergebnisse nachzuweisen. Durch statistische Versuchsplanung kann der Versuchsaufwand begrenzt werden. Die Kombination mit virtuellen Modellen, um das Schwingungsverhalten frühzeitig vorherzusagen, kann den Versuchsaufwand auf die notwendigen Versuche begrenzen. Eine automatisierte Berechnung der Vielzahl an parametrisierten Modellen macht den Aufwand hinsichtlich Definition der Parameter, Auswertung und Dokumentation beherrschbar [Hüt22].

Die detaillierte Modellierung von Systemeigenschaften ist herausfordernd und rechenintensiv, da für alle Konstituenten ihre individuellen Eigenschaften zu bestimmen sind. Für Produkte bietet sich eine Vermengung der Dämpfungseffekte über Rayleigh-Dämpfung oder Strukturdämpfung an. Die Modellierung der Schnittstelleneigenschaften, welche die AIEs repräsentieren, sind mechanisch direkt umsetzbar, da deren ideales Steifigkeits- und Dämpfungsverhalten in der Bewegungs-DGL direkt berücksichtigt werden kann.

Zur Überprüfung der Richtigkeit von FEM Modellen wird in der Literatur meist von Validierung gesprochen, die zugrundeliegenden Aktivitäten unterscheiden sich allerdings deutlich. Im Kontext dieser Arbeit wird in Verifizierung und Validierung unterschieden. Unter Verifizierung wird die Übereinstimmung des Modells mit den Versuchsergebnissen verstanden und unter Validierung die Eignung des Modells für die gegebene Problemstellung.

Die Anwendung von *Hardware-* bzw. *X-in-the-Loop Ansätzen* ist für die Kopplung der Einzelsysteme zu einem ganzheitlichen Hybrid-Modell zur Schwingungsuntersuchung vielversprechend. Jedoch sind diese Ansätze technisch aufgrund der notwendigen Echtzeitfähigkeit in der gegebenen Test-Infrastruktur nicht umsetzbar. Ein kontinuierlicher Abgleich zwischen Modellen und Experimenten, wie er in der *Building Block Approach* genutzt wird, ist zur Vorhersage geeignet.

3.4 Systematische Literaturrecherche

Diese Arbeit gibt ein Vorgehen zum Erreichen einer Schwingungsreduzierung durch die Verwendung von nachgiebigen Strukturen an der Schnittstelle zum Testobjekt. Hierzu soll eine Literaturanalyse aufzeigen, welche Ansätze zur Schwingungsreduzierung und zur Entwicklung von nachgiebigen Strukturen auf Vibrationsprüfständen genutzt werden können.

Anpassbare Impedanzelementen (AIE) weisen ein separiertes Verhalten von einstellbarer Steifigkeit und Dämpfung auf. Weiterhin sollen diese in der Versuchstechnik im Bereich der Schwingungsuntersuchung eingesetzt werden. Somit baut die Literaturrecherche auf nachgiebigen Elementen auf, welche eine Einstellbarkeit der Nachgiebigkeit und für den Einsatz bei Vibrationsuntersuchungen geeignet sind. Die Literaturrecherche baut damit auf Suchbegriffen aus diesen Bereichen auf.

adjustable	impedance	element		vibration	testing
▪ adaptable	▪ compliant	▪ connection	▪ joint	▪ dynamic	▪ experiment
▪ controllable	▪ stiffness	▪ structure	▪ bearing	▪ frequency	▪ physical
▪ variable	▪ damping	▪ mechanism	▪ suspension	▪ shaking	
▪ settable	▪ spring	▪ actuator	▪ device		
▪ tunable	▪ damper	▪ isolator	▪ manipulator		

Bild 3.18: Suchbegriffe für einstellbare nachgiebige Schnittstellenelemente in der Versuchstechnik.

Um sich in der Literaturrecherche einer Vollständigkeit der Suchbegriffe zu nähern, werden iterativ Keywords (Author-Keywords) von Veröffentlichungen ausgewertet. Die Ausgangsbegriffe mit ihren Synonymen (schwarze dargestellte Begriffe in Bild 3.18) werden in Kurzzusammenfassungen, Titeln und Keywords in der Datenbank Scopus gesucht. Über eine bibliometrische Auswertung werden dann die Keywords dargestellt, die diesem Datensatz an Veröffentlichungen zugeordnet sind. Für die Literaturrecherche sinnvolle Begriffe werden der Suche ergänzt (grün dargestellte Begriffe in Bild 3.18). Dieses wird so lang iterativ weitergeführt, bis keine weiteren Begriffe mehr hinzukommen und damit die Suchbegriffe als vollständig angesehen werden. Der vollständige Suchstring findet sich im Anhang A1. Mit diesen Suchbegriffen ergeben sich in der Scopus Datenbank 3.565 (Stand 08/23) englischsprachige frei zugängliche Veröffentlichungen.

Im folgenden Schritt werden unpassende Fachgebiete ausgegrenzt, in diesem Fall die Publikationen aus den Bereichen Chemie, Computer, Medizin, Planeten, Kunst, Wirtschaft und Psychologie. Es bleiben 1.792 (Stand 08/23) Publikationen übrig. Bild 3.19 stellt grafisch die Keywords des sich ergebenden Datensatzes im *VOSviewer* (Centre for Science and Technology Studies, Leiden University, Niederlande) dar. Hier beschreibt die Größe der Kreise die Anzahl der Nennungen. Die Nähe und Ausprägung der Verbindungen beschreiben gemeinsame Nennung mit den anliegenden Begriffen. Im zentralen Bereich bilden sich die mechanischen Begriffe, wie damping, stiffness, structural dynamics und vibration analyses aus, welche die meisten Nennungen und dichteste Vernetzung zu den anderen Begriffen aufweisen. Bei der Betrachtung der äußeren Bereich von Bild 3.19 zeigen sich Cluster zu Naturereignissen wie Erdbeben, Biomechanik, Materialien und Elektronik. Die hier zugeordneten Publikationen sind voraussichtlich zu einem größeren Teil nicht von direkter Relevanz für diese Arbeit. Diese werden jedoch bewusst zu diesem frühen Zeitpunkt nicht aus dem Datensatz entfernt, da sie trotzdem geeignete Ansätze für nachgiebige Schnittstellenelemente enthalten können.

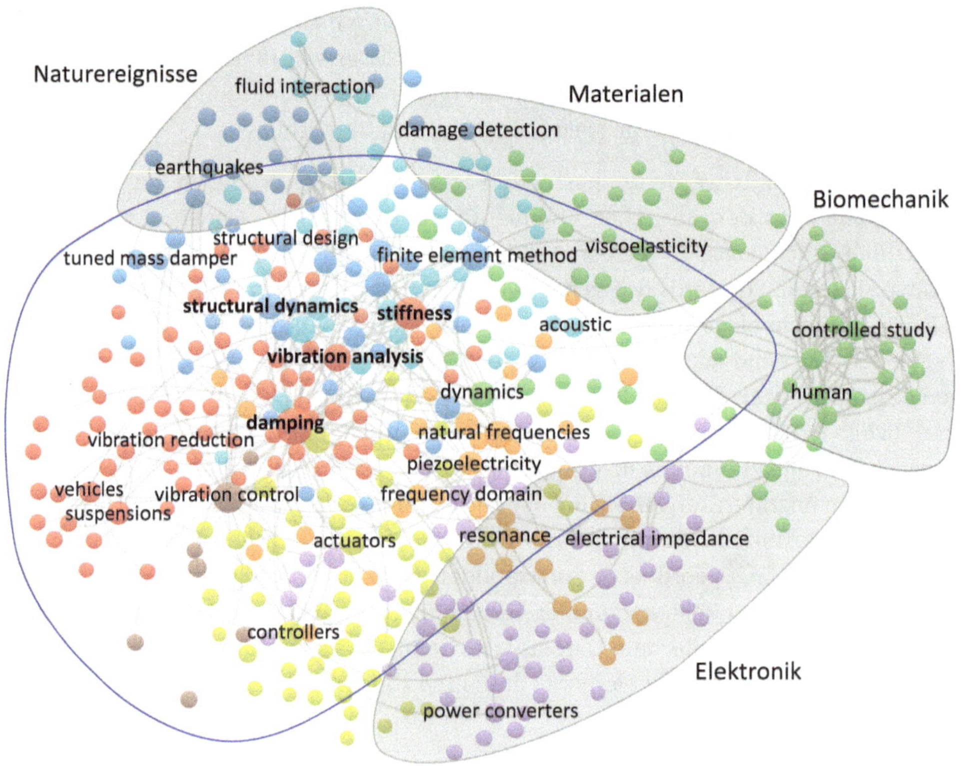

Bild 3.19: Netzwerkdarstellung verwendeter Author-Keywords auf Scopus.

Aufgrund der hohen Anzahl an Literatur wird zur Aufarbeitung des Stands der Wissenschaft auf Publikationen mit mindestens zehn Zitierungen für die Jahre bis 2020, für das Jahr 2021 auf mindestens fünf Zitierungen und für die Jahre 2022 und 2023 unabhängig von der Zahl der Zitierungen begrenzt. Damit ergeben sich 937 (Stand 08/23) Publikationen.

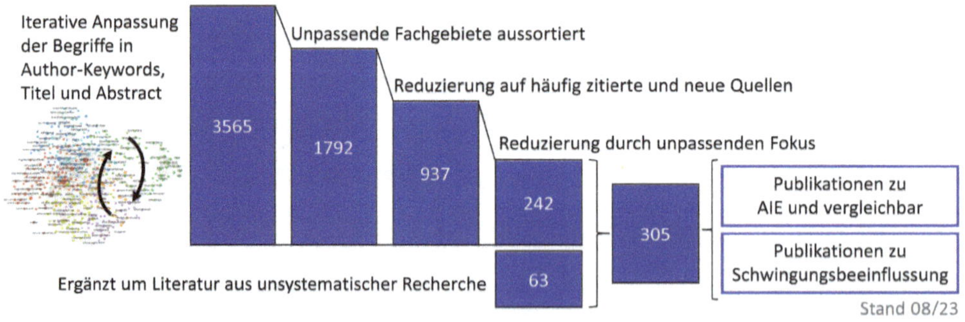

Bild 3.20: Eingrenzung der Literatur zu einstellbaren nachgiebigen Strukturen und der Schwingungsbeeinflussung aus einer Scopus-Recherche und ergänzt durch unsystematische Recherchen.

Aus dem Datensatz ergeben sich nach deren Analyse 242 Publikationen, die für diese Arbeit von Bedeutung sind. Ergänzt wird dieser systematisch erarbeitete Datensatz durch 63 ausgewählte Veröffentlichungen, die sich aus einer Recherche mittels Schneeballsystems ergeben. Aus unsystematisch und systematisch durchgeführten Literaturrecherche ergeben sich 305 Veröffentlichungen von Bedeutung für diese Arbeit.

Die folgenden Unterkapitel stellen den resultierenden Stand der Wissenschaft zu vielversprechenden Wirkprinzipien und Gestaltungen von AIEs und verwendbaren Ansätzen zur Schwingungsreduzierung dar. Um die Vielzahl an notwendigen Schnittstelleneigenschaften je untersuchter Produktvariante abzubilden, werden geeignete einstellbare Wirkprinzipien in Kapitel 3.5 vorgestellt, welche sich zur Anpassung der Steifigkeit, Dämpfung und Impedanz eignen. In Kapitel 3.6 werden die Möglichkeiten der Schwingungsreduzierung technisch eingeordnet und vorhandene Vorgehen hinsichtlich der aufgestellten Anforderungen aus Abschnitt 2.4 dieser Arbeit bewertet.

3.5 Einstellbare nachgiebige Elemente für die Vibrationsuntersuchung

In diesem Abschnitt soll der Stand der Wissenschaft zu nachgiebigen Elementen, welche sich für den Einsatz als AIE eignen, aufgezeigt werden. Hierzu werden Strukturen und deren Wirkprinzipien aus der systematischen Literatur aus dem vorangegangenen Abschnitt 3.4 vorgestellt. Von technischer Relevanz sind Strukturen, welche nachgiebig genug sind, um Bewegungen zuzulassen und gleichzeitig steif genug, sodass ein angebundenes Objekt gelagert ist. Eine Einteilung findet in Steifigkeits- und Dämpfungselement statt, folgend von einem Absatz zu Elementen, die beide Eigenschaften separat einstellbar aufweisen. Wirkprinzipien, welche kein separates einstellbares Verhalten von Steifigkeit und Dämpfung ermöglichen, werden nicht aufgeführt.

3.5.1 Anpassbare Steifigkeitselemente

AIE sind in vielen Aspekten den in der Literatur häufig untersuchten variablen Steifigkeitselementen ähnlich. Zusammenfassende Arbeiten von VAN HAM ET AL. [Ham09], TAGLIAMONTE ET AL. [Tag12], VANDERBORGHT ET AL. [Van13], LAVATE ET AL. [Lav15] und WOLF ET AL. [Wol16] fassen diese zusammen und vereinen eine große gemeinsame Autorenschaft, welche zum Zeitpunkt der Veröffentlichungen in dem Themenbereich aktiv waren. Die Anwendung wird in diesen Arbeiten jedoch hauptsächlich in der Robotik gesehen und zeigt keinen Fokus auf Vibrationsuntersuchungen. In der Robotik werden diese variablen Steifigkeitselemente mit einem Aktuator in Reihe geschaltet eingesetzt [Sha21]. Dieses ermöglicht eine sichere Mensch-Maschinen-Interaktion und natürlichere dynamische Bewegungen [Ham09].

VANDERBORGHT ET AL. [Van13] teilen die Wirkprinzipien zur einstellbaren Steifigkeit in drei Bereiche ein, die Vorspannung von Federn, die Änderung der Übersetzungsverhältnisse und Änderung der physikalischen Eigenschaften einer Feder. Eine Übersicht aller untersuchten Steifigkeitselemente findet sich im Anhang A1.

3.5.1.1 Vorspannung von Federn

Die Vorspannung einer linearen Feder führt zu keiner Änderung ihrer Steifigkeit. Die Vorspannung einer nicht linearen Feder kann eine Steifigkeitsänderung erreichen, mit dem Vorspannen einhergeht allerdings eine für die meisten Anwendungen ungewollte Vorspannkraft. Eine Möglichkeit zum Erreichen einer einstellbare Steifigkeit ohne resultierende Vorspannkraft ist die antagonistische Vorspannung zweier nicht linearer Federn gegeneinander [Ham09]. Bild 3.21 a) zeigt den schematischen Aufbau einer antagonistischen Anordnung mit zwei progressiv vorspannbaren Federn.

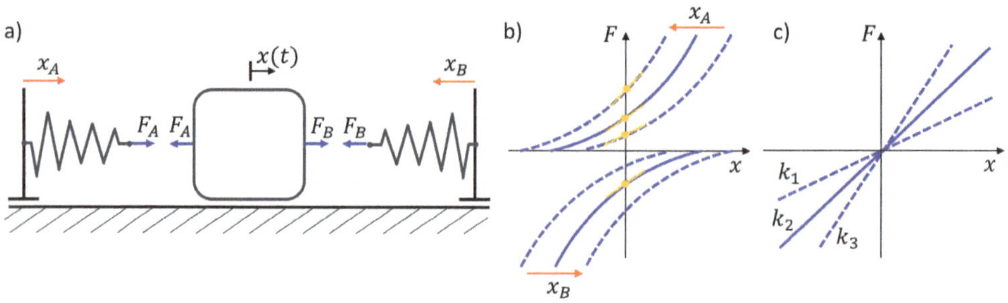

Bild 3.21: a) Freikörperbild einer antagonistisch angeordneten Feder, angepasst nach [Ham09]; b) Vorspannung einzelner progressiver Federn; c) Resultierende Steifigkeit des antagonistisch verspannten Federsystem.

Unter Annahme zweier verwendeter Federn mit quadratisch progressiver Kennlinie, wie sie in Bild 3.21 b) dargestellt sind, ergibt sich für die Auslenkung aus der Mittellage $x(t)$ das Kraftgleichgewicht in Gleichung (3.24). Diese resultierende Kraft abgeleitet nach dx ergibt die Steifigkeit des Federsystems $k_{res.}$ in Gleichung (3.25) [Ham09].

$$F_{elast.} = -F_A + F_B = -k(x - x_A)^2 + k(-x - x_b)^2 \tag{3.24}$$

$$k_{res.} = \frac{dF_{elast.}}{dx} = 2k(x_A + x_B) \tag{3.25}$$

KOGANEZAWA ET AL. [Kog99] setzten dieses Wirkprinzip erfolgreich in einer Unterarmprothese mit mehreren Freiheitsgraden ein. MIGLIORE ET AL. [Mig05] verwenden es als Gelenk und geben an, die Ersten zu sein, die über die beiden Verstellmotoren simultan die Positionierung und Steifigkeit des Gelenks einstellen zu können. NAM ET AL. [Nam10], STÜCHELI ET AL. [Stü17], HU ET AL. [Hu22] bauen kompaktere Steifigkeitselemente, die auf diesem Prinzip aufbauen. JUJJAVARAPU ET AL. [Juj19] entwickeln einen Mechanismus mit variabler Steifigkeit an zwei Freiheitsgraden durch die Verwendung von jeweils zwei sich abstoßenden Paaren von Permanentmagneten, welches vom Aufbau antagonistischen

Federmechanismen ähnelt. Sie zeigen Messergebnisse über einen Frequenzbereich von 2 bis 20 Hz, aus denen sich viele dynamische Eigenschaften ableiten lassen.

Weiterhin werden in antagonistischem Aufbau neben den metallischen Federn pneumatische Muskeln verwendet. Diese werden hier allerdings nicht weiterverfolgt, da davon ausgegangen wird, dass die Reproduzierbarkeit nicht den Anforderungen einer Schnittstelle in einer Prüfumgebung genügt.

3.5.1.2 Änderung des Übersetzungsverhältnisses

WOLF ET AL. [Wol08], [Wol11] entwickeln ein kompaktes Gelenk für das *DLR Hand Arm System*. Die einstellbare Steifigkeit des Systems lässt sich insbesondere auf die Geometrie der Kurvenscheibe zurückführen, auf denen die beiden Rollenkörper sich bewegen. Wie in Bild 3.22 a) und b) dargestellt, werden zur Verstellung die beiden Kurvenscheiben rotatorisch verspannt, womit die Rollkörper eine steilere Kurve zu bewältigen haben und bei einer rotatorischen Bewegung senkrecht hierzu eine größere Verformung der Feder vollführt wird [Wol11], mit steigender Vorspannung steigt die Steifigkeit an während der zulässige Weg sich verringert.

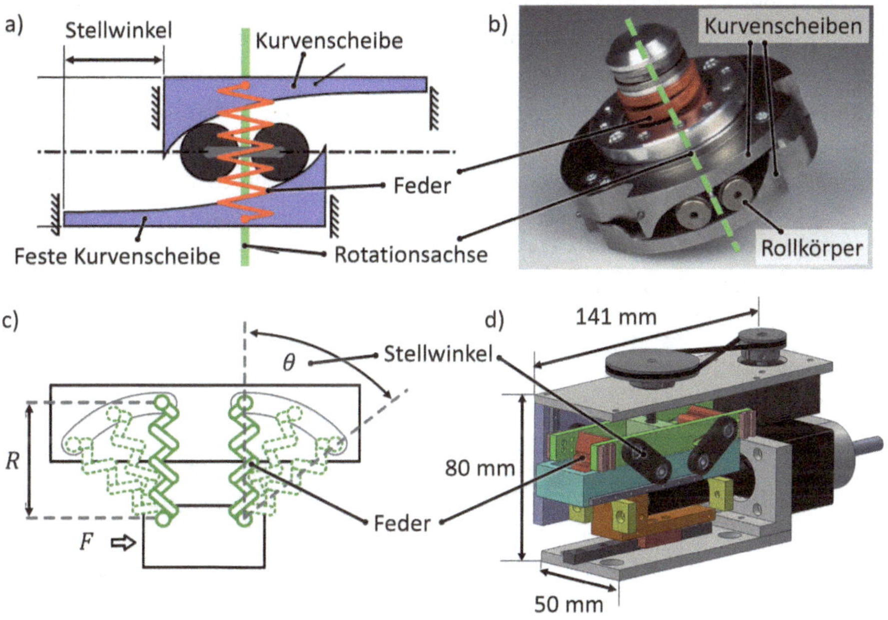

Bild 3.22: a) und b) Aufbau des variablen Steifigkeitsgelenk des *DLR Hand Arm System* nach [Wol11]; b) und c) Aufbau durch Änderung des Angriffswinkels von Federn nach [Wu16].

WU ET LAN [Wu16] haben ein Element entwickelt, welches den Winkel zweier Federn verändert, um eine Einstellung zu erreichen, wie es in Bild 3.22 c) und d) gezeigt ist. Hiermit erreichen sie Kräfte bis zu 200 N und zeigen Ergebnisse in einem Frequenzbereich von 4 bis 25 Hz.

Choi et al. [Cho11] zeigen ein System, welches durch unterschiedliche Längen von Blattfedern im Eingriff eine Verstellung ermöglicht und damit eine relativ konstante Steifigkeitskurve über Lastbereiche bis 30 Nm erreichen. Mei et al. [Mei22] verändern den Angriffspunkt durch die Führung an einer Nockengeometrie. Liu et al. [Liu16] untersuchten einen Aktor mit veränderlicher Steifigkeit über die Veränderung des Angriffspunkts eines Hebelarms. Ihr System wird unter Vibrationsbelastung bis 4 Hz getestet, jedoch mit nur einer Einstellung. Ihre Daten der fallenden mechanischen Impedanz über der Frequenz zeigen geeignetes Steifigkeitsverhalten. Sariyildiz et al. [Sar23] stellen ein rotatorisches Federelement mit veränderlichen Hebelarm an rotatorisch angebrachten Blattfedern vor. Sie weisen auf die Notwendigkeit einer einfachen Rekonfiguration von nachgiebigen Elementen hin, um diese für wechselnde und breite Anwendungsbereiche zu ertüchtigen.

3.5.1.3 Änderung der physikalischen Eigenschaften des Federmechanismus

Durch die Änderung der physikalischen Eigenschaften eines Federmechanismus lassen sich Steifigkeitsänderungen erreichen. Eine Möglichkeit ist die Anpassung der Stabilität von dünnwandigen Federstrukturen durch Verformung quer zur beabsichtigten Steifigkeitsänderung. Zhao et al. [Zha17] untersuchen solche nachgiebigen Linearbewegungsmechanismen (engl. *compliant linear-motion mechanism*). Diese Mechanismen weisen einen begrenzten Steifigkeitsbereich auf, in denen klar definierte Steifigkeiten vorliegen [Zha17]. Bild 3.23 a) zeigt einen schematischen Aufbau eines solchen biaxial belasteten Steifigkeitselements. Durch eine Vorspannung einer Kraft F wird eine Verformung der Blattfedern erreicht, die zu einer Steifigkeitsänderung in die Bewegungsrichtung u führt [Mau22].

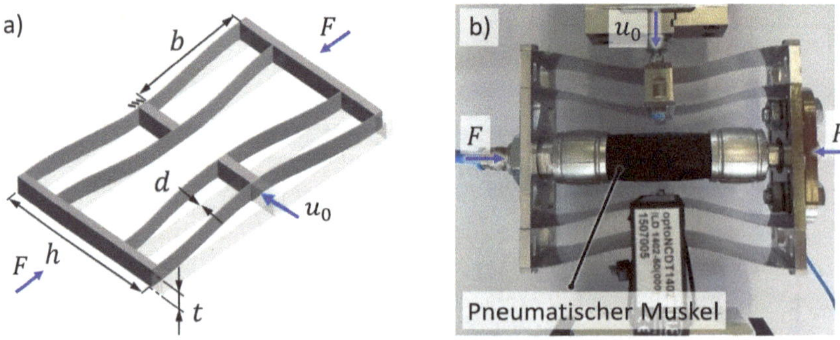

Bild 3.23: a) Struktur eines biaxial belasteten Steifigkeitselements; b) technische Umsetzung mithilfe eines pneumatischen Muskels nach [Mau22].

Ein in der praktischen Anwendung häufig verwendetes Wirkprinzip ist die Veränderung des Volumens und Drucks von Luftfedern, um unterschiedliche Steifigkeitseigenschaften zu erhalten [Pah02]. Mit Komprimierung des Gasvolumens steigt die resultierende Kraft von Luftfedern stark progressiv an [Hin11]. Diese steigende Kennlinie ermöglicht es bei Nutz- und Schienenfahrzeugen eine geringere Höhenabweichung bei stark wechselnder Zuladung zu erreichen [Bre15]. Für eine Vielzahl an Fahrzeugen werden Luftfedern wegen der Möglichkeit zur Höhenverstellung eingesetzt, welche durch Änderung des Luftvolumens erreicht wird. Weiterhin ermöglichen Luftfedern in Automobilen durch das Zu- und Abschalten von Volumen eine Veränderung der Steifigkeit im Betrieb, um beispielsweise zwischen einem sportlich und komfortabel eingestellten Fahrwerk zu wechseln. Im Verhalten weisen Luftfedern abhängig vom Aufbau geringe Hysteresekurven auf, welche aus Reibung an Dichtungen und durch das Abrollen des Gummibalgs resultieren kann, sowie durch entstehende Wärme bei Komprimierung [Hei13].

3.5.2 Anpassbare Dämpfungselemente

Ein deutlich geringerer Anteil an Arbeiten beschäftigen sich mit einstellbaren Dämpfungselementen (Übersicht im Anhang A1). Praktische Anwendungen finden Dämpfer häufig als Stoßdämpfer, bei denen sie gemeinsam mit Federelementen eingesetzt werden [Gro17]. Für den Einsatz in Fahrwerken verfolgen diese meist das Ziel, einen Stoßimpuls aufzunehmen und bei der Rückbewegung nicht überzuschwingen, wobei sie unterschiedliches Verhalten in der Zug- und Druckphase aufweisen [Dix07]. VANDERBORGHT ET AL. [Van13] teilen die Wirkprinzipen der Dämpfung in Änderung des Fluidwiderstand, Änderung der Viskosität, elektrodynamische Prinzipien und Trockenreibungseffekte ein.

3.5.2.1 Änderung des Widerstands viskoser Dämpfer

Bei viskoser Dämpfung handelt es sich um mechanisch ideales Verhalten, welches proportional zur Geschwindigkeit ist, es lässt sich durch Scherung von Fluiden erreichen. Vom grundsätzlichen Aufbau besteht ein Hydraulikdämpfer aus Zylinderkörper, Kolben und einer Drossel, an der der Widerstand erzeugt wird [Dix07]. Die Drosselwirkung in hydraulischen Dämpfern wird durch geometrische Einschnürungen erreicht, im Bereich dieser findet die Energiedissipation und damit die Dämpfungswirkung statt [Dix07]. Der Volumenstrom einer laminaren Strömung Q_{lS} wird durch das Gesetz von HAGEN-POISEUILLE definiert, wobei r dem Radius der Bohrung, l der Länge der Bohrung und η der Viskosität entspricht [Sch22]. Umgeformt ergibt sich die laminare Druckdifferenz Δp_{lS} in Gleichung (3.26). Für turbulente Strömungen Q_{tS} an einem Drosselventil gilt ein Zusammenhang abhängig von der Querschnittsfläche A_D, der Dichte ρ und einem spezifischen Wert der Drossel α_D [Sch22], umgeformt ergibt sich die Druckdifferenz an einer turbulent umströmten Blende Δp_{tS} in Gleichung (3.27).

$$\Delta p_{ls} = \frac{8 \cdot Q_{ls} \cdot \eta \cdot l}{\pi \cdot r^4} \quad (3.26)$$

$$\Delta p_{ts} = \frac{Q_{ts}^2 \cdot \rho}{2 \cdot \alpha_D^2 \cdot A_D^2} \quad \text{mit } 0{,}6 < \alpha_D < 1 \quad (3.27)$$

Bild 3.24 a) stellt den Zusammenhang zwischen entstehender Druckdifferenz $p_2 - p_1$ und dem Volumenstrom Q dar. In der Anwendung von Drosselventilen in Dämpfern liegt abhängig von der anliegenden Schwingungsamplitude und Frequenz ein festgelegter Volumenstrom vor, und die entstehende Druckdifferenz beeinflusst die entstehende Dämpferkraft. Für die meisten Strömungen an Drosselstellen kommt es zu einer Überlagerung der laminaren und turbulenten Anteile [Fin15], [Van13], wie es in Bild 3.24 a) die überlagerten Formen darstellen. Zur Charakterisierung von Hydraulikdämpfern sollten grundsätzlich experimentelle Untersuchungen durchgeführt werden, da die berechnete Vorhersage meist unzureichend ist [Ter99].

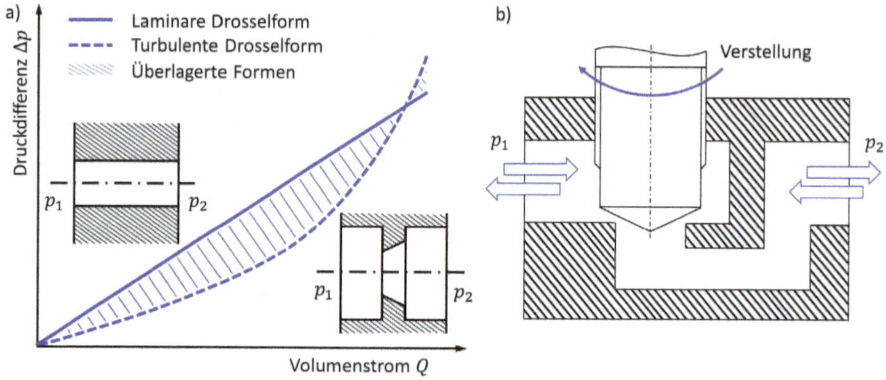

Bild 3.24: a) Durchflussgesetz bei turbulenten und laminaren Einschnürungen, umgeformt dargestellt nach [Sch22]; b) schematischer Aufbau eines kommerziell erhältlichen Drosselventils nach [Hey23a].

Im laminaren Fall liegt ein proportionales Verhältnis zwischen Druckdifferenz und Volumenstrom vor, was damit zur viskosen Dämpfung führt. Diese ist jedoch aufgrund der Abhängigkeit von der Viskosität für typische Hydrauliköle temperaturabhängig. Nach Gleichung (3.27) gibt es im turbulenten Fall keine Abhängigkeit von der Viskosität und damit keine direkte von der Temperatur. Bei der turbulenten Strömung liegt ein quadratischer Zusammenhang zum Volumenstrom vor und somit keine viskose Dämpfung.

Ein weiterer Aspekt, der in der Auslegung von Hydraulikdämpfern zu beachten ist, bildet das Ausgasen von Gasblasen im Unterdruck. Der Druck eines Dämpfers sollte im Bereich über dem Dampfdruck arbeiten, da Flüssigkeiten im thermodynamischen Gleichgewicht keinen Unterdruck halten können [Spu20]. Beim Unterschreiten des Dampfdruckes beginnt die Flüssigkeit auszugasen [Spu20]. Die entstehenden Gasblasen verhalten sich elastisch und können zu einem nicht idealen Dämpfungsverhalten führen.

CATALANO ET AL. [Cat12] zeigen einen hydraulischen Aufbau, welcher als zusätzliches Element auf ein variables Steifigkeitselement aufgebracht werden kann und durch Variation des Abstands der Scherflächen eine Einstellung erreicht. Die Ergebnisse zeigen jedoch sehr geringe Effekte im Dämpfungsverhalten. JUGULKAR ET AL. [Jug16] entwickeln einen Hydraulikdämpfer, bei dem die Anzahl an offenen Drosselöffnungen variiert werden kann und erreichen Kräfte bis 600 N. FARAHPOUR ET AL. [Far23] entwickeln einen 1000 mm langen Hydraulikdämpfer mit einem Kolbendurchmesser von 145 mm zur aktiven Dämpfung von Brückensegmenten, welcher über einen ansteuerbaren Kugelhahn als Drosselventil eingestellt wird und Kräfte bis 300 kN erreicht.

Hydraulikdämpfer können so ausgelegt werden, dass sie die jeweils geforderten Lasten aufbringen können, sie bringen jedoch den Nachteil mit sich, dass sie Leckagen aufweisen können und ihre Viskosität von der Temperatur der Flüssigkeit abhängt [Spu20], [Dix07].

3.5.2.2 Änderung der Viskosität von Dämpfern

Ein häufig genutztes Wirkprinzip für anpassbare Dämpfungselemente ist die Verwendung von rheologischen Flüssigkeiten. Man unterscheidet hier in elektro- und magnetorheologische Dämpfung, abhängig davon, ob die Viskosität durch ein anliegendes elektrisches oder magnetisches Feld erzeugt wird [Gro17]. Bild 3.25 a) zeigt das Prinzip der Viskositätsänderung magnetorheologischer Flüssigkeiten. Magnetisierbare Partikel werden in einem Fluid abhängig vom anliegenden Magnetfeld ausgerichtet und damit die Grenzschubspannung und Dämpfung erhöht [Gro17].

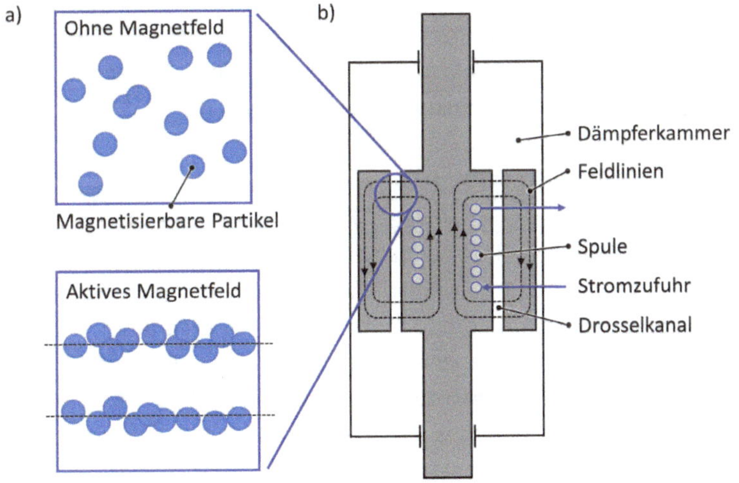

Bild 3.25: a) Wirkprinzip magnetorheologischer Flüssigkeiten; b) Aufbau eines magnetorheologischen Drosseldämpfers, angepasst nach [Aud11].

STÜCHELI [Stü16] nutzt das System magnetorheologischer Flüssigkeit durch Abscheren der Flüssigkeit zwischen rotatorischen Scherflächen. Er zeigt eine Einstellbarkeit über das angelegte Magnetfeld von resultierenden Drehmomenten zwischen 1 und 14 Nm, allerdings bildet sich das Drehmoment konstant über der Geschwindigkeit aus und damit nicht als viskose Dämpfung. Ein Ansatz, um mit magnetorheologischen Flüssigkeiten eine viskose Dämpfung zu erreichen, ist den Aufbau ähnlich wie bei Drosseldämpfern zu gestalten. Bild 3.25 b) zeigt einen solchen Aufbau, in diesem werden die Feldlinien in einem Drosselkanal ausgebildet und erhöhen hier lokal den Fließwiderstand und die damit einhergehende Dämpfungswirkung. Dieser Aufbau wird als magnetorheologischer Dämpfer bezeichnet.

AHN ET AL. [Ahn09] untersuchen einen kommerziell verfügbaren magnetorheologischen Dämpfer unter Frequenzen von 1 bis 2,5 Hz bei einer Last bis zu 1500 N. OH ET AL. [Oh16] setzten magnetorheologische Dämpfer auf einer Untersuchungsumgebung für Schienenfahrzeuge im 1:1 Maßstab ein und übertragen Lasten von bis zu 12 kN. YANG ET AL. [Yan02] legen einen Dämpfer zum Erdbebenschutz so aus, dass er Kräfte bis zu 200 kN aufnehmen kann. Sie erreichen bei vergleichsweise hohen Lasten kurze Schaltzeiten von 0,2 s zur Dämpfungserhöhung und 0,1 s zur Dämpfungsverringerung. Weiterhin setzt eine Vielzahl von Publikationen magnetorheologische Dämpfer in Kombination mit konstanten Federn ein, um die Wirkung der Feder einzustellen, weitere Informationen folgend in Abschnitt 3.5.3.

Magnetorheologische Flüssigkeiten können ihre Leistung durch die Ausfällung von Eisenpartikeln verringern [Wan19]. Schwierigkeiten bei der Wiederausbreitung der Restmagnetisierung der Partikel, Verklumpung, Oxidation der Partikel, Trennung der Flüssigkeitsteilchen und Stabilität sind die häufigsten Mängel magnetorheologischer Flüssigkeiten [Wah16]. Wie auch die Hydraulikdämpfer mit Drosselwiderstand können ebenfalls bei magnetorheologischen Dämpfern Leckage, eine temperaturabhängige Änderung der Viskosität oder das Ausgasen deren Eigenschaften verändern.

3.5.2.3 Elektrodynamische Bremsen

Elektrodynamische Bremsen (auch Wirbelstrombremsen) bauen auf dem Wirkprinzip der Lorentz-Kraft auf und nutzen diese zur Schwingungsdämpfung [Ao15]. Der Aufbau elektrodynamischer Bremsen ist unterschiedlich. Gemeinsam haben sie eine Relativbewegung zwischen einer leitenden Komponente und einem Magneten, welcher ein elektrisches Feld erzeugt. Im Aufbau eines Dämpfers bzw. einer Bremse kann entweder der Magnet oder die leitende Komponente die Bewegung vollführen. Ein feststehender Magnet und ein zu bremsendes leitendes Rad, in dem sich die Wirbelströme ausbilden, kommen z. B. bei Zugbremsen zum Einsatz.

GOSLINE ET AL. [Gos08] zeigen ein dissipatives System, welches durch Änderung der Anzahl an feststehenden Magneten verstellt wird. Sie stellen den Vorteil heraus, dass das

System keinen Stick-Slip Effekt aufweist, wie es für viele Bremssysteme sonst der Fall ist. Sie berichten über Einschränkungen hinsichtlich Trägheit, Stromverbrauch der elektrischen Magnete und die geringe Dämpfungswirkung bei niedrigen Geschwindigkeiten.

Ein Ansatz zur Dämpfung kleinerer Bewegungen mit geringerer Geschwindigkeit ist der Aufbau des Leiters als Spule. Ein bewegter Magnet bringt die Elektronen in einer Spule in Bewegung (siehe Bild 3.26 a), deren Energie entweder über einen Widerstand in Wärme umgewandelt wird (siehe Bild 3.26 b) oder über einen Aufbau mit Gleichrichterschaltung zur Energiegewinnung genutzt wird (siehe Bild 3.26 c). Eine Einstellbarkeit wird über Elektromagneten durch Anpassung des magnetischen Felds erreicht, sowie bei Permanentmagneten über eine Anpassung des Zwischenspalts [Van13].

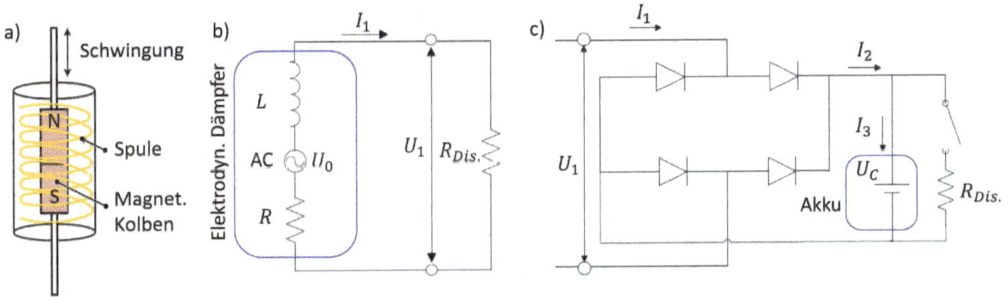

Bild 3.26: a) Schematische Darstellung eines elektrodynamischen Dämpfers nach [Ao15]; b) im Aufbau mit einem Widerstand nach [Zhu12]; c) zur Energiegewinnung über eine Gleichrichterschaltung und mit Akku nach [Zhu12].

ZHU ET AL. [Zhu12] zeigen einen elektromagnetischen Dämpfer mit zuverlässigem geschwindigkeitsabhängigen Dämpfungsverhalten im Bereich von 1 bis 8 Hz. Sie berichten von nichtlinearen Verhalten mit zunehmender Geschwindigkeit. Dies deckt sich mit PÉREZ-DÍAS ET AL. [Pér16], welche ihr System durch den Einsatz einer Übersetzung verbessern. Sie zeigen eine bis 15 Hz progressiv zunehmende Dämpfung und danach einen deutlichen Abfall.

3.5.2.4 Änderung der Festkörperreibung

Reibungseffekte können genutzt werden, um Energie im System zu dissipieren und sind dem Themenbereich der Tribologie zuzuordnen.

Reibungseffekte sind richtungsabhängig und nicht proportional zu Weg, Geschwindigkeit oder Beschleunigung. Bei der Auswertung stellen diese Herausforderungen dar, da sie nicht über eine Sinusfunktion abgebildet werden können. MCCONNELL [McC95] bestimmt eine äquivalente Umrechnung der Coulombschen Reibung in eine äquivalente viskose Dämpfung nach Gleichung (3.28), welche von konstanter Gleitreibung ausgeht und über die gleiche dissipierte Energie pro Zyklus bestimmt wird.

$$d_{\ddot{a}q.} = \frac{4F_r}{\pi\omega\hat{x}} \tag{3.28}$$

Die Modellierung ist nur über Umwege möglich, da Dämpfung in den Modellen zunächst als geschwindigkeitsabhängige Größe definiert ist (vgl. Abs. 3.3.2.1).

LAFFRANCHI ET AL. [Laf10] pressen in ihrem entwickelten System über Piezoelemente zwei Kontaktflächen mit unterschiedlicher Normalkraft zusammen. Sie zeigen Untersuchungen, bei denen ein Massenschwinger frei schwingend unter seiner Eigenfrequenz von 3 Hz gedämpft wird. UNSAL ET AL. [Uns03] entwickeln ein Dämpferelement, das auf einem Kolben geführte Reibflächen, gegen die Zylinderwand presst und damit eine einstellbare Reibungskraft von 5 bis 25 N erreicht. DOWNEY ET AL. [Dow16] verwenden eine Art Trommelbremse, die sie über eine Hebelkonstruktion zur Dämpfung von einer Rahmenstruktur nutzen und untersuchen diese bei Frequenzen von 0,05 bis 0,5 Hz.

3.5.3 Anpassbare Steifigkeit und Dämpfung

Ein AIE kann durch die Kombination von Steifigkeitselement und Dämpfungselement erreicht werden. CATALANO ET AL. [Cat12] entwickelten einen Dämpfer und weisen auf die mögliche Verwendung in der Robotik hin, indem neben dem variablen Steifigkeitselement auf einem Aktor zusätzlich ein einstellbarer Dämpfer montiert wird, um Resonanzen zu dämpfen. Weiterhin entwickeln ENOCH ET AL. [Eno12] ein Gelenk für einen Roboter mit einstellbarer Steifigkeit und Dämpfung und untersuchten es bei einer typischen Gehgeschwindigkeit von etwa 0,5 Hz. Die Umsetzung der Steifigkeitsänderung erfolgt über die Änderung des Angriffspunktes von Federn, die Dämpfung wird über Motorbremsung realisiert [Eno12].

Ein in den Publikationen häufig genannter Ansatz, um separat einstellbare Steifigkeit und Dämpfung zu erreichen, ist in Bild 3.27 a) schematisch aufgezeigt. Hierzu wird ein einstellbares Dämpfungselement parallel zu einem System aus zwei nicht einstellbaren Federn mit einem einstellbaren Dämpfer in Reihe geschaltet. Durch die Erhöhung der Dämpfung des anpassbaren Dämpfers, welcher in Reihe mit einer linearen Feder geschaltet wird, nimmt deren Einfluss auf das Schwingungsverhalten zu und indirekt wird eine Einstellbarkeit der Steifigkeit erreicht.

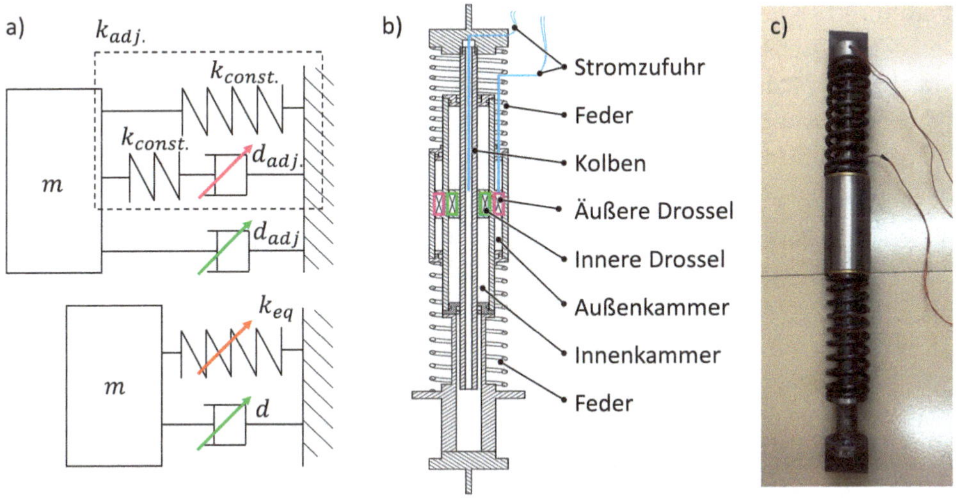

Bild 3.27: a) Kombination von zwei anpassbaren Dämpfungselementen mit konstanten Federelementen zum Erreichen anpassbarer Steifigkeit und Dämpfung, zusammengefasst nach [Jug16], [Sun15b]; b) Aufbau und c) Umsetzung eines solchen kombinierten Elements [Den17].

Diesen Aufbau indirekter einstellbarer Steifigkeiten kombiniert mit einstellbarer Dämpfung nutzen zum einen JUGULKAR ET AL. [Jug16], um einen Stoßdämpfer für den Automobilbereich aufzubauen. Sie verwenden zur Einstellung zwei Drosseldämpfer, welche durch die Öffnung unterschiedlich vieler Drosselbohrungen eine Einstellbarkeit der Steifigkeit und Dämpfung erreichen. Der gesamte Aufbau wurde physisch umgesetzt, Frequenzanalysen sind jedoch nur simulativ dargestellt. Zum anderen verwendeten SUN ET AL. [Sun15b], [Sun15a], [Sun17] unterschiedliche technische Umsetzungen eines solchen Systems, ebenfalls im Automobilbereich. Sie verwenden magnetorheologische Dämpfer zur Einstellung. Sie zeigen Versuchsergebnisse mit 0,1 Hz [Sun15b], 0,5 Hz [Sun17] und bis zu 1 Hz [Sun15a] Anregung, welche zuverlässigen Steifigkeits- und Dämpfungsverhalten aufweisen. Weiterhin untersuchen DENG ET AL. [Den17], [Den19] einen solchen Aufbau als Sitz-Stoßfederung für Panzerfahrzeuge. Ihr System wird bei 0,1 Hz auf einer Zugmaschine untersucht und stufenweise mit Frequenzen von 1 bis 4 Hz angeregt [Den19]. DONG ET AL. [Don20] setzen ein solches System in rotatorischem Aufbau in einem Antriebsstrang ein, die Eingangsgrößen für ihr Kontroller-Modell leiten sie aus experimentellen Versuchen bei 0,6 und 1 Hz ab.

3.5.4 Erkenntnisse zu nachgiebigen Elemente zur Vibrationsuntersuchung

Der Stand der Technik zeigt eine Vielzahl an einsetzbaren Wirkprinzipien für anpassbare mechanische Eigenschaften auf. Im Anhang A1 in Tabelle A.1 sind 62 Publikationen aufgeführt, welche sich aus der systematischen und der unsystematischen

Literaturrecherche aus Abschnitt 3.4 ergeben und sich mit anpassbaren nachgiebigen Elementen beschäftigen. Diese sind nach Ihrem verwendeten Wirkprinzip geclustert und enthalten Angaben über deren Freiheitsgrade, Baugröße, untersuchten Frequenz- und Lastbereich. Bild 3.28 zeigt anteilig die Wirkprinzipien die für die 62 unterschiedlichen nachgiebigen Elemente auf, wobei in Wirkprinzipien der Steifigkeit (rechts) und Dämpfung (links) separiert wird.

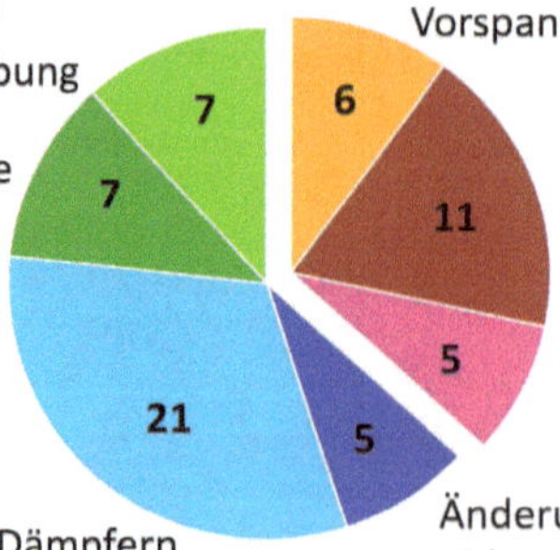

Bild 3.28: Anteil entwickelter anpassbarer Elemente in der Literatur und ihre genutzten Wirkprinzipien.

Mit etwa einem Drittel der nachgiebigen Elemente bilden die Steifigkeitselementen den geringeren Anteil in der ermittelten Literatur ab. Um die anpassbare Steifigkeit in AIEs umzusetzen, sind die Änderungen der Vorspannung, sowie Änderungen des Übersetzungsverhältnisses vielversprechende Wirkprinzipien. Um bei diesen zuverlässige wiederholbare Steifigkeitseigenschaften zu erreichen, bieten sich insbesondere metallische Federelemente an. Bei der Anpassung der elastischen Eigenschaften des Federmechanismus wird vermutet, dass die zugehörigen Wirkprinzipien durch Änderung der Stabilität, Druckänderung von Fluiden und Änderung durch Temperaturabhängigkeit (vgl. Abs. 3.5.1.3) zu einer geringeren Wiederholgenauigkeit führen. Nur sechs der 22 Steifigkeitselemente aus der Literatur wirken translatorisch, von diesen weist nur das Element von WU ET AL. [Wu16] Lastbereiche über 100 N auf. Die vorhandenen rotatorischen Steifigkeitselemente sind jedoch unter hohen Drehmomenten untersucht worden, aus technischer Sicht sollten Steifigkeitselement für große Kraftbereiche umsetzbar sein.

Etwa zwei Drittel der Publikationen befassen sich mit Dämpfungselementen, die zum größten Teil dynamisch untersucht sind und unterschiedlichste Größen und Lastbereiche aufweisen. Festkörperreibung als Wirkprinzip für Schnittstellenelemente in der Versuchstechnik zu verwenden, kann zu unzuverlässigem Verhalten aufgrund von Stick-Slip Effekten, Verschleiß und Änderung der Oberflächeneigenschaften durch Temperatur und Verunreinigung führen. Weiterhin sind Reibungseffekte bei der Auswertung und Modellierung herausfordernd, da sie nicht proportional zu Weg, Geschwindigkeit und Beschleunigung sind [Lin22]. Elektrodynamische Dämpfer im Aufbau mit einer Spule als Leiter (vgl. Abs. 3.5.2.3) stellen grundsätzlich einen geeigneten Ansatz für AIE dar. Herausfordernd bei dem Wirkprinzip ist, dass es hohe Relativbewegungen für eine wirksame Dämpfung bedarf und sich in der untersuchten Literatur das Verhalten über der Frequenz als nichtlinear herausgestellt hat.

Änderung des Widerstands und Änderung der Viskosität sind geeignet, um hohe Lasten zu tragen, hier sind insbesondere Bauformen mit Drosselwirkung zu nennen [Hey23a]. Sie bringen beide die Schwäche der Leckage, Reibung an Führungen und Dichtungen, sowie eine temperaturabhängige Viskosität mit sich. Die Verwendung von AIE für Schwingungsprüfungen erfordert ein zuverlässiges Dämpfungsverhalten [Hey23a]. Dieses ist aufgrund der Herausforderungen magnetorheologischer Flüssigkeiten begrenzt (vgl. Abs. 3.5.2.2). Viskose Hydraulikdämpfer mit Drosselventilen zeigen grundsätzlich sehr zuverlässiges Verhalten. Technische Lösungen können die Nachteile in Bezug auf Leckage, Reibung und temperaturabhängige Viskosität reduzieren [Hey23a].

Insgesamt lässt sich festhalten, dass es in der Literatur eine Vielzahl an einstellbaren Steifigkeits- und Dämpfungselemente gibt, die für die Verwendung als Schnittstellenelemente bei Schwingungsprüfungen geeignet sein können. Allerdings sind die Vielzahl an Elementen auf explizite Anwendungen hin entwickelt und häufig nicht breit einsetzbar [Sar23], dementsprechend erfüllen sie die breiten Anwendungsbereiche der Versuchstechnik nicht [Hey23a].

Bild 3.29 zeigt die Publikationen aus Tabelle A.1 im Anhang A1 auf, bei denen anpassbare Elemente dynamische untersucht sind und gibt deren untersuchten Frequenzbereiche an. Die meisten einstellbaren Steifigkeitselemente aus der systematischen Literaturrecherche sind statisch untersucht. Von den 22 Steifigkeitselementen sind nur neun dynamisch untersucht, fünf davon über Frequenzbereiche. 34 der 40 einstellbaren Dämpfungselemente sind unter Frequenzen untersucht, nur sieben dieser sind über Frequenzbereiche untersucht.

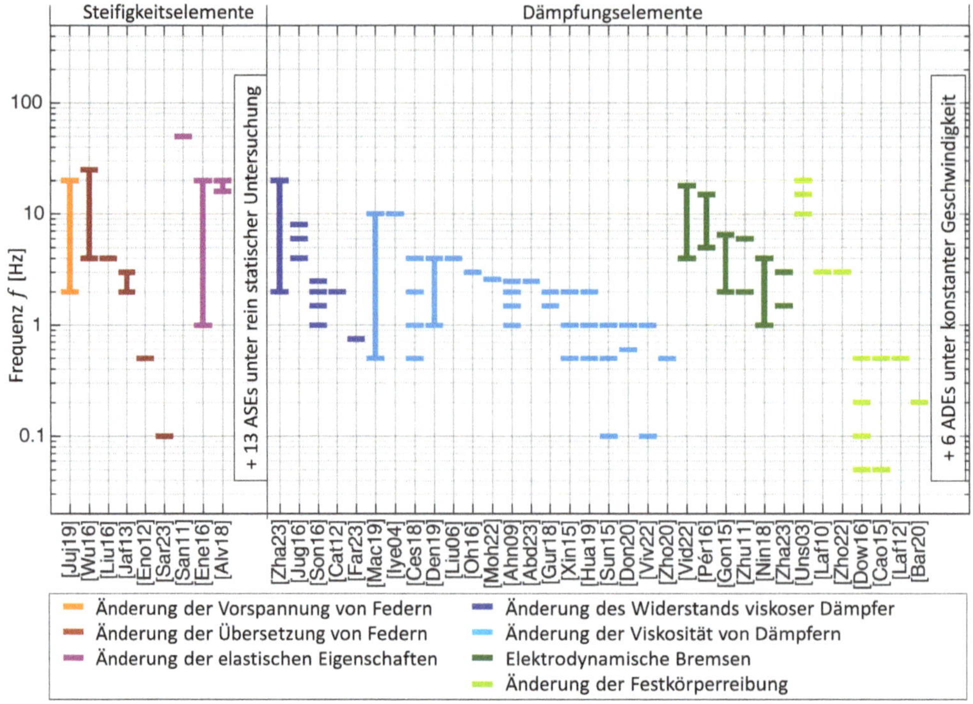

Bild 3.29: Untersuchte Frequenzbereiche anpassbarer Elemente in der Literatur, Cluster der Wirkprinzipen, sortiert nach abnehmender Frequenzuntersuchung.

Für die dynamische Prüfung der AIEs müssen ihre mechanischen Eigenschaften über den gesamten Frequenz- und Lastbereich bekannt und zuverlässig sein. Um auf mehreren Prüfumgebungen, wie hydraulische und elektrodynamische Shaker, angewendet zu werden, benötigt es Elemente, die unter breiten Frequenzbereichen untersucht sind (vgl. Abs. 3.3.1.1). Die breitesten Einsatzbereiche liegen bei den Elementen von ENEMARK ET AL. [Ene16] und MACIEJEWSKI ET AL. [Mac19] vor, beide Elemente sind über den angegebenen Frequenzbereich eingesetzt, es fehlt jedoch beiden an dargestellten Eigenschaften, wie der AS, MI und AM über der Frequenz, um deren mechanische Eigenschaften abzuleiten.

In der Literatur wird nur in wenigen Fällen separat einstellbare Steifigkeiten und einstellbare Dämpfungen untersucht [Hey25]. Aus der Literaturrecherche ergeben sich nur die Arbeiten von CATALANO ET AL. [Cat12] und ENOCH ET AL. [Eno12], welche zwei separierte Wirkprinzipien nutzen, um Steifigkeit und Dämpfung einzustellen. Beide untersuchen ihre Systeme nur unter einer Frequenz.

Weiterhin wird in den Veröffentlichungen selten auf die Art der Kalibrierungen der Messtechnik eingegangen [Hey21]. DONG ET AL. [Don06] vermuten, dass ein erheblicher Teil von abweichenden Messergebnissen auf Probleme bei der Kalibrierung von Instrumenten und der Datenverarbeitung zurückzuführen ist. Die Charakterisierung von AIEs sollte gewissenhaft durchgeführt werden, da die Elemente später selbst in Versuchsaufbauten verwendet werden und sich mögliche Fehler bei der Charakterisierung potenzieren könnten [Hey21].

Zusammengefasst lässt sich festhalten, dass die systematische Literaturrecherche zusammen mit den ergänzenden Publikationen keine Elemente ergibt, die hinsichtlich Steifigkeit und Dämpfung separat einstellbar sind sowie gleichzeitig unter breiten Einsatzbereichen untersucht sind, wie es für AIEs in der Versuchstechnik notwendig ist [Hey24].

3.6 Prinzipien der Schwingungsreduzierung

Die systematische Literaturrecherche zeigt unterschiedliche Prinzipien zur Schwingungsreduzierung auf, von denen die gängigsten Ansätze im Folgenden vorgestellt werden. Der Fokus wird auf die Schwingungsbeeinflussung durch Anpassung der Schnittstelleneigenschaften gelegt.

3.6.1 Schwingungstilgung

Das Prinzip der Schwingungstilger (tuned mass damper (TMD)) ist insbesondere beim Schutz von Gebäuden gegen Aufschwingen durch Strömungsphänomene und Erdbeben bekannt. An die Struktur wird über Feder- und Dämpferelemente eine Zusatzmasse m_{tmd} angebunden, mit dem Ziel, das Schwingungsverhalten in der Resonanz zu beeinflussen (siehe Bild 3.30-a). Die Schwingungstilgung erfolgt, wenn diese Masse dieselbe Eigenfrequenz wie die des zu tilgenden Objekts aufweist [Vöt06]. Ein parallel geschalteter Dämpfer reduziert die Sensitivität des Systems durch eine breitere Schwingungstilgung naheliegender Anregungsfrequenzen. Die maximale Energiedissipation findet bei einer Phasenverschiebung von 90° statt, welches einer dominierenden viskosen Dämpfung entspricht. Aktive Schwingungstilger können zusätzlich die Dämpfung d_{tmd} oder die Steifigkeit k_{tmd} zur angebundenen Zusatzmasse verstellen [Con14]. Häufig ist der Aufbau als Tilgerpendel zu finden, das weltweit größte Tilgerpendel findet sich im Taipei Financial Center in Taiwan, wie es in Bild 3.30 b) dargestellt ist.

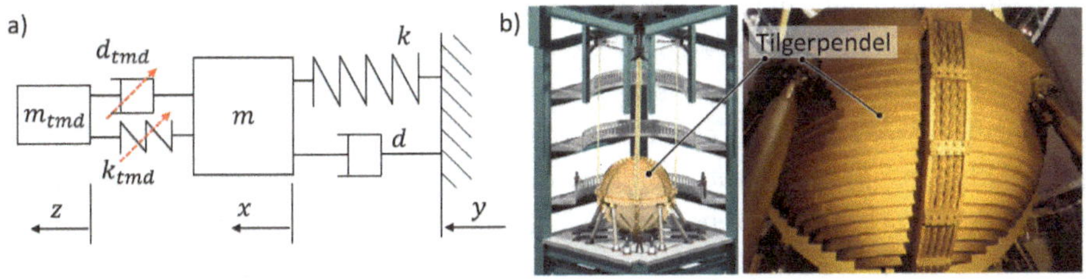

Bild 3.30: a) Prinzip des Massenschwinger mit Schwingungstilger nach [Con14]; b) weltgrößtes Tilgerpendel im Gebäude des Taipei Financial Center nach [Bek11].

Das Prinzip der Schwingungstilgung ist auf technische Systeme übertragbar. KEYE ET AL. [Key09] entwickeln einen Prototyp eines adaptiven Schwingungstilger zur

Schwingungsabsorption bei Propellerflugzeugen. HERRADA ET AL. [Her17] zeigen simulativ die Anwendung eines anpassbaren Schwingungstilger im Flügel einer Drohne. HANSMANN ET AL. [Han12] schlagen anpassbare Federelemente für den Einsatz als Schwingungstilger im Maschinenbau und in der Fahrzeugtechnik vor, welche vom Aufbau ASEs ähneln. Anders als herkömmliche kostengünstige Lösungen mittels Elastomeren können diese individuell angepasst werden und sind durch ihre metallischen Federelemente nicht temperaturabhängig [Han12].

3.6.2 Schwingungsbeeinflussung durch Partikeldämpfung

Ein Partikeldämpfer besteht aus einer Kammer mit Partikelkörpern, welche unter Anregung kollidieren, schematisch dargestellt in Bild 3.31 a). Partikeldämpfung bietet die Möglichkeit, passive Energiedissipation in Strukturen durch Stoßeffekte und Reibung einzubringen [Gag19], [Ehl21].

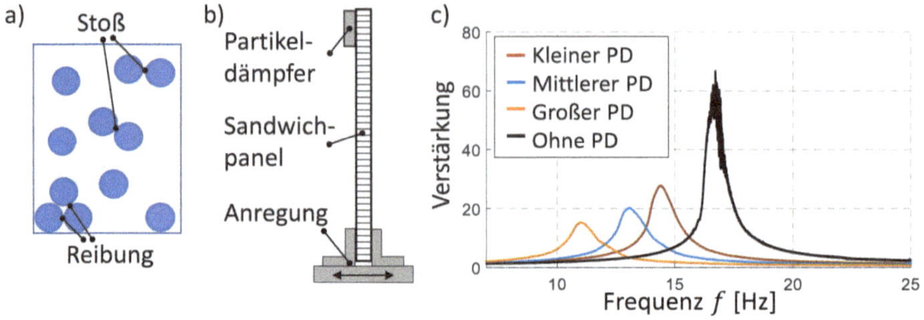

Bild 3.31: a) Partikel in einer Partikelkammer nach [Ehl21]; b) Versuchsaufbau eines Paneels mit oben angebrachten Partikeldämpfer nach [Olt18]; c) Versuchsergebnisse mit unterschiedlichen Partikeldämpfern (PD) nach [Olt20].

EHLERS ET AL. [EHL21] und MEYER ET AL. [Mey23]untersuchen Einflussgrößen auf die Partikeldämpfung, wie Geometrien, Anregung und Material. OLTMANN ET AL. [Olt20] zeigen die mit Partikeldämpfung die Möglichkeit auf, ein am Fußpunkt angeregtes Sandwichpanel zu dämpfen. Bild 3.31 b) und c) zeigt das untersuchte System und die Verstärkung des angeregten Paneels mit der Verwendung von drei unterschiedlich großen Partikeldämpfern. Es ist eine klare Reduzierung der Verstärkung zu erkennen, mit der durch die einhergehende Massenerhöhung eine Reduzierung der Resonanzfrequenz resultiert. Abhängig von der Anregungsamplitude und dem Füllgrad zeigen sie eine Schwingungsreduzierung von 30 % bis 70 % bei eines Sandwichpanel [Olt20]. Partikeldämpfer bringen den Vorteil mit sich, dass sie Schwingungen in alle Achsrichtungen dämpfen, nachteilig ist es, dass eine ungeeignete Auslegung zu Erregungsmuster führen kann, bei denen der Dämpfer die Amplitude der Schwingung sogar erhöht [Gag19].

Żurawski et al. [Żur22] entwickeln einen Partikeldämpfer, der im Aufbau einem Schnittstellendämpfer entspricht und bei der Kraftübertragung Partikel zur Energiedissipation in Bewegung setzt.

3.6.3 Anpassung der mechanischen Eigenschaften der Schnittstelle

Schnittstellen nachgiebig zu gestalten, lässt eine Relativbewegung der Schnittstelle zu. Die Anpassung der Schnittstelleneigenschaften ermöglicht es, diese Relativbewegung an der Schnittstelle zu beeinflussen. Gaul et al. [Gau14] untersuchen die Schwingungsreduzierung eines Balkens durch das definierte Anpressen einer Platte mittels Piezoelement und zeigen hiermit die Möglichkeit auf, durch Anpassung der Reibung an der Schnittstelle eine Schwingungsreduzierung zu erreichen.

Janocha [Jan06] entwickelt in Kooperation mit der BMW (Bayerische Motoren Werke AG, Deutschland) ein einstellbares Lager, welches er zur Schwingungsminimierung nutzt. Einhergehend mit der Verstellung des Lagers erreichen sie eine Änderung der Resonanzfrequenz und können so akustische Störgeräusche aktiv isolieren, weisen jedoch auf Schwierigkeiten hinsichtlich Verschleiß des Lagers und Sedimentation der enthaltenden Partikel hin [Jan06]. Im Bereich der Lagerung von Hochleistungswellen in Turbinen gibt es bereits seit den 70er-Jahren den Einsatz von sogenannten Quetschöldämpfern, welche durch ein Zusammenpressen des äußeren Lagerrings beim Hochfahren von Turbinen die Resonanz der Welle beeinflussen [Van00]. Santos [San11] zeigt die Möglichkeit der Schwingungsreduzierung durch Verwendung von hydrostatischen Lagern auf, die durch Anpassung des hydraulischen Drucks ihre Eigenschaften ändern. Er untersucht die Auswirkung auf eine Antriebswelle mit Unwucht, welche über ein einstellbares hydrostatisches Lager gelagert ist. Hierauf aufbauend untersuchen Enemark et al. [Ene16] eine Welle mit Unwucht, die über ein Magnetlager, welches wiederum über radial angeordnete Federn geführt wird, gelagert ist. Die radial angeordneten führenden Federn sind aus einer Nickel-Titan Legierung (Gruppe der Formgedächtnislegierungen) und erreichen eine Steifigkeitsänderung durch Änderung der Temperatur. Sie beeinflussen die Resonanzfrequenz und erreichen eine Schwingungsreduzierung von etwa 20 % [Alv18]. Guimarães et al. [Gui20] optimieren die Lagerung weiter, sie geben eine Schwingungsreduzierung von 73 % an, dieses entspricht jedoch nur der Reduzierung bei einer festen Resonanzfrequenz. Die Resonanz wird durch die Änderung der Steifigkeit verschoben. Für den untersuchten Frequenzbereich ist in den bereitgestellten Daten jedoch zu erkennen, dass eine deutlich geringe Schwingungsreduzierungen erreicht wird.

Millitzer, Hansmann et al. [Mil21], [Han20a] entwickeln translatorische Lagerstellen mit einstellbarer Steifigkeit, welche der Nachbildung von Randbedingungen dienen. Sie verfolgen damit eine vergleichbare Zielgröße wie diese Arbeit. Bild 3.32 a) zeigt schematisch einen Antriebsstrang, welcher über ein einstellbares Lager mit einem Hilfsrahmen verbunden ist [Han20a], das System ist nicht physisch umgesetzt veröffentlicht. Über ein

Lager mit einstellbarer Steifigkeit kann die Verbindung ohne Rüstzeiten variiert werden [Mil21]. Für die Anregung des Hilfsrahmens sollen *mechanischen Hardware In the Loop* (mHIL) Schnittstellen zum Einsatz kommen. Bei diesen wird neben die einstellbaren Steifigkeitselemente eine Aktorik parallel geschaltet, siehe Bild 3.32 b) [Han20a]. Ihre Elemente unterscheiden sich durch die Vernachlässigung einstellbarer Dämpfung in den Schnittstellenelementen zu AIEs.

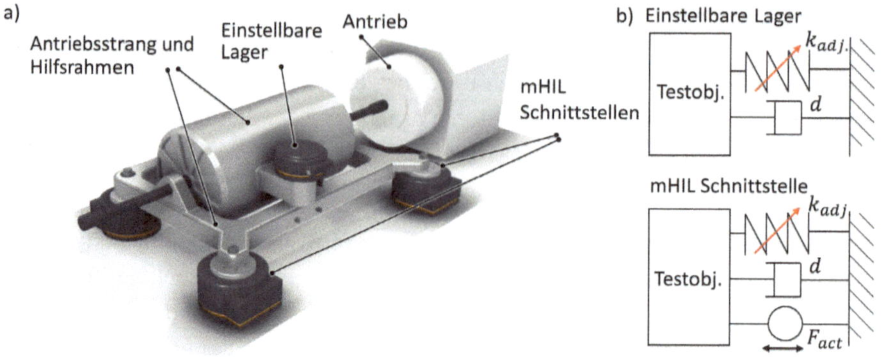

Bild 3.32: a) Schematische Darstellung eines Antriebstrangs mit einstellbaren Lagern und mHIL Schnittstellen nach [Mil21]; b) Mechanischer Aufbau der einstellbaren Steifigkeitselemente und mHIL Schnittstellen nach [Han20a].

ZHANG ET AL. [Zha23] und SEBESTA ET AL. [Seb23] befassen sich unabhängig voneinander mit der Schwingungsreduzierung in Agrarfahrzeugen. Sie bauen auf Vibrationsprüfständen Strukturen mit anpassbarer Steifigkeit und Dämpfung auf, um die Übertragung bei Geländefahrt auf den Fahrer zu optimieren. LIU ET AL. [Liu08], [Liu06b] untersuchen den Einfluss von einstellbarer Steifigkeit und Dämpfung auf einen Massen-Schwinger auf einem elastischen Gerüst, welches sie über magnetorheologische Dämpfer für Anregungen von 1 bis 10 Hz schwingungsreduzieren. Die anpassbaren Dämpferelemente setzen sie in der Struktur in Etagen des Gerüstes ein. Sie erreichen eine Schwingungsreduzierung von bis zu 25 % [Liu06b].

3.6.4 Parallelgeschaltete Aktorik

Ein weiterer Ansatz, eine Schwingungsübertragung zu unterbinden, ist die aktive Positionierung der Schnittstelle selbst. Eine gänzliche Unterbindung der Schwingung zwischen Anregung der Schnittstelle ist hiermit in der Theorie möglich (vgl. [Miz03], [Kim01b]). Für regelmäßige wiederkehrende Verhalten sind sie gut geeignet und können diese theoretisch durch eine gegenläufige Bewegung komplett entkoppeln. Herausfordernd sind nicht vorhersehbares Schwingungsverhalten und plötzliche Änderungen [Wan22].

Für mechanische Anwendungen ist die Kombination einer Aktorik mit einem parallel geschalteten Feder-Dämpfer-System vielversprechend (siehe Bild 3.33 a), da hohe unvorhergesehene Lasten von diesem aufgenommen werden können. GYSON ET AL. [Gys09],

[Gys10], [Gys11b] schalten hierzu einen elektromagnetischen Aktuator parallel zu einem Stoßdämpfer. Dieser wandelt elektrische Energie in eine Bewegung um und sorgt für steuerbare Kräfte auf das System. Sie entwickelten ein solches System an der Eindhoven University of Technology gemeinsam mit SKF (Svenska Kullagerfabriken, Göteborg, Schweden) und testeten es in einem BMW 530i [Gys11a].

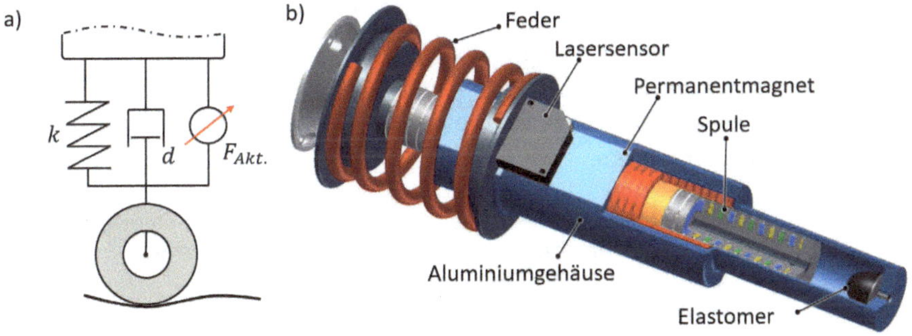

Bild 3.33: a) Schematischer Aufbau eines parallelgeschalteten Aktors an ein Feder-Dämpfer-System nach [Gys11a]; b) Aufbau eines aktiv einstellbaren Stoßdämpfers mit elektromagnetischem Aktor nach [Gys11a].

MATTHIAS ET AL. [Mat07] entwickeln eine aktive Motorlagerung, welche Vibrationen von Schiffsmotoren durch eine Kombination von einem Elastomer und einem Piezoelement reduziert. BERTOLINO ET AL. [Ber23] entwickeln einen aktiven Hydraulikdämpfer zur Schwingungsreduzierung in Helikoptern. Dieser soll statt der aktuell verwendeten starren Anbindung Rotor und Getriebe zum Rumpf verbinden. Sie kündigen zukünftig eine Veröffentlichung eines physischen Prototyps an [Ber23].

Weiterhin können Aktoren parallel geschaltet werden, um einer Schwingungsmode im oder auf dem Produkt entgegenzuwirken [Hal01]. Hier werden z. B. Piezoelemente auf oder kurz unter der Oberfläche positioniert, sodass sie in einem hochbelasteten Bereich der sich ausbildenden Schwingungsmode befinden [Duf13]. Unter Schwingungsbelastung wird der Aktor mit einer gegenphasigen Belastung angesteuert und reduziert damit die Ausprägung der auftretenden Schwingungsmode [Duf13].

Das Potenzial der Schwingungsreduzierung von Aktuatoren an der Schnittstelle ist groß, da sie theoretisch eine vollständige Entkopplung ermöglichen. Gemeinsam haben die aktiven Systeme, dass sie einen hohen Energiebedarf zur Schwingungsreduzierung aufweisen, die Verarbeitung von Sensordaten und der Ansteuerung der Aktoren in Echtzeit umsetzten müssen und empfindlich gegen nicht vorhergesehene schnelle Anregungen sind [Gau14], [Liu06b].

3.6.5 Erkenntnisse zu den Ansätzen zur Schwingungsreduzierung

In Abschnitt 2.1 sind die unterschiedlichen Ansätze der Schwingungsbeeinflussung aufgeführt. In dieser Arbeit werden die Schwingungsanregung sowie die Produkteigenschaften als gegeben angenommen. Zum Erreichen der Schwingungsreduzierung bleiben damit noch die Ansätze zur Dämpfungserhöhung, Schwingungstilgung und Beeinflussung der Schwingungsübertragung, wobei hier zwischen der Anpassung der mechanischen Eigenschaften der Schnittstelle und der aktiven Verstellung der Schnittstelle unterschieden wird. Sie bilden alle die Möglichkeit, eine Schwingungsreduzierung für Leichtbaustrukturen zu erreichen. Diese Arbeit grenzt auf die Anpassung der Schnittstelleneigenschaften zur Schwingungsreduzierung ein.

Tabelle 3.1: Erfüllungsgrad der Anforderungen an ein Vorgehen zur Schwingungsreduzierung durch anpassbare Schnittstelleneigenschaften.

● erfüllt
◐ teilweise erfüllt
○ nicht erfüllt

	Erweiterte Systembetrachtung über Testobjekt und Schnittstellen	Systematische Ableitung von Anforderungen an Schnittstellenelemente	Unterstützung der Modellierung bei der Bestimmung der Systemeigenschaften	Berücksichtigung hoher Produktvarianz und Schnittstelleneigenschaften	Auswahlhilfe vorhandener AIEs berücksichtigt
Adaptable rotor dynamics by fluid film bearings [San11]	●	○	◐	○	○
Shape memory alloy bearing [Ene16], [Alv18], [Gui20]	●	○	◐	○	○
Vibration performance optimization of a seat suspension [Zha23]	●	◐	◐	○	○
Lager mit einstellbarer Steifigkeit [Han20], [Mil21]	●	○	◐	●	○
Semi-active vibration isolation [Liu06], [Liu08]	◐	○	◐	○	○
Vibration reduction by friction [Gau14]	◐	○	◐	○	○
Transmission of semi-active magnetorheological damper [Seb23]	◐	○	◐	○	○
Steuerbares Motorlager [Jan06]	◐	○	○	○	○

Die Literaturrecherche ergibt kein systematisches Vorgehen, welches eine Schwingungsreduzierung durch Anpassung der Schnittstelleneigenschaften in physischen Test von unterschiedlichen Produkten umsetzt. Aus einigen Publikationen können jedoch erste Ansätze abgeleitet werden. Tabelle 3.1 zeigt diese und deren Erfüllungsgrad für die in Abschnitt 2.4 aufgestellten Anforderungen. Die blau umrandeten Publikationen weisen mindestens die vollständige Erfüllung einer Anforderung auf, weshalb zu diesen hinsichtlich der Verwendbarkeit zur Schwingungsreduzierung durch Anpassung der Schnittstelleneigenschaften Bezug genommen wird.

Santos [San11] untersucht die Anwendung von einstellbaren hydrostatischen Lagern auf Motorwellen. Die Veröffentlichung fokussiert kein systematisches Vorgehen und adressiert keine Themen der Produktvarianz. Er stellt in den Untersuchungen heraus, dass es für die Schwingungsreduzierung von Systemen einerseits einer geeigneten Lagerfunktion bedarf, welche hohe Steifigkeiten voraussetzt, und anderseits relativ große Bewegung an der Schnittstelle zulassen muss, um Dämpfung zu ermöglichen [San11]. In der hier vorliegenden Arbeit ist zu beachten, dass diese beiden widersprüchlichen Eigenschaften gemeinsam zu betrachten und gegeneinander abzuwägen sind.

Enemark, Alves, Guimãres et al. [Ene16], [Alv18], [Gui20] untersuchen die Schwingungsbeeinflussung eine Rotorwelle durch Anpassung der Temperatur von lagernden Federn aus Nickel-Titan Legierung, deren Steifigkeit stark temperaturabhängig ist. Enemark et Alves [Ene16], [Alv18] zeigen die Modellierungen ihrer Anwendung am Beispiel der Rotorwelle mit Anbindung auf. [Gui20] stellt ein Vorgehen auf, welches jedoch nur Verbesserungen des eigenen Versuchsaufbaus enthält, ein systematisches Vorgehen oder Übertragbarkeit auf andere Fälle ist nicht erkennbar.

Zhang et al. [Zha23] entwickeln ein Vorgehen, wie sie die mechanisch optimalen Kennwerte für eine multikriterielle Entwicklung bestimmen, ihre Anwendung ist ein Traktorsitz mit einstellbarer Steifigkeit und Dämpfung. Sie bauen in einem ersten Vorgehensschritt ein ganzheitliches Modell auf, welches die Sitzstruktur als anpassbare Schnittstelle, den Fahrer mit seiner Trägheit und die Anregung während der Geländefahrt abbildet. In einem zweiten Schritt bestimmen Sie die notwendigen dynamischen Systemeigenschaften der einzelnen Teilmodelle, welche sie anschließend auf das ganzheitliche Modell übertragen. Im letzten Schritt führen sie eine multikriterielle Optimierung durch. Sie berücksichtigen die Notwendigkeit, das System ganzheitlich zu betrachten und geben an, wie man zu geeigneten mechanischen Kennwerten kommt, wobei sie diese nicht als abzubilden Anforderungen verstehen. Varianz unterscheiden sie nicht und sie formulieren keine Hinweise zur Verwendung sinnvoller Elemente, um die mechanischen Kennwerte umzusetzen. Seitens der mechanischen Optimierung werden sinnvolle Ansätze gezeigt, jedoch keine technische Umsetzung.

MILLITZER, HANSMANN ET AL. [Mil21], [Han20a] verfolgen mit ihren einstellbaren Steifigkeitselementen das Ziel, variante Schnittstelleneigenschaften auf Prüfständen nachzubilden. Das Kriterium einer erweiterten Systemgrenze über Testobjekt und Schnittstelle ist in ihrer Arbeit unter anderer Formulierung erkennbar. Ein systematisches Vorgehen und die Ableitung von Anforderungen an die Schnittstellenelemente ist nicht erkennbar. Experimentelle Untersuchungen werden als notwendig angesehen, um die Systemeigenschaften zu bestimmen. Eine Berücksichtigung der Schnittstellenvarianz wird klar adressiert, der Wechsel von untersuchten Produktvarianten ist nur implizit erkennbar. Eine Auswahlhilfe ist jedoch nicht gegeben.

Die Literaturrecherche ergibt eine Vielzahl an Arbeiten, welche sich mit den Themen der Schwingungsreduzierung beschäftigen. Nur vier der Arbeiten, die mindestens eine der aufgestellten Anforderung an ein Vorgehen zur Schwingungsreduzierung durch Anpassung der Schnittstelleneigenschaften erfüllen, sind in diesem Abschnitt detaillierter betrachtet. Die erweiterte Systembetrachtung über Testobjekt und Schnittstelle sind von mehreren Arbeiten berücksichtigt. Einige Arbeiten betrachten bei der Modellierung die Bestimmung der Eigenschaften des Systems, jedoch immer nur explizit für das jeweilige System. Nur die Arbeiten von MILLITZER, HANSMANN ET AL. [Mil21], [Han20a] fokussieren das Thema einer hohen Produktvarianz, wobei sie die Varianz der umgebenen Struktur des untersuchten Produktes adressieren. Ein systematisches Erreichen von Anforderungen an anpassbare Schnittstellenelemente adressiert keine Arbeit, indirekt adressieren ZHANG ET AL. allerdings deren Notwendigkeit [Zha23]. Die kommunale Verwendung und Kombinierbarkeit in unterschiedlichen Prüfumgebungen von anpassbaren Schnittstellen wird in keiner Arbeit adressiert. Ebenso die hierzu notwendige Informationsbereitstellung über eine Auswahlhilfe solcher Elemente.

Übergeordnet fehlt es an einem Vorgehen, welches systematisch eine Schwingungsreduzierung über Schnittstellenanpassung erreicht. Weiterhin hat die Literaturrecherche aufgezeigt, dass eine Forschungslücke hinsichtlich der Bestimmung von Anforderungen an AIE und deren effizienten Einsatz in unterschiedlichen Prüfumgebungen vorliegt.

4 Schwingungsreduzierung mit anpassbaren Schnittstellen

Ziel dieser Arbeit ist es, das Aufschwingen von fremderregten varianten Produktstrukturen durch Anpassung der mechanischen Eigenschaften der Schnittstellen systematisch und zielgerichtet zu reduzieren. Hierzu ist ein Vorgehen zu entwickeln, welches systematisch eine Schwingungsreduzierung erreicht. Herausfordernd ist hierbei, dass eine gegenseitige Wechselwirkung zwischen Schnittstelle und schwingungsreduziertem Produkt besteht und damit die notwendigen Eigenschaften zur Schwingungsreduzierung nicht intuitiv bestimmbar sind. Für die Untersuchung einer Vielzahl von Produktvarianten mit unterschiedlichen dynamischen Eigenschaften kommt hinzu, dass jeweils individuelle Eigenschaften zur Schwingungsreduzierung führen. Anpassbare Impedanzelemente bieten die Möglichkeit diesen Herausforderungen zu begegnen, indem die Vielzahl an notwendigen Eigenschaften in einem Element abgebildet wird.

Ein Vorgehen zur Schwingungsreduzierung ermöglicht es, planbar und wiederholbar eine Schwingungsreduzierung zu erreichen. Hierzu sind die abgeleiteten Anforderungen aus Kapitel 2.4 zu erfüllen. Wobei das System aus Schnittstelle und Produkt ganzheitlich zu betrachten ist, um hieraus systematisch Anforderungen an AIEs abzuleiten. Weiterhin ist die Bestimmung der Systemeigenschaften des ganzheitlichen Modells notwendig, sowie die hohen Produktvarianz mit den zugehörigen Schnittstellen zu adressieren. Im Stand der Wissenschaft in Kapitel 3 sind Erkenntnisse zu den Themenfeldern herausgestellt. Diese zeigen auf, dass ein Bedarf an anpassbaren Schnittstellenelementen besteht, welche die Anforderungsbereiche der Versuchstechnik erfüllen. Um ein systematisches Vorgehen zur Schwingungsreduzierung zu erreichen, bestehen außerdem Forschungslücken zur Bestimmung der Anforderungen an AIEs und hinsichtlich deren effizienten Einsatz in der Versuchstechnik.

In diesem Kapitel werden die zugehörigen Forschungsfragen und Hypothesen formuliert, welche den bestehenden Forschungsbedarf adressieren. Für die Forschungsfragen, werden jeweils Hypothesen formuliert, an denen nach der technischen Umsetzung die Erfüllung überprüft wird. Folgend wird ein Vorgehen zur Zielerreichung entwickelt und im Detail vorgestellt.

E. Heyden, *Vorgehen zur Schwingungsreduzierung durch anpassbare Impedanzelemente am Beispiel varianter Leichtbaustrukturen*, Produktentwicklung und Konstruktionstechnik 27,
https://doi.org/10.1007/978-3-662-70736-4_4

4.1 Herleitung der Forschungsfragen und Hypothesen

Einige Publikationen stellen den Einfluss von Schnittstellen auf das Schwingverhalten heraus, behandeln diesen jedoch grundsätzlich als zu vermeidenden Effekt bei der Schwingungsanalyse, der so gering wie möglich zu halten [Lal14] oder herauszurechnen ist [McC95], [Ewi86]. Durch Veränderung der Eigenschaften an der Schnittstelle kann das Schwingverhalten des Gesamtsystems auch positiv beeinflusst werden [Bea77], [Kim01a], [Ung73]. Durch systematische Ausnutzung des Einflusses der Schnittstellen auf das Schwingungsverhalten ergibt sich damit die Möglichkeit zur gezielten Beeinflussung des Gesamtsystems bestehend aus Testobjekt und Schnittstelle. Dieser Ansatz ist vielversprechend, um das Aufschwingen von Leichtbaustrukturen zu begrenzen. Wie in Abschnitt 3.6.5 vorgestellt, gibt es keinen Ansatz, der die Anforderungen an ein Vorgehen zur Schwingungsreduzierung durch Anpassung der Schnittstelleneigenschaften vollständig erfüllt. Die vorhandenen Publikationen bilden lediglich Ansätze, um Teilaspekte des Themas zu adressieren.

Um das Ziel dieser Arbeit eine Schwingungsreduzierung über mehrere Produktvarianten durch Anpassung der Schnittstelleneigenschaften zu erreichen, ist zu bestimmen, mit welcher Vorgehensweise dieses systematisch erreichbar ist. Die erste Forschungsfrage adressiert diese übergreifende Herausforderung.

Forschungsfrage 1:
Mit welcher Vorgehensweise ist eine Schwingungsreduzierung für mehrere Produktvarianten durch Anpassung der mechanischen Schnittstelleneigenschaften in physischen Tests systematisch umzusetzen?

Bei wissenschaftlichen Hypothesen handelt es sich um unbewiesene Aussagen über gegebene Sachverhalte, die empirisch untersuchbar sind [Eis17]. Diese können zur Bestätigung von Sachverhalten dienen, indem sie entweder nachgewiesen werden (Alternativhypothese) oder deren gegenteilige Formulierung (Nullhypothese) widerlegt wird [Eis17].

Zur Überprüfung der Forschungsfrage 1 ist die wissenschaftliche Hypothese 1 gestellt, deren Gültigkeit in dieser Arbeit nachzuweisen ist.

Hypothese 1:
Mithilfe eines systematischen Vorgehens zur Verwendung von anpassbaren Impedanzelementen in physischen Versuchsumgebungen ist eine signifikante Schwingungsreduzierung für mehrere Produktvarianten erreichbar.

Setzt man sich mit der Forschungsfrage 1 detailliert auseinander, stellt sich heraus, dass zur technischen Umsetzung die abzubildenden mechanischen Schnittstelleneigenschaften je Produktvariante bekannt sein müssen. Somit leitet sich Forschungsfrage 2 zu deren Bestimmung ab.

Forschungsfrage 2:
Wie sind die notwendigen mechanischen Schnittstelleneigenschaften zur Schwingungsreduzierung der jeweiligen Produktvarianten zu bestimmen?

Eine Herausforderung bei der dynamischen Untersuchung eines Gesamtsystems ist die gegenseitige Abhängigkeit der unterschiedlichen Teilsysteme, aus denen es aufgebaut ist [McC95], [Var02]. Die Veränderung der Eigenschaften eines Teilsystems verändert das Schwingverhalten des Gesamtsystems und damit auch rückkoppelnd das Verhalten des Teilsystems selbst. Eine ganzheitliche Modellierung ermöglicht es, diese Wechselwirkungen zu berücksichtigen. Es ist mit der wissenschaftlichen Hypothese 2 zu überprüfen, ob sich hierdurch die notwendigen Schnittstelleneigenschaften bestimmen lassen.

Hypothese 2:
Durch die ganzheitliche Modellierung über Produkt und Schnittstelle lassen sich die notwendigen mechanischen Schnittstelleneigenschaften für eine Schwingungsreduzierung ableiten.

Nach der vorausgesetzten Kenntnis der abzubildenden Schnittstelleneigenschaften sind Versuche mit entsprechenden Eigenschaften in physischen Untersuchungen umzusetzen. Aus der Anzahl der zu untersuchenden Produktvarianten und der Vielzahl an notwendigen Schnittstelleneigenschaften resultiert ein hoher Versuchsaufwand. Es ist zu untersuchen, wie dieser effizient gestaltet werden kann, welches mit Forschungsfrage 3 adressiert wird.

Forschungsfrage 3:
Wie kann der hohe Versuchsaufwand, resultierend aus zu untersuchenden Produktvarianten und Vielzahl an Schnittstelleneigenschaften effizient umgesetzt werden?

Eine rein experimentelle Untersuchung des Schwingungsverhaltens mit stationären nachgiebigen Schnittstellenelementen geht mit hohem Aufwand einher, da je Variation der Schnittstelle mindestens der Austausch und einhergehende Rüstzeiten der Schnittstelle selbst und meist des zugehörigen Testobjekts notwendig sind (vgl. Abs. 1.2). Weiterhin wären diese einzusetzenden individuellen Schnittstellen zunächst auszulegen und herzustellen [Han20a]. Die Verwendung von AIE statt einer Vielzahl an Schnittstellenelementen ist ein zielführender Ansatz, der sich für eine Vielzahl abzubildender Schnittstelleneigenschaften anbietet. Die Umsetzbarkeit der notwendigen Schnittstelleneigenschaften soll über die Hypothese 3.1 überprüft werden.

Hypothese 3.1:
Die Vielzahl an notwendigen Schnittstelleneigenschaften zur Schwingungsreduzierung mehrere Produktvarianten können durch AIEs abgebildet werden.

Mit jeder Entwicklung von AIEs gehen Kosten und Aufwand für die Entwicklung einher, eine effiziente Umsetzung soll diese begrenzen. AIEs können ganze Kennfelder an

Schnittstelleneigenschaften abbilden und sind damit auch für Anwendungen einsetzbar, bei denen vergleichbare Eigenschaften benötigt werden. Eine kommunale Verwendbarkeit und Kombinierbarkeit begrenzt den Aufwand von neu zu entwickelnden Elementen. Die Bereitstellung der Eigenschaften der bereits entwickelten Elemente unterstützt zukünftig bei der Untersuchung von Produkten mit anpassbaren Schnittstellen. An der Hypothese 3.2 ist dieses zu überprüfen.

Hypothese 3.2:
Die kommunale Verwendbarkeit und Kombinierbarkeit von AIEs sowie ein zugehöriger Auswahlkatalog können den Einsatz zum effizienten Erreichen der Schwingungsreduzierungen unterstützen.

In diesem Kapitel wird vorgestellt, wie zum einen den technische Herausforderungen zur Schwingungsreduzierung mit AIEs begegnet werden kann und zum anderen wie diese systematisch durch ein Vorgehen erreichbar wird. Im Kapitel 5 wird das Vorgehen an einer Produktfamilie von Flugzeug-Partitions validiert und in diesem Zusammenhang sind die Forschungsfragen und aufgestellten Hypothesen zu prüfen.

4.2 Verwendung von anpassbaren Impedanzelementen in der Versuchstechnik

STÜCHELI [Stü16] prägte den Begriff AIE mit seinem rotatorischen Element *AIE uno*, welches auf einem Element mit einstellbarer Steifigkeit und einem Element mit einstellbarer Dämpfung besteht. Nach ihm ist dieses Element jedoch nicht gemeinsam bestehend aus Steifigkeits- und Dämpfungsmechanismus aufgebaut worden und damit auch nicht kombiniert untersucht. Das vom SNF- und der DFG geförderten Projekt AIProVE erforschte anpassbare Impedanzelemente, um nachgiebige Randbedingungen beim Testen und Validieren von Produkten abzubilden. Mit Beginn des Projekts wurde der Begriff der anpassbare Impedanzelemente (AIE) unter den Projektpartnern pd|z der ETH Zürich, IPEK des KITs und PKT der TUHH definiert.

AIEs sind als Maschinenelemente definiert, welche als Schnittstellenelemente in der Versuchstechnik eingesetzt werden und deren Steifigkeits- und Dämpfungsverhalten separat voneinander einstellbar ist [Hey18]. Im Rahmen des Projekts wurden unterschiedliche Wirkprinzipien zur Realisierung einstellbarer Steifigkeits- und Dämpfungsmechanismen für Anwendungen der Robotik, in Hand-Arm-Systeme und in der Luftfahrt untersucht [Lin19]. Ein AIE baut auf mindestens einem anpassbaren Dämpfungselement (ADE) und einem anpassbaren Steifigkeitselement (ASE) auf. Bild 4.1 zeigt den beabsichtigten Einsatz der AIEs auf dem Hexapod Prüfstand.

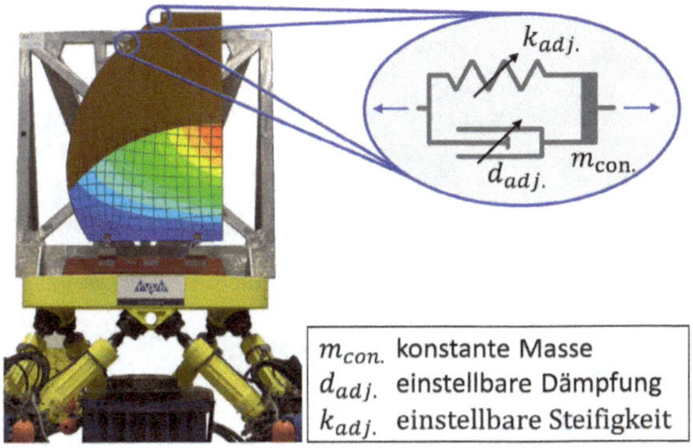

Bild 4.1: Beabsichtigter Einsatz der anpassbaren Impedanz Elemente am Hexapod-Prüfstand der TUHH nach [Kra23].

Ziel in dieser Anwendung ist es, eine Leichtbaustruktur, wie die gezeigte Partition, durch den Einsatz von AIEs an den Schnittstellen in seinem Schwingungsverhalten so zu beeinflussen, dass diese eine Schwingungsreduzierung erfährt.

Bei AIEs handelt es sich um einstellbare Elemente, die ganze Eigenschaftsbereiche abdecken, womit AIEs im Gegensatz zu stationären nachgiebigen Elementen ermöglichen, mehrere Schwingungsoptima ohne Austausch abzubilden. Für unterschiedliche Produkte und Schwingungsmoden werden unterschiedliche Schwingungsoptima erwartet, womit die Zahl abzubildender Schwingungseinstellungen wächst und damit der Einsatz von AIEs die Versuchsdurchführung effizient gestaltbar macht.

Abschnitt 2.2 stellt die Herausforderung dar, dass es einem Modell zur Vorhersage des dynamischen Verhaltens des Gesamtsystems bestehend aus Produktvariante und deren Schnittstellenelement benötigt um die resultierenden Belastungen auf Produkt und Schnittstelle zu bestimmen und hieraus Anforderungen an die AIEs herzuleiten. Die Produkt-Komponenten-Test-Pyramide (PKT-Pyramide) stellt in Bild 4.2 diese Herausforderung des Schrittes von der dynamischen Untersuchung mit starren Anbindungen zu Schnittstellen mit anpassbaren mechanischen Eigenschaften dar.

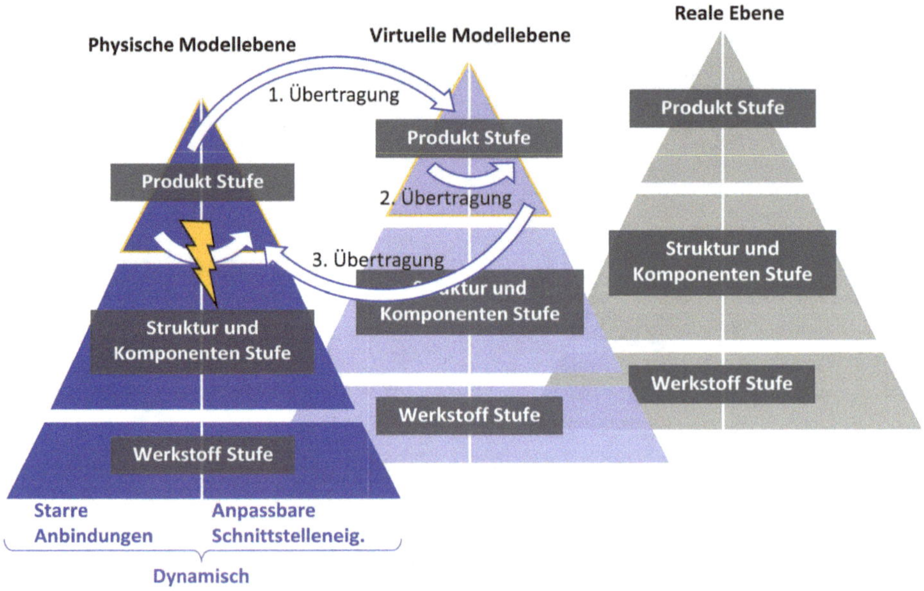

Bild 4.2: Hierarchische Produkt-Komponenten-Test-Pyramide (PKT-Pyramide) mit den Hierarchiestufen Material, Struktur und Produkt auf den Ebenen Real, physisches Modell und virtuelles Model nach [Hey19].

Die PKT-Pyramide ermöglicht die Einteilung von Themenstellungen und deren einhergehenden Herausforderungen dargestellt auf den Ebenen, Realität, virtuelle und physische Modelle sowie die Einteilung nach Hierarchiestufen des Produkts [Hey19]. Ausgehend von der Testpyramide nach Seemann [See15], welche in virtuelle und physische Untersuchungen unterscheidet, fügt dieser Ansatz die dritte reale Ebene hinzu. Dieses ermöglicht die Unterscheidung und Übertragbarkeit zwischen realen, physischen und virtuellen Modellen. Die reale Ebene beschreibt die Produkte, Komponenten und Werkstoffe im realen Einsatz des Produkts, während die physische und virtuelle Ebene Versuchs- und Simulationsmodelle beschreiben [Hey19].

Dem herausfordernden Wechsel der starren Schnittstellen zu anpassbaren Schnittstellen kann auf der virtuellen Ebene begegnet werden, wie es in Bild 4.2 dargestellt ist. Zunächst werden die Erkenntnisse aus dem physischen Versuch mit starren Anbindungen ins virtuelle Modell mit starren Anbindungen übertragen. Dieses virtuelle Modell kann um Schnittstellenelemente mit mechanischen Eigenschaften erweitert werden, da eine Überlastung sich rein simulativ und damit unkritisch darstellt. Zuletzt wird das ganzheitliche System aus Schnittstellenelement und Produktvariante in den physischen Versuch übertragen. Diese Vorgehensweise ist unabhängig von der Hierarchieebene und sollte so wie für die Produkte auch auf der Stufe Struktur und Komponenten anwendbar sein.

4.3 Entwicklung eines Vorgehens zur Schwingungsreduzierung

Eine Schwingungsreduzierung von Produktvarianten zu erreichen, bedarf in einem ersten Schritt der Analyse des zu betrachteten Systems. Mit der Systemanalyse lässt sich die Zielformulierung hinsichtlich der Schwingungsreduzierung konkretisieren. Zum einen kann die Schwingung lokal an funktions- und sicherheitsrelevante Stellen der Produktvarianten begrenzt werden. Zum anderen kann die Schwingung und die damit einhergehende Beanspruchung über die gesamte Produktvariante reduziert werden. Im einleitenden Abschnitt 1.2 und im Abschnitt 3.2.2.4 zu den Grundlagen ist die Notwendigkeit dargestellt, schwingende Systeme ganzheitlich zu betrachten. Der vorangehende Abschnitt 4.2 zeigt den Ansatz, vom physischen Versuch mit starren Anbindungen zum Versuch mit anpassbaren Systemeigenschaften über den Umweg der virtuellen Ebene. Wie in den Abschnitten 2.1 und 3.3.2.3 aufgeführt, bedarf es zur Aufstellung dynamischer Modelle einer vorrausgehenden experimentellen Untersuchung, um die dynamischen Systemeigenschaften zu bestimmen.

In der PKT-Pyramide in Bild 4.2 wird der Ansatz eine Schwingungsreduzierung im physischen über ein virtuelles Modell vorgestellt. Bild 4.3 zeigt dessen Übertragungen zwischen den einzelnen Vorgehensschritten auf. Diese Vorgehensschritte werden in einer äußeren Phase des Vorgehens zusammengefasst. Zunächst wird der Versuch mit starren Anbindungen auf ein virtuelles Modell übertragen. Dieses wird um parametrisierbare Schnittstellen erweitert, um hieraus das dynamische Verhalten des Systems aus Schnittstelle und untersuchten Produkt zu bestimmen. Die Entwicklung der AIEs findet in der inneren Phase zwischen dem Modell und dem erweiterten Test mit AIEs statt.

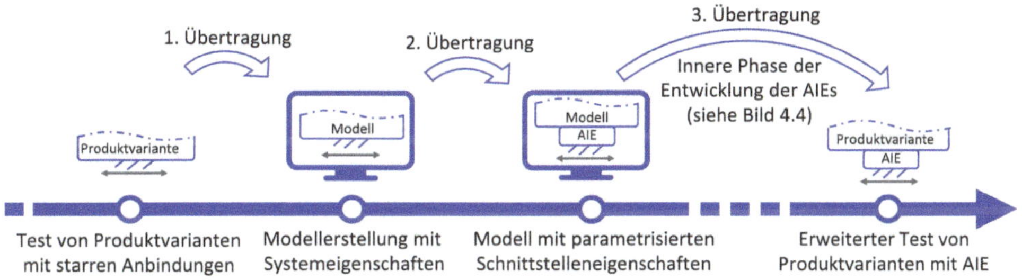

Bild 4.3: Äußere Phase des Vorgehens zum Wechsel zwischen physischen Versuchen und virtuellen Modellen.

Mithilfe des virtuellen Modells mit parametrisierten Schnittstelleneigenschaften können die notwendigen Eigenschaften, mit welchen eine Schwingungsreduzierung erreicht wird, ohne gleichzeitig die Schnittstellen zu überlasten, bestimmt werden. Mit diesen mechanischen Kenngrößen und den aus der Versuchsumgebung resultierenden Anwendungsgrenzen können die Anforderungen an das AIE abgeleitet werden. Dieser Vorgehensschritt soll aus der Entwicklung der AIEs vorgezogen sein, da er durch sein Zusammenspiel mit der ganzheitlichen Modellierung einer detaillierteren Betrachtung bedarf.

Die Entwicklung der AIEs ist nicht weiter in Vorgehensschritte aufzuteilen, da sie nach klassischen Konstruktionsmethoden durchgeführt werden kann [Hey23a]. Für den Einsatz auf Schwingungsprüfständen müssen die mechanischen Eigenschaften der AIEs möglichst genau bekannt sein [Hey21], hierzu sind sie kalibriert über den gesamten Anwendungsbereich zu analysieren. Somit ergibt sich die innere Phase des Vorgehens mit ihren Vorgehensschritten zu den Anforderungen, der Entwicklung und der Bestimmung der Eigenschaften, wie sie in Bild 4.4 dargestellt sind.

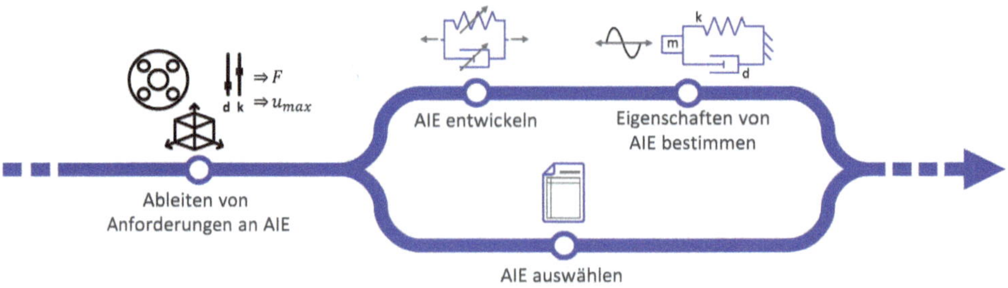

Bild 4.4: Innere Phase des Vorgehens zur Entwicklung und Auswahl von AIEs.

Um den Entwicklungsaufwand der Neuentwicklung von AIEs zu vermeiden oder zu begrenzen, soll nach der Bestimmung der Anforderungen über einen Auswahlkatalog die Möglichkeit gegeben sein, bereits bestehende AIEs in weiteren Prüfumgebungen erneut einzusetzen. Somit teilt sich der Strang in Bild 4.4 in diese zwei Wege auf.

Durch das Einsetzten der inneren Phase aus Bild 4.4 in die äußere Phase aus Bild 4.3 ergibt sich der gesamte Ablauf des Vorgehen zur Schwingungsreduzierung durch anpassbare Schnittstellen. Mit der Systemanalyse und Zielformulierung, den Vorgehensschritten zur Entwicklung der AIEs und den Übertragungen zwischen physischen Versuchen und virtuellen Modellen ergeben sich alle neun Schritte des Vorgehens, wie es vollständig in Bild 4.5 dargestellt ist.

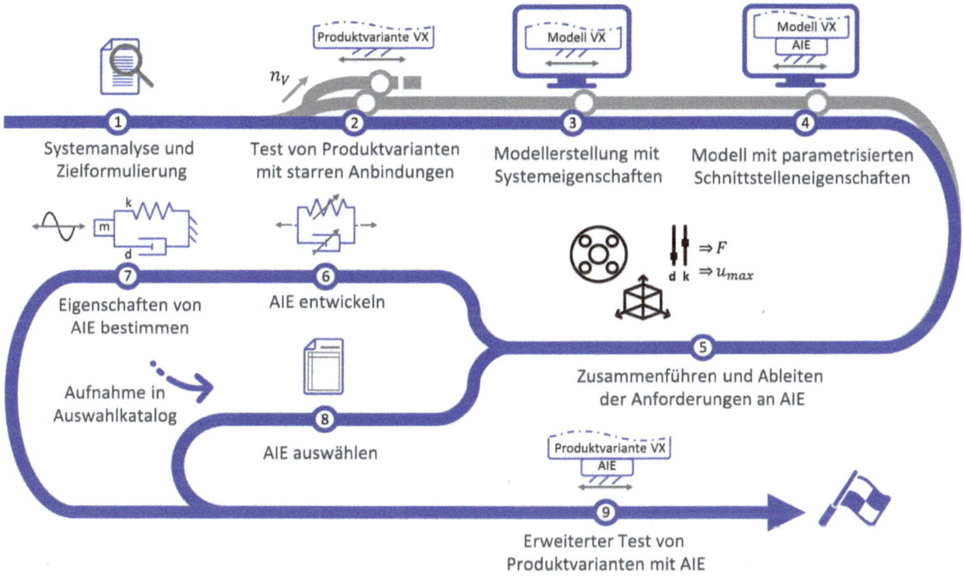

Bild 4.5: Vorgehen zur Erweiterung der Systemgrenze beim dynamischen Testen mit Schnittstellenelementen.

Bild 4.5 zeigt das Vorgehen für eine einzelne Produktvariante als blauen Strang. Um der Vielzahl an zu untersuchenden Produktvarianten einer Produktfamilie gerecht zu werden, sind Versuche zur Bestimmung derer Eigenschaften mit starren Anbindungen und Modelle aller Produktvarianten VX zu erstellen. Die Anzahl der Produktvarianten n_V ist über die zusätzlichen in grau dargestellten Stränge repräsentiert. Der Auswahlkatalog, aus dem bestehende AIEs und anpassbare Steifigkeits- und Dämpfungselemente ausgewählt werden, kann mit jeder Neuentwicklung von AIEs erweitert werden, weshalb eine Aufnahme in den Auswahlkatalog vorgesehen wird. Der hierzu notwendige Auswahlkatalog und dessen Aufbau ist zu erstellen.

4.4 Vorstellung des Vorgehens zur Schwingungsreduzierung mit Anpassbaren Impedanz Elementen

Die folgenden Abschnitte 4.4.1 bis 4.4.9 stellen die neun Schritte des Vorgehens aus Bild 4.5 detailliert dar. Es werden je Abschnitt die einzelnen Schritte des Vorgehens zur Schwingungsreduzierung durch AIE vorgestellt und am Beispiel der Schwingungsreduzierung eines einfachen Sandwichpanels erläutert. Dieses Beispiel soll das Verständnis für die durchzuführenden Vorgehensschritte erläutern und ist auf die wichtigsten Aussagen begrenzt. Details zum Versuchsaufbau und zur Modellierung sind deshalb im Anhang A3 aufgeführt. Die technisch vollständige und durchgängige Umsetzung folgt im Kapitel 5 mit der zugehörigen Validierung des Vorgehens.

4.4.1 Systemanalyse und Zielformulierung

Im ersten Vorgehensschritt des Vorgehens aus Bild 4.5 ist die vibrationsbelastete Produktfamilie zu analysieren und das Ziel der Schwingungsreduzierung zu detaillieren. Die untersuchte Produktfamilie ist zunächst auf ihre Kombinatorik aus den bestehenden Komponenten zu untersuchen. Wie in Abschnitt 2.3 eingeleitet, wird die Annahme getroffen, dass unterschiedliche Produktvarianten einer Produktfamilie dieselben Schnittstellen zur Umgebung aufweisen. Die resultierenden Produktvarianten, für welche die Schwingungsreduzierung zu erreichen ist, sind festzuhalten.

Im Fokus der Systemanalyse stehen die Anbindungen der Produktvarianten, wobei deren Freiheitsgrade entscheidend dafür sind, welche später in der Prüfumgebung durch AIEs zu ersetzen sind. Mit steigender Anzahl der Freiheitsgrade nimmt der Aufwand im Aufbau der AIEs zu, da jeder Freiheitsgrad einen separat einstellbaren Mechanismus von Steifigkeit und Dämpfung benötigt.

Die Anpassung der Schnittstelleneigenschaften kann unterschiedliche Ziele bei der Untersuchung verfolgen, wie die folgenden:

- Aufschwingen funktions- und sicherheitsrelevanter Stellen begrenzen,
- Maximales Aufschwingen eines Produkts oder einer Struktur global begrenzen,
- Schnittstellenlasten bei Resonanz reduzieren oder
- Optimierung hinsichtlich Leichtbau, durch Reduzierung der Gesamtmasse eines Systems, durch Begrenzen der dynamischen Lasten im Produkt.

Insbesondere die Schnittstellen, die in der Nähe hoher Auslenkung der Schwingungsmoden liegen, bieten sich zur Anpassung ihrer Eigenschaften und der damit erreichbaren Schwingungsreduzierung an.

Erläuterndes Beispiel

Das Vorgehen wird an einem erläuternden Beispiel vorgestellt, mit dem Ziel zwei geometrisch einfache Produktvarianten zu untersuchen und an diesen die Möglichkeiten der Schwingungsreduzierung durch Anpassung der Schnittstelleneigenschaften aufzuzeigen. Für die Produktvarianten wird ein rechteckiges Sandwichpanel mit optional angebrachter 100 g Masse untersucht, wie es in Bild 4.6 a) dargestellt ist. Informationen zu den Geometrie- und Materialeigenschaften der Varianten finden sich im Anhang A3.

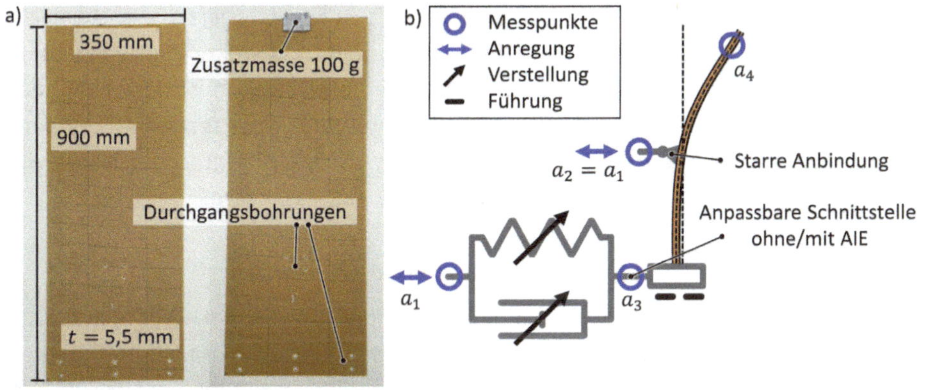

Bild 4.6: a) Darstellung der zwei Produktvarianten ohne und mit angebrachter Zusatzmasse; b) Schematische Darstellung der Anbindung der Sandwichpanel-Varianten.

Zur Zielerreichung der Schwingungsreduzierung ist mindestens eine Schnittstelle mit anpassbaren EIgenschaften zu versehen. Weiterhin bedarf es einer starren Anbindung, über welche die Produktvarianten weiterhin ungehindert angeregt wird. Bei Anpassung aller Schnittstellen, wäre das mathematische Optimum alle Schnittstelleneigenschaften gegen Null zu wählen, sodass keine Anbindung mehr besteht und die Trägheit das Objekt im Gleichgewicht hält. Diese Lösung ist jedoch technisch sinnfrei, da das Produkt nicht mehr gelagert wäre. Es bedarf also mindestens einer Schnittstelle mit AIE und mindestens einer starren Anbindung.

Bild 4.6 b) zeigt die Umsetzung durch Anpassung der Schnittstelle auf. Das Paneel wird am unteren Ende über eine anpassbare Schnittstelle mit der Anregung über eine feste Einspannung verbunden. In der Mitte des Paneels wird eine starre Anbindung über ein gelenkiges Festlager gewählt. Beide Schnittstellen werden mit derselben Anregung beaufschlagt. Bei Resonanz bilden sich unterschiedliche Moden aus, die erste Resonanz ist eine zweidimensionale Biegeform. Bei dieser Biegeverformung kann es aufgrund der Nachgiebigkeit im AIE zu einer Relativbewegung zwischen der Anregung an der oberen Anbindung $a_1 = a_2$ und der unteren Anbindung hinter dem AIE an a_3 kommen (vgl. Abs. 3.2.2.3). Ziel ist es, eine Schwingungsreduzierung am maximal ausschlagenden Messpunkt a_4 zu erreichen.

4.4.2 Experimentelle Untersuchung der Produktvarianten mit starren Anbindungen

An repräsentativen Punkten für das Schwingungsverhalten sind Messsensoren zur Aufnahme der Bewegung angebracht, hier bieten sich Beschleunigungssensoren oder optische Abstandssensoren an. Durch die Aufnahme der Bewegung an der Anregung und den unterschiedlichen Messpunkten auf der untersuchten Produktvariante lassen sich Übertragungsfunktionen (vgl. Abs. 3.2.2) bestimmen, mit denen folgend das Schwingverhalten des virtuellen Modells bestimmt werden kann.

Das Anregungsverhalten des Schwingungsprüfstands ist zu analysieren, um etwaige Abweichungen vom idealen Verhalten auf die zu untersuchen Produktvarianten zu bestimmen und ggf. zu berücksichtigen. Entscheidend bei dieser Analyse ist das Verhalten an den Schnittstellen zu der starren Anbindung bzw. den später eingesetzten AIEs. Bei mehreren Schnittstellen ist darauf zu achten, ob die gewünschte Anregung hinsichtlich ihrer Amplitude und Phase an allen Schnittstellen gleich übertragen wird.

Erläuterndes Beispiel

Bild 4.7 a) zeigt das erläuternde Beispiel, bei dem die Paneele am servohydraulischen Shaker des PKT mit starren Anbindungen auf einem geführten Aluminiumrahmen (ugs. Schlitten) befestigt werden. Bild 4.7 b) und c) zeigen die Umsetzung der oberen Anbindung mit einer Pendelstütze und die untere starre Anbindung.

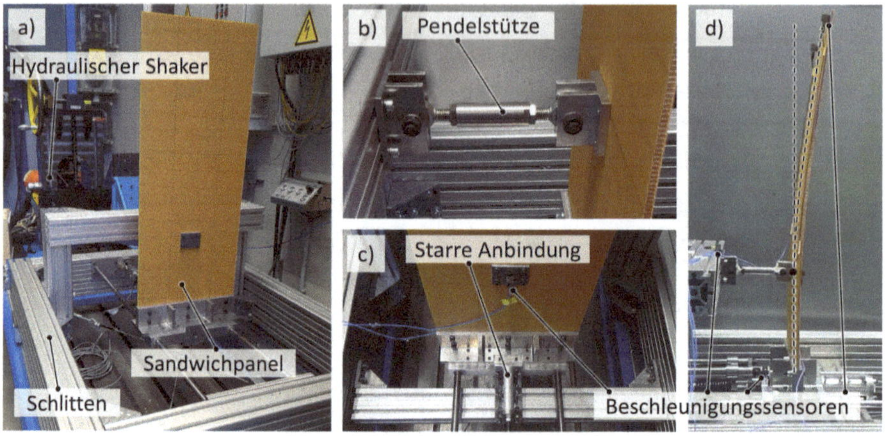

Bild 4.7: a-c) Aufnahmen des Versuchsaufbaus mit starrer Anbindung, d) Momentaufnahme im maximalen Ausschlag des Paneels.

Die Schwingungsanregung erfährt der Prüfaufbau durch einen Sinus-Sweep, welcher von 4,5 bis 13,5 Hz mit 0,1 Hz/s gesteigert wird und eine konstante Peak-Beschleunigung von 14 m/s^2 aufweist. Bild 4.7 d) zeigt den maximalen Ausschlag des Paneels in seiner ersten Resonanz, wobei sich die erste Biegemode des Paneels klar ausbildet. Die zugehörige Verstärkung wird über die Beschleunigungssensoren an den Messpunkten unten und oben aufgenommen. Die verwendete Messtechnik und Positionierung der Sensoren sind im Anhang A3 aufgeführt.

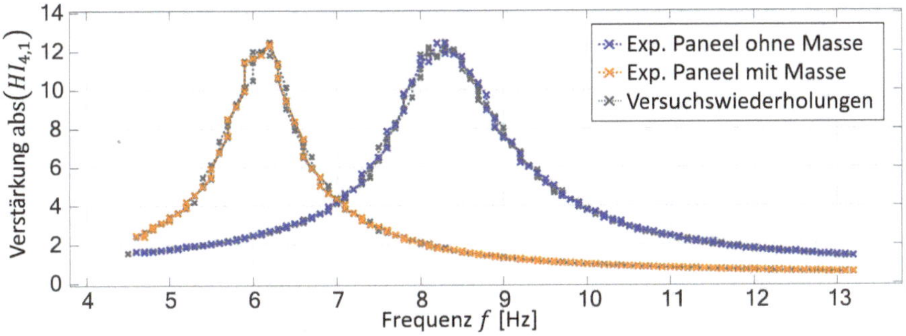

Bild 4.8: Experimentell bestimmte Verstärkung der des Paneels ohne und mit Masse.

Die resultierende Verstärkung $HI_{4,1}$ wird über das Verhältnis der Beschleunigung am oberen Messpunkt a_4 zur Beschleunigung am unteren Anregungspunkt a_1 bestimmt (Definition nach Bild 4.6). In Bild 4.8 werden die resultierenden Verstärkungen für das Paneel ohne und mit Zusatzmasse von 100 g bei starren Anbindungen dargestellt. Beide Varianten schwingen mit einer Verstärkung von etwas über 12 auf und sind mit fünffacher Versuchswiederholung untersucht. Die angebrachte Masse verringert die Resonanzfrequenz von über 8Hz auf knapp über 6 Hz.

4.4.3 Modellerstellung mit Systemeigenschaften

Folgend auf die Analyse und experimentelle Untersuchung des Systems steht die virtuelle Modellierung an. Zunächst erfolgt die Erstellung des Modells mit starren Anbindungen an den Schnittstellen, welche mit den aktuellen Testergebnissen aus der experimentellen Untersuchung aus Abschnitt 4.4.2 abgeglichen werden kann. Beim virtuellen Modell kann es sich um analytische (wie beim Ein-Massen-Schwinger in Abschnitt 3.2.2.3) oder numerische Modelle handeln. Für die Modellierung von komplizierten Geometrien, überlagerten Lastfällen, unübersichtliche Randbedingungen oder für verschiedenartige Werkstoffgesetze bietet sich die numerische Simulation mittels FEM an (vgl. Abs. 3.3.2).

Eine besondere Herausforderung bei der Modellierung ist die Bestimmung der inneren Dämpfung des Testobjekts [See14], die Modellierung der Randbedingungen [Hey19] und die systematische Auswertung der großen Mengen an Simulationsergebnissen [Hüt22].

Modellaufbau

Die virtuellen Modelle sind als elastodynamische FEM-Modelle aufzubauen (vgl. Abs. 3.3.2.1). Grundsätzlich bieten die sehr leistungsfähigen Universalprogramme (Abaqus, A-DINA, ANSYS, Nastran, I-DEAS/NX) einen vollständigen Umfang zur Berechnung dynamischer Probleme und unterscheiden sich hinsichtlich ihres Funktionsumfanges nur in Nuancen [Kle15]. Die automatisierte Erstellung von Modellen mittels einer programmierbaren Systemschnittstelle ermöglicht eine effiziente Untersuchungen mit variierenden Parametern und eine automatische Dokumentation dieser (vgl. Abs. 3.3.2.3).

Die festgelegten Produktvarianten sind im Simulationsmodell zu definieren, bei denen es sich um unterschiedliche Produktkonfigurationen mit denselben Schnittstellenpositionen und Freiheitsgraden handelt. In den meisten Fällen kann durch die skriptbasierte Modellierung das Simulationsmodell ausgehend von einer Variante weiterentwickelt werden. Weitere Eingangsgrößen sind durch die Anregung definiert, hier sind unter anderem die Frequenzbereiche und die Amplitude der Anregung zu definieren, sowie eine Definition, ob die Berechnung im Frequenz- oder Zeitbereich durchzuführen ist.

Mechanisch handelt es sich bei den zu untersuchenden Produktvarianten, welche über ihre Verbindungselemente angeregt werden, um Fußpunktanregung. Die zugehörige Schwingungstheorie ist in Abschnitt 3.2.2.3 dargestellt. Bei der Erstellung der Randbedingung des Modells ist die Schwingung auf die Lagerpunkte der untersuchten Strukturen aufzubringen. Hierbei ist die Schwingung als Funktion der Position, Geschwindigkeit oder Beschleunigung entweder im Frequenzbereich oder Zeitbereich zu definieren. Die sogenannte *Base Motion* ist eine in den meisten FEM-Systemen verfügbare Definition für Fußpunktanregungen.

Bestimmung der Systemeigenschaften

Systemeigenschaften können aus unterschiedlichen Daten abgeleitet werden, wie Datenblättern der Hersteller und zusätzlichen Untersuchungen zur Bestimmung der Elastizitäten. Das Übertragen der dynamischen Eigenschaften aus anderen Untersuchungen ist meist nicht zielführend (vgl. Abs. 3.3.2.3). Diese sind an der Prüfumgebung selbst durchzuführen, da die unterschiedlichen Dämpfungseffekte nicht zwangsläufig linear übertragbar sind.

Für jede untersuchte Produktvariante ist die Dämpfung so zu bestimmen, dass das dynamische Verhalten der Simulation dem experimentell bestimmten entspricht. Insbesondere in den Resonanzbereichen der untersuchten Produktvarianten ist das Aufschwingen durch Anpassung der Dämpfungseigenschaften abzubilden. Hierfür bieten sich z. B. die Rayleigh-Dämpfung mit zwei Parametern und die Strukturdämpfung mit einem Parameter an (vgl. Abs. 3.3.2.2).

Erläuterndes Beispiel

Für das erläuternde Beispiel wird erneut das Sandwichpanel in seinen zwei Varianten ohne und mit angebrachter Masse verwendet, wie es in Abschnitt 4.4.1 eingeleitet ist.

In dieser Arbeit wird die Modellierung mit Abaqus 2021 (Dassault Systèmes, Frankreich) durchgeführt. Abaqus bringt erweiterte Theorien zu nichtlinearem Verhalten und eine programmierbare Programmschnittstelle mit. Abaqus Scripting Interface bietet eine benutzerdefinierte Erweiterung über die Programmiersprache Python, mit der es möglich ist, Modelle zu erstellen, zu modifizieren und zu starten. Damit kann der Prozess der

Erstellung und Berechnung einer Vielzahl von Modellen automatisiert durchgeführt werden.

Geometrie- und Materialeigenschaften der Varianten werden dem experimentellen Versuch nachgebildet (siehe Anhang A3). Die untere Anbindung wird über eine feste Einspannung umgesetzt und die obere Anbindung über eine Loslagerung, wie es in Bild 4.9 a) dargestellt ist. Die beiden Lagerstellen erfahren eine Fußpunktanregung mit einer konstanten Peak-Beschleunigung von 14 m/s². Diese Fußpunktanregung wird über *Base Motion* in Abaqus umgesetzt. In Abaqus wird diese auf die jeweils blockierten Freiheitsgrade in die vorgegebene Anregungsrichtung der Bewegung aufgebracht [Das15]. Zu beachten ist, dass in Abaqus bei der reinen *Base Motion* standardmäßig im Relativsystem ausgewertet wird. Zum Vergleich mit experimentellen Versuchsergebnissen sind die absoluten Bewegungen auszuwerten (vgl. Abs. 3.2.2.3).

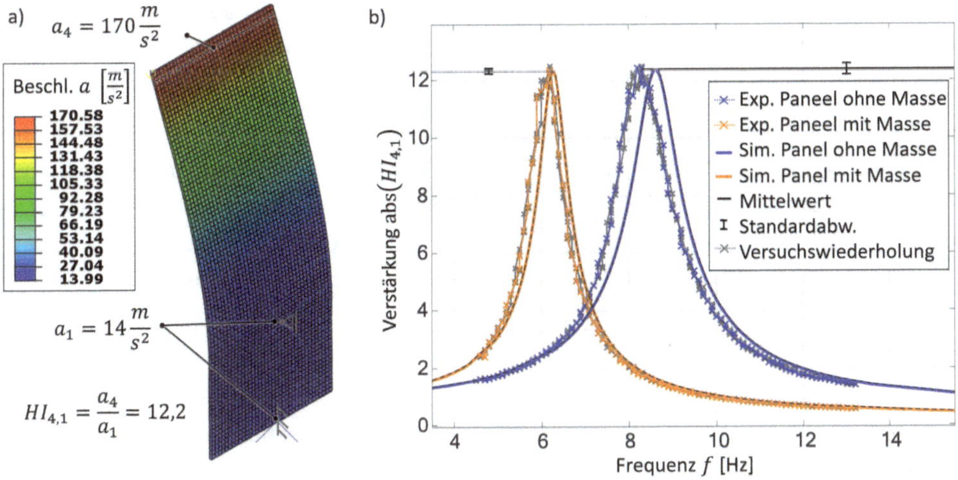

Bild 4.9: a) Simulationsmodell des Paneels ohne angebrachte Masse; b) Experimentell und simulativ bestimmte Verstärkung der des Paneels ohne und mit Masse.

Bild 4.9 b) zeigt die resultierenden Versuchsergebnisse für die beiden Paneel-Varianten mit einer geringen Standardabweichung in der ersten Resonanz. Die Strukturdämpfung im Simulationsmodell wird so angepasst, dass die Höhe der Verstärkung dem Mittelwert der experimentell bestimmten entspricht. Für die Strukturdämpfung der Paneel-Variante ohne Masse wird $s_{D,V2}$ = 0,121 und für die mit angebrachter Masse wird $s_{D,V2}$ = 0,105 bestimmt. Die simulativ bestimmte Verstärkung ist in Bild 4.9 b) dargestellt, die experimentellen und simulierten Ergebnisse stimmen nahezu überein, es kommt lediglich zu einer geringen Abweichung der resultierenden Resonanzfrequenz.

4.4.4 Modell erweitert um parametrisierte Schnittstelleneigenschaften

Im zweiten Schritt der Modellierung wird das Modell um Schnittstellen mit deren mechanischen Eigenschaften wie Steifigkeit, Dämpfung und Trägheit erweitert. Diese mechanischen Eigenschaften an den Schnittstellen sind parametrisiert zu gestalten mit dem Ziel, Bereiche von Steifigkeit und Dämpfung abbilden zu können.

Ausgangspunkt ist das bereits erstellte Modell mit Systemeigenschaften, das zum Modell mit parametrisierten Schnittstellen erweitert wird. Hierzu werden die starre Anbindung durch eine nachgiebige Verbindung ersetzt, welcher die variierenden Steifigkeits-, Dämpfungs- und Trägheitswerte zugeordnet werden können. Dies bildet die Anpassung der AIEs im physischen Versuch nach. Die Vielzahl an Simulationsergebnissen erschwert die Nachvollziehbarkeit in der Auswertung und hier insbesondere die grafische Darstellung der Ergebnisse. Abhängig von der Zieldefinition ist hierzu die zugehörige Zielgröße, wie das maximale Aufschwingen oder die maximale resultierende Last auf die Schnittstellen, über den Parametern darzustellen. Bei mehr als zwei variierenden Parametern und einer zugehörigen Zielgröße sind diese in einem dreidimensionalen Plot nicht mehr darstellbar.

Bei der Analyse der Faktoren bzw. Parameter ist zunächst eine grobe Einteilung vorzunehmen und in einem zweiten Schritt in den interessanten Bereichen mit einer feineren Einteilung zu analysieren. Bei niederfrequenten Analysen kann die Masse der Schnittstellen vernachlässigbar sein, hierzu reicht in dem Fall eine grobe Abschätzung und eine Sensitivitätsuntersuchung, um damit die Anzahl der Simulationen zu begrenzen.

Erläuterndes Beispiel

Im Simulationsmodell wird an der unteren Schnittstelle zwischen dem Punkt der Anregung und der Partition-Variante eine Verbindung (*Wire Connection*) mit mechanische Eigenschaften hinzugefügt. Im skriptbasierten Modell wird diese mit Parametern für Steifigkeit und viskose Dämpfung versehen, welche durch eine Schleife in ihren Werten geändert werden. Für eine Vielzahl von Schnittstelleneigenschaften wird das Simulationsmodell automatisiert ausgeführt, um die Modelle aufzubauen und zu berechnen.

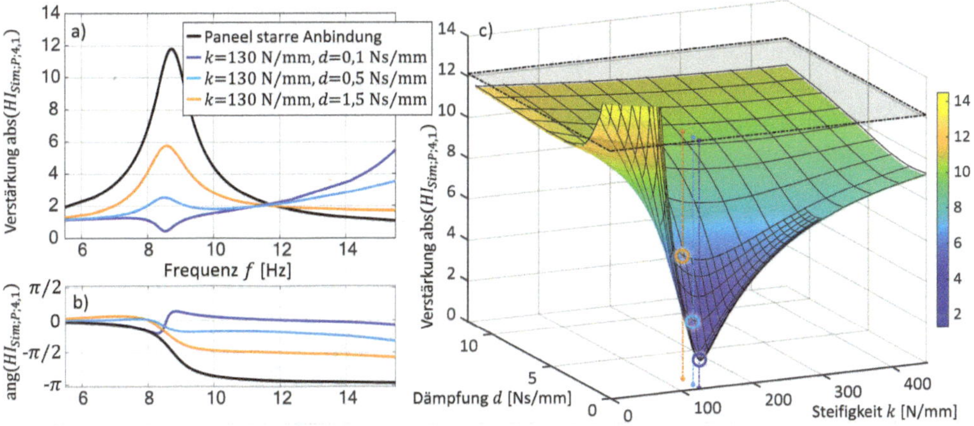

Bild 4.10: a) und b) Simulativ bestimmte Verstärkungsfunktion des Paneels ohne Zusatzmasse bei starrer Anbindung und mit Schnittstelleneigenschaften; c) maximale Verstärkung über Steifigkeit und Dämpfung.

Bild 4.10 a) und b) zeigen die simulierten Verstärkungsfunktionen für das Paneel ohne angebrachte Zusatzmasse nahe der maximalen Schwingungsreduzierung, die für eine Schnittstellensteifigkeit k = 130 N/mm und eine Dämpfung von d = 0,1 Ns/m erreicht wird. Es ist zu erkennen, dass bei den optimalen Schnittstelleneigenschaften die Schwingung in diesem Tiefpunkt durch zwei gegenphasig wirkende Resonanzen gleicher Frequenz beeinflusst wird, sogenannte Koppelschwingungen (vgl. Abs. 3.2.2.4). Dieses ist an zwei Details der Verstärkungsfunktion zu erkennen. Zum einen führt eine zur ersten Resonanz des Paneels gegenphasige Resonanz dazu, dass die Schwingung nicht nur gedämpft wird, sondern sogar durch Überlagerung nahezu verschwindet. Zweitens ist dieses im Phasenwinkel der Verstärkung zu erkennen, es liegt ein negativer breiterer (einhergehend mit höherer Dämpfung) Phasenwechsel von $-\pi$ und ein positiver schmalerer (einhergehend mit geringer Dämpfung) Phasenwechsel von π vor. Die Variation der unteren Schnittstelle führt damit zu einer Tilgung, ein vergleichbares Phänomen wie er bei Schwingungstilgern genutzt wird (vgl. Abs. 3.6.1). Mit zunehmender Dämpfung d = 0,5 Ns/m an der unteren Schnittstelle wird die Resonanz der unteren Schnittstelle reduziert, und es dominiert wieder die Resonanz des Paneels.

Die jeweiligen Verstärkungen bei der ersten Resonanz sind in Bild 4.10 c) dargestellt, in diesem kann man die erreichbare Schwingungsreduzierung über ihren Schnittstelleneigenschaften ablesen. Die erste Resonanz kann hier simulativ um über 95 % reduziert werden, diese Reduzierung ist jedoch sehr sensitiv gegenüber geringen Änderungen, was an der schmalen Ausbildung des Tiefs zu erkennen ist.

Bild 4.11 zeigt die Verstärkung für das Paneel mit angebrachter Masse am oberen Ende. Hier liegt die maximale Schwingungsreduzierung der ersten Resonanz bei einer Steifigkeit k = 70 N/mm und eine Dämpfung von d = 0,1 Ns/mm. Man kann erkennen, dass bei der Auflösung noch nicht die maximale Schwingungsreduzierung erreicht ist, da die beiden gegenphasigen Resonanzen knapp nebeneinander liegen, erkennbar in der Ausbildung einer leichten Erhöhung der Verstärkung vor dem Tief und dem nicht punktsymmetrischen Phasenwinkel bei der Resonanz.

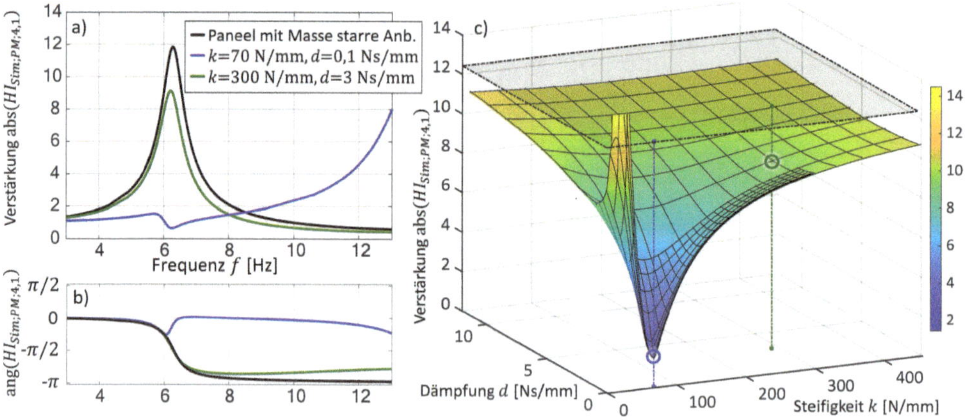

Bild 4.11: a) und b) Simulativ bestimmte Verstärkungsfunktion des Paneels mit 100 g Zusatzmasse bei starrer Anbindung und mit Schnittstelleneigenschaften; c) maximale Verstärkung über Steifigkeit und Dämpfung.

Die optimale Schwingungsreduzierung auf genau eine Resonanz ist aus technischer Sicht nicht zwangsläufig ein sinnvolles Ziel. Man erkennt an dem hier vorgestellten Beispiel mit den jeweils idealen Schnittstelleneigenschaften, dass genau bei der Eigenfrequenz die maximale Schwingungsreduzierung erreicht wird, neben dieser schwingt das System jedoch wieder auf. Für beide Paneele steigt bei optimalen Schnittstelleneigenschaften die Verstärkung hinter der Eigenfrequenz an, da eine weitere dominante Resonanz in den Betriebsbereich wandert. Bereits eine geringfügig höhere Dämpfung der Schnittstelle reduziert diesen Effekt wieder deutlich. Im realen Versuch liegt durch Reibung in den Elementen und Führungen des Paneels eine höhere resultierende Dämpfung vor, weshalb dieses Aufschwingen hier deutlich reduziert auftreten sollte.

4.4.5 Zusammenführen und Ableiten der Anforderungen an anpassbare Impedanzelemente

AIEs müssen die Anforderungen erfüllen, welche aus der Verwendung der AIEs, der individuellen Prüfumgebung und den abzubildenden mechanischen Kenngrößen resultieren. Alle Elemente müssen die Anforderung hinsichtlich der Verwendung als AIE erfüllen, damit die Elemente effizient eingesetzt werden können. Die Anforderungen, die aus der Prüfumgebung resultieren, sind abhängig von Prüfstand und Prüfaufbau. Die Anforderungen der abzubildenden mechanischen Eigenschaften sind abhängig vom dynamischen

Verhalten von Produktvariante und Schnittstelle und damit über das ganzheitliche Modell zu bestimmen.

4.4.5.1 Anforderungen hinsichtlich Verwendung der Elemente

Die Anforderungen hinsichtlich Verwendung der AIEs, ASEs und ADEs sollen deren Anwendung in unterschiedlichen Prüfumgebungen ermöglichen und deren Einsatz effizient gestalten.

Separiertes Steifigkeits- bzw. Dämpfungsverhalten

Ein ASE und ein ADE werden für die Verwendung als AIE parallel geschaltet. Eine separierte Einstellung der mechanischen Eigenschaften macht die Handhabung der Elemente sinnvoll, da bei der Nutzung der AIEs jeweils ein Einstellmechanismus zur Einstellung einer mechanischen Größe (Steifigkeit oder Dämpfung) dient. Grundsätzlich wäre es auch möglich, Elemente zu verwenden, bei denen die jeweils andere mechanische Eigenschaft mit beeinflusst wird. Im späteren Einsatz müsste hierzu dann bei einer gewünschten Anforderung immer die Kombination aus ASE und ADE zu den hierzu notwendigen Eigenschaften führen. Hinzukommend wäre es herausfordernd, die Wechselwirkungen der dann doppelt vorliegenden Steifigkeits- und Dämpfungseigenschaften zu betrachten, da diese auch aus unterschiedlichen Effekten stammen können. AIEs sollen separiertes Verhalten von Steifigkeit und Dämpfung aufweisen, um diese im Versuchsbetrieb separat einstellen zu können.

Lineares und symmetrisches mechanisches Verhalten

Typische Schwingungsprüfungen finden unter sinusförmigen Anregungen statt, daher wird auch das verwendete AIE während der Prüfung mit sinusförmigen Schwingungen angeregt. Der Vorteil von sinusförmigen Bewegungen ist, dass Beschleunigung, Geschwindigkeit und Verschiebung proportional und phasenschoben zueinander sind. Sinnvolle Beschreibungen des dynamischen Verhaltens eines AIEs sind die Größen scheinbare Steifigkeit (AS), mechanische Impedanz (MI) und scheinbare Masse (AM) [Hey21]. Zur Bestimmung dieser Übertragungsfunktion können u. a. die Fouriertransformation oder ein Best-Fit-Ansatz genutzt werden, nichtlineares oder asymmetrisches Verhalten kann hier zu Abweichungen führen. Um dies zu vermeiden und eine zuverlässige Auswertung zu ermöglichen, sollten AIEs ein ideal symmetrisches und lineares Dämpfungsverhalten aufweisen [Hey23a]. Dieses erleichtert ergänzend auch den Einsatz der AIE bei der Untersuchung von Testobjekten, da die Nichtlinearitäten auf das Prüfobjekt beschränkt sind [Hey23a]. Ein ergänzender Punkt ist mit der Modellierung der Schnittstelle gegeben (siehe Abs. 4.4.3), diese kann linear erfolgen, also mit frequenzunabhängigen mechanischen Größen für Steifigkeit, Dämpfung und Trägheit. Eine Variation über diese Linearität hinaus würde für die meisten untersuchten Leichtbaustrukturen, welche mehrere Schnittstellen mit deren jeweiligen mechanischen Eigenschaften aufweisen, für einen steigenden Aufwand an zu untersuchenden Eigenschaften und zu simulierenden Parametern führen. AIEs sollen lineares und mechanischen Verhalten aufweisen, um diese auswerten und simulieren zu können.

Kombinierbarkeit und kommunale Verwendung

Modulare Produkte zeichnen sich durch Entkopplung, kommunale Verwendbarkeit, Kombinierbarkeit, Schnittstellenstandardisierung und Funktionsbindung aus (vgl. Abs. 2.3). Standardisierte Schnittstellen und Funktionsbindung ermöglichen die Vorteile, Kommunalität und Kombinierbarkeit für AIEs zu nutzen. Bild 4.12 zeigt die Kombinierbarkeit auf, AIEs können aus frei untereinander kombinierbaren ASE und ADE erstellen werden, um die jeweils gewünschte Merkmale zu erreichen [Hey23a]. Weiterhin ermöglichen standardisierte Schnittstellen und die Funktionsbindung ASE oder ADE kommunal in mehreren AIEs zu verwenden.

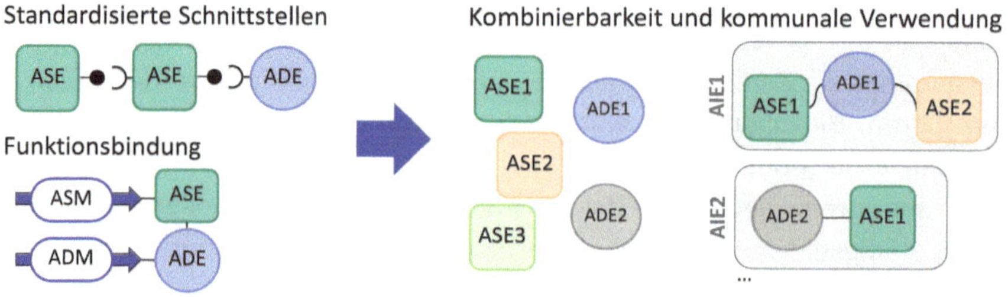

Bild 4.12: Eigenschaften der Modularität auf den Einsatzbereich AIEs angepasst nach [Kra18] aus [Hey23a].

Im DFG-Projekt AIProVE wurden zwischen den drei beteiligten Instituten IPEK, pd|z und PKT standardisierte Schnittstellen festgelegt, im Anhang in Bild A.4 ist die technische Zeichnung dieser Schnittstellen für ASE, ADE und AIE aufgezeigt. Die Achsen der Elemente werden mit 14 mm Durchmesser über einer Mindestlänge von 20 mm und einem M8 Innengewinde gefertigt. Es ist damit möglich diese über eine Klemmkupplung außen an der Achse oder über eine Schraubadapter innen zu koppeln. Die Gehäuse sind mit vier M6 Verschraubungen auf einem Lochkreis von 50 mm verbindbar.

Die Schnittstellenstandardisierung bringt weiterhin den Vorteil mit sich, dass diese zur Charakterisierung der Eigenschaften auf standardisierte Anbindungen an den Prüfständen der Projektteilnehmer platziert und später beim Einsatz auf den Untersuchungsumgebungen untereinander ausgetauscht werden können [Hey23b]. ASEs, ADEs und AIEs sollen standardisierte Schnittstellen aufweisen, um diese kombinieren zu können und kommunal zu verwenden.

4.4.5.2 Anforderungen resultierend aus individueller Prüfsituation

Ein Teil der Anforderungen resultiert aus der Verwendung der vorliegenden Prüfsituation, in der sie eingesetzt werden, diese sind von den untersuchten Produktvarianten und Prüfumgebung abhängig.

Begrenzter Bauraum

Die Notwendigkeit einer kompakten Bauweise ergibt sich aus dem möglichen Einsatz auf verschiedenen Prüfständen mit unterschiedlichem vorhandenen Platz im Bereich der Anbindung der Testobjekte [Hey23a]. Für die Verwendung sowohl in einer Prüfumgebung als auch in einem realen System ist der benötigte Bauraum der Schnittstelle entscheidend. Das AIE ist zwischen dem Prüfstand und dem Testobjekt, welches die Schwingungsreduzierung erfahren soll, anzubringen. Der Bauraum ist in diesem Bereich für die meisten Fälle begrenzt. ASEs, ADEs und AIEs sollen möglichst kompakt aufgebaut sein, um in möglichst vielen Prüfsituationen einsetzbar zu sein.

Notwendiger Freiheitsgrad

Aus den abzubildenden Randbedingungen der untersuchten Produktvarianten leiten sich die Lagerungsbedingungen in der Prüfumgebung ab. Die AIEs müssen diese Freiheitsgrade abbilden können. Eine Vielzahl an nachgiebigen Elementen in der Literatur bildet eindimensionale Freiheitsgrade ab. Arbeiten von MANGOLD [Man20] und LINDENMANN [Lin23] befassen sich mit anpassbaren Hand-Arm-Systemen, welche eine translatorische und eine rotatorische einstellbare Nachgiebigkeit abbilden. Für AIEs ist in den Anforderungen zu definieren, welche translatorischen und rotatorischen Bewegungen frei, nachgiebig oder fest umzusetzen sind [Hey23b]. AIEs sollen die translatorischen und rotatorischen Freiheitsgrade abbilden, die frei beweglich, gelagert oder mit einstellbaren mechanischen Größen abzubilden sind.

Ansteuerung der Einstellung

Bei der Untersuchung des Schwingungsverhaltens von Produkten kann es abhängig von der Zielstellung zu einer Vielzahl von zu untersuchenden Schnittstelleneigenschaften kommen. Von der Anzahl der notwendigen Einstellungen im Versuchsbetrieb ist abhängig, ob eine konstante Einstellung, eine manuelle Verstellung zwischen den Versuchen umsetzbar oder eine ansteuerbare Verstellung innerhalb von Versuchsreihen sinnvoll ist. Finden die AIE in einem System Anwendung, in dem sie nicht zugänglich sind, ist eine Ansteuerung von außen notwendig. Insbesondere elektronische Verstellmechanismen sind hier vorstellbar, womit die AIE von reinen Maschinenelementen zu mechatronischen Elementen werden (vgl. [Hey20b]). Mit steigender Anzahl an abzubildenden Schnittstelleneigenschaften, steigendem Versuchsaufwand und begrenzter Zugänglichkeit der Verstellmechanismen, bieten sich automatisierte multistationäre Verstellung innerhalb des Betriebs an. Multistationär beschreibt in diesem Kontext die Verstellbarkeit der

Elemente innerhalb einer Versuchsreihe zwischen mehreren stationären Betriebspunkten. AIEs sollen eine Verstellung der Eigenschaften aufweisen, sie dürfen unterschiedliche Ansteuerungsmechanismen nutzen.

Widerstand gegen Vibrationen

Ein Kriterium für den Einsatz in der dynamischen Prüfung ist ein zuverlässiges mechanisches Verhalten über weite Frequenzbereiche [Hey21], [Lin22]. Dazu muss sichergestellt sein, dass alle Bauteile über den Betriebsbereich, in dem sie eingesetzt werden, keine Resonanzen aufweisen [Hey23a]. Einstellbare nachgiebige Elemente aus der Literatur weisen häufig eine Vielzahl an Bauteilen auf, um das gewünschte Feder- und Dämpferverhalten zu erreichen und einen zugehörigen Verstellmechanismus zu realisieren [Lin19]. Die Verwendung von weniger Bauteilen führt zu einem höheren Widerstand gegen Vibrationen. Integrales Design beispielsweise unterstützt durch additive Fertigung kann genutzt werden, um die Anzahl der Komponenten auf eine geringe Anzahl starrer Bauteile zu reduzieren [Hey23a]. AIEs sollen für den anregenden Frequenzbereich zuverlässiges mechanisches Verhalten aufweisen.

4.4.5.3 Anforderungen hinsichtlich mechanischer Kenngrößen abgeleitet aus der Modellierung

Unter Zuhilfenahme des erstellten Modells mit parametrisierten Schnittstelleneigenschaften (Abs. 4.4.4) lassen sich abhängig von der Zielformulierung die notwendigen Schnittstelleneigenschaften und einhergehenden mechanischen Größen ableiten.

Notwendiger abzubildender Steifigkeits- und Dämpfungsbereich

Die Anforderung an Steifigkeit und Dämpfung werden simultan bestimmt, weshalb sie hier in einem Punkt zusammengefasst werden. Allgemein unterstützt ein breiter Einstellbereich der AIEs den Einsatz in möglichst vielen Prüfsituationen [Hey23a]. Der für die individuelle Untersuchung notwendige Einstellbereich lässt sich aus dem zugehörigen parametrisierten Simulationsmodell ableiten.

Hierzu sind für die mechanischen Eigenschaften Steifigkeit und Dämpfung und deren Untersuchungsbereich zu definieren und im Simulationsmodell möglichst skriptbasiert und automatisiert zu berücksichtigen [Hüt22]. Der Untersuchungsbereich ist auf physikalisch und konstruktiv umsetzbare Lösungen zu begrenzen, hierzu gehört, dass die Schnittstelle ihre Funktion als Lagerstelle erhält, um statische und unvorhergesehene Belastungen aufzunehmen. Je Produktvariante werden über ein Kennfeld der Verstärkung die mechanischen Schnittstelleneigenschaften bestimmt, bei denen die gewünschte Schwingungsreduzierung erreicht wird, im Allgemeinen entspricht dieses dem Minimum des Kennfelds. Unterscheiden sich die jeweiligen Produktvarianten in ihren dynamischen Eigenschaften, sollte je Produktvariante ein individuelles Minimum vorliegen. Aus der Menge der individuellen Eigenschaften aller Produktvarianten lässt sich der notwendige

Einstellungsbereich für die AIEs bestimmen. AIEs sollen den Bereich der Schnittstelleneigenschaften zur Schwingungsreduzierung aller untersuchten Produktvarianten abbilden, der Bereich ist auf technisch sinnvolle Lösungen zu begrenzen.

Massenträgheit der Schnittstelle

Die Trägheit der Schnittstelle hat Einfluss auf die Lasten und Hubbewegungen, die die Schnittstelle erfährt und einhergehend auch auf das resultierende Schwingungsverhalten. Das Gesamtgewicht ist von untergeordneter Bedeutung und lediglich für die Handhabung, Befestigung und Leistungsgrenze der Prüfumgebung entscheidend. Die für das Schwingverhalten entscheidende Trägheit wird durch den Teil des AIEs bestimmt, der die Bewegung mit dem Testobjekt vollführt. Ihr Einfluss steigt mit der Beschleunigung an, weshalb sie insbesondere für Untersuchungen in hochfrequenten Bereichen zu beachten ist. Es gilt bei der Auslegung von AIEs eine möglichst geringe bewegte Masse zu erreichen. Zusätzliche Masse im späteren Prüfbetrieb hinzuzufügen ist einfach umsetzbar, Masse zu entfernen ist ohne konstruktive Änderung nicht mehr möglich. AIEs sollen eine möglichst geringe bewegte Masse aufweisen.

Notwendige Hubbewegung und Lastfähigkeit

Die Anforderung an den notwendigen Hub und die Last werden äquivalent bestimmt, weshalb sie hier in einem Punkt zusammengefasst werden. Mit den bestimmten Schnittstelleneigenschaften Steifigkeit, Dämpfung und Trägheit kann im Simulationsmodell die Bewegung und Kraft der Schnittstelle bestimmt werden (Abs. 4.4.4). Die AIEs müssen die maximalen Bewegungen als möglichen Hub ohne anzuschlagen erfüllen, sowie die auftretenden Kräfte in der Schnittstelle tragen. Bei der Bestimmung der auftretenden Schnittstellenkräfte ist beim Ableiten der Anforderungen sowohl die Maximal- als auch die Mindestkraft entscheidend. Es bedarf neben der Maximalkraft auch der Mindestkraft, da sicherzustellen ist, dass die AIEs eine nachgiebige Wirkung haben und nicht aufgrund von Haftreibung als starre Schnittstellen wirken. Ein hoher Sicherheitsfaktor ist anzuwenden, da es bei dynamischen Versuchen zum nicht vorgesehenen Beschleunigen und Bremsen kommen kann. Die AIEs sollen die maximale Hubbewegung und den Kraftbereiche aller untersuchten Produktvarianten erfüllen, um einerseits nicht zu versagen und andererseits Bewegungen zuzulassen.

Erläuterndes Beispiel

Für das erläuternde Beispiel wird erneut das Sandwichpanel in seinen zwei Varianten ohne und mit angebrachter Masse verwendet. Ein AIE, welches geeignet ist, um die Schwingungsreduzierung für die Paneele mit und ohne Masse zu erreichen, muss, wie alle AIEs, die Anforderungen hinsichtlich der Verwendung erfüllen. Es sind die separierte Einstellbarkeit der linearen und symmetrischen Steifigkeit und Dämpfung sowie Funktionsbindung und standardisierte Schnittstellen umzusetzen.

Die Anforderungen zur Prüfumgebung bestimmen den Bauraum, die Freiheitsgrade, die Ansteuerung und den Widerstand gegen Vibration. Der freie Bauraum im Prüfaufbau zwischen der unteren Lagerung des Paneels und dem Aluminiumrahmen lässt sich durch eine zylindrische Geometrie mit einem Durchmesser von D = 230 mm und einer Länge L = 660 mm beschreiben. Für die untere Anbindung ist ein translatorisches Element zu nutzen, welches in die weiteren Richtungen gelagert ist. Es kann jegliche Form von Ansteuerung genutzt werden. Das Element muss den Versuchsbedingungen von 2 bis 14 Hz widerstehen.

Hinsichtlich der mechanischen Kennwerte ist das Ziel, die maximale Schwingungsreduzierung zu erreichen, ohne hierbei die Schnittstelle übermäßig zu belasten. Die theoretischen Schwingungsminima der oberen Messpunkte am Paneel liegen bei einer Dämpfung von Null, allerdings schwingt dann die untere Anbindung stark auf und wird überlastet. Eine Dämpfung von d = 0,1 Ns/mm reicht bereits, um das kritische Aufschwingen am untern Punkt des Paneels zu begrenzen. Es ergeben sich aus dem Simulationsmodell am vorliegenden Minimum die Schnittstellenlasten und Hubbewegungen, die zugehörigen Verläufe sind im Anhang A3 in Bild A.2 dargestellt. Die mechanischen Kennwerte als Anforderungen an das zu verwendende AIE sind in Tabelle 4.1 für die beiden Paneel-Varianten aufgeführt.

Tabelle 4.1: Mechanischen Anforderungen an das zu verwendende AIE.

	Steifigkeit	**Dämpfung**	**Kraft**	**Relativbew.**
Paneel ohne Masse	k_p = 130 N/mm	d_P = 0,1 Ns/mm	F_P = 155 - 365 N	$\hat{x}_P \leq 3$ mm
Paneel mit Masse	k_p = 70 N/mm	d_P = 0,1 Ns/mm	F_P = 145 - 315 N	$\hat{x}_P \leq 5$ mm
Produkt-familie	k_p = 70 - 130 N/mm	d_P = 0,1 Ns/mm	F_P = 145 - 365 N	$\hat{x}_P \leq 5$ mm

Die mechanischen Anforderungen von beiden Produktvarianten an das AIE ergeben sich aus der Vereinigung der notwendigen Kennwerte der Paneel-Varianten ohne und mit Zusatzmasse. Im erläuternden Beispiel bilden bereits zwei Produktvarianten eine Produktfamilie, in der Praxis sind meist deutlich mehr Produktvarianten zu betrachten.

4.4.6 Entwicklung von anpassbaren Impedanzelementen

Mit den bestimmten Anforderungen können zwei Wege im Vorgehen eingeschlagen werden. Sollten bereits ASE, ADE oder AIE vorhanden sein, deren Eigenschaften die aufgestellten Anforderungen erfüllen, können diese verwendet werden (detailliert in Abs.

4.4.8). Sollten keine passenden Elemente vorhanden sein, sind diese in diesem Vorgehensschritt zu entwickeln.

Entwicklungs- und Konstruktionsmethoden sind anzuwenden, um systematisch und zielgerichtet Produkte zu entwickeln. Bei AIEs handelt es sich um Maschinenelemente, welche grundsätzlich mit klassischer Konstruktionsmethodik zu entwickeln sind. Hier bietet sich insbesondere die VDI-Richtlinie 2221 zur Entwicklung technischer Produkte und Systeme an [VDI19]. Im hier vorgestellten Vorgehen zur Schwingungsreduzierung durch Anpassung der Schnittstelleneigenschaften wird die Bestimmung der Anforderungen an AIEs als einzelner Vorgehensschritt nach vorne gezogen. Die aufgestellten Anforderungen an AIEs aus Abs. 4.4.5 können übernommen werden, um diese dann für das individuell zu entwickelnde AIE zu ergänzen.

Erläuterndes Beispiel

Als erläuterndes Beispiel wird die Entwicklung eines additiv gefertigten Hydraulikdämpfers vorgestellt, welcher in Zusammenarbeit mit Urs Hofmann vom pd|z der ETH Zürich, entstanden ist. Dieser Hydraulikdämpfer bildet das ADE und kann mit einem ASE zu einem AIE kombiniert werden. Die Entwicklung wird hier auf die entscheidenden Schritte im Entwicklungsprozess begrenzt, für weiterführende Informationen des Elements wird auf den zugehörigen Journalbeitrag [Hey23a] verwiesen.

Die Anforderungen an AIE, ASE und ADE sind hinsichtlich der Verwendung, der Prüfsituation und mechanischen Eigenschaften in Abschnitt 4.4.5 definiert. Aufgrund des ausgewählten Wirkprinzips des Hydraulikdämpfers mit Fluiddrosselung (vgl. Abs. 3.5.2.1) ergeben sich ergänzende Anforderungen.

Ergänzende Anforderungen für einen Hydraulikdämpfer mit Fluiddrosselung

Der anpassbare Hydraulikdämpfer ist so auszulegen, dass er dem Druck standhält, der im Betrieb entsteht. Wie in Abschnitt 3.5.2.1 vorgestellt, ist hierzu der Druck über dem Dampfdruck zuhalten, um ein Ausgasen zu vermeiden. Im Betrieb weisen Gasblasen einen unerwünschten Effekt auf, da sie sich unter Belastung elastisch verformen [Hey23a] und damit unzuverlässiges und generell unerwünschtes Steifigkeitsverhalten resultiert, das wiederum auch dem separierten Verhalten und der Funktionsbindung der AIEs widerspricht.

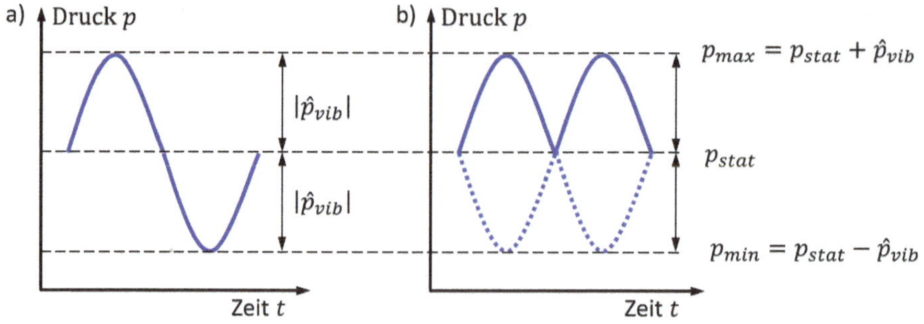

Bild 4.13: Druckniveau unter sinusförmiger Belastung eines Hydraulikdämpfers [Hey23a].

Bild 4.13 a) zeigt den idealisierten Verlauf des Drucks während einer Sinusschwingung des Dämpfers und der resultierenden Druckamplitude $\hat{p}_{vib}$. Der Maximaldruck p_{max} hängt von dem gewählten Mindestdruck p_{min}, resultierend aus dem notwendigen Gasdruck und der auf den Dämpfer aufgebrachten Kraft F_{Piston} auf die Querschnittsfläche der Kolbenplatte A_{Piston} ab, siehe Gleichung (4.1) [Hey23a].

$$p_{max} = p_{min} + 2 \cdot \hat{p}_{vib} = p_{min} + 2 \cdot \frac{F_{Piston}}{A_{Piston}} \tag{4.1}$$

Eine Herausforderung bei der Entwicklung von Dämpfersystemen ist es, die dissipierte Energie aus der Umwandlung der kinetischen Energie abzuführen, hierbei handelt es sich im Allgemeinen um Wärmeenergie. Insbesondere bei Hydraulikdämpfern mit Drosselventilen wandelt sich die Energie meist lokal im Bereich des Drosselventils. Ohne Abführung der Reibungsenergie, geht aufgrund der Temperaturerhöhung eine Verringerung der Viskosität des Hydrauliköls einher, welches wiederum das Dämpfungsverhalten beeinflusst (vgl. Abs. 3.5.2.1).

Hervorzuhebende Eigenschaften des präferierten Lösungskonzepts

Wie von der VDI 2221 [VDI19] gefordert sind über eine Funktionsstruktur, über Prinziplösungen unterschiedliche Lösungskonzepte nach VDI 2222 [VDI97] erstellt und nach VDI 2225 [VDI98] bewertet worden. In dieser Arbeit wird die Drosselwirkung hervorgehoben, welche entscheidend für das resultierende Dämpfungsverhalten ist.

Handelsübliche Drosselventile sind wie im Stand der Technik in Bild 3.24 b) auf Seite 48 vorgestellt aufgebaut. Bei diesen Drosselventilen wird die zylindrische Spitze senkrecht zur Drosselöffnung bewegt, was zu einem geometrisch asymmetrischen Aufbau führt. Der Durchfluss durch diese Drosselventile ist zwar von beiden Seiten möglich, aber der Fließwiderstand kann damit abhängig von der Durchflussrichtung unterschiedlich sein [Hey23a]. Daraus ergibt sich eine unterschiedliche Druckdifferenz je nach Bewegungsrichtung des Kolbens. Die Anforderung eines linearen und symmetrischen Verhaltens wird somit nicht erreicht.

Durch den Einbau einer Gleichrichterschaltung aus Rückschlagventilen kann die Strömungsrichtung durch das Drosselventil immer in die gleiche Richtung erfolgen. Bild 4.14 zeigt den entwickelten schematischen Aufbau des hydraulischen Dämpfers mit symmetrischem Verhalten. Ein Kolben in einem Gleichlaufzylinder nimmt die Schwingung auf und überträgt sie auf das Hydrauliköl. Je nach Bewegungsrichtung des Kolbens folgt der Fluidstrom dem Weg A bzw. B, wobei das Drosselventil unabhängig von der Bewegungsrichtung A und B gleich durchflossen wird.

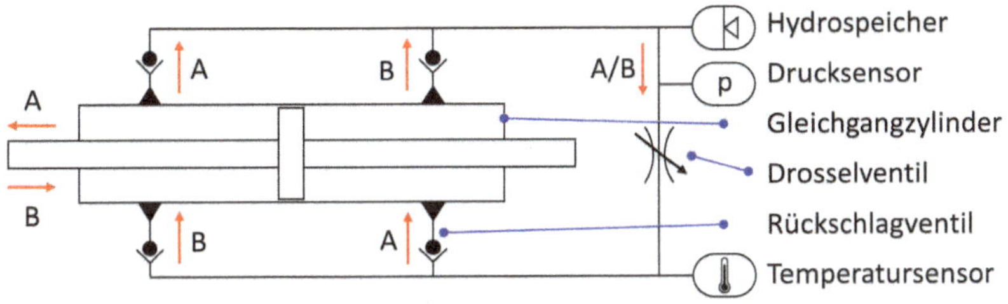

Bild 4.14: Schematischer Aufbau des Hydraulikdämpfers [Hey23a].

Durch den Einsatz eines Hydrospeichers kann der Druck im System stabilisiert werden. Integrierte Sensoren, wie der Druck- und der Temperatursensor, sind für die Funktion des Systems nicht zwangsläufig notwendig, ermöglichen jedoch die Beobachtung des Dämpfungsverhaltens im Betrieb. Abhängig von der Messposition in der Gleichrichterschaltung wird der positive oder der negative Ausschlag im Druck gemessen, dargestellt in Bild 4.13 b).

Durch den Aufbau mit einer Gleichrichterschaltung ergeben sich zwei entscheidende Vorteile im Betrieb des Dämpfers als AIE.

- Symmetrisches Verhalten wird unabhängig vom asymmetrischen Design handelsüblicher Drosselventile erreicht.
- Aufgrund der gleich gerichteten Zirkulation der Flüssigkeit wird das Drosselventil von einer Flüssigkeit mit nahezu gleicher Temperatur angeströmt. Die Gestaltung verhindert, dass das Hydrauliköl lokal im Kanal hin und her oszilliert, was zu einer lokalen Temperaturerhöhung führen würde, mit welcher eine Reduzierung der Viskosität und damit eine Reduzierung der Dämpfungswirkung einhergehen würde.

Funktionsorientierte Gestaltung des additiv gefertigten Dämpfers

In der Phase der Gestaltung wird aufgrund der Anordnung der Komponenten im Raum die additive Fertigung eingesetzt und die Gestaltung durch ein Vorgehen zum Erreichen kompakter additiver Produkte ergänzt. Um bei der Entwicklung das Potenzial von additiv gefertigten Komponenten zu nutzen, bedarf es der Kenntnis des Fertigungsverfahrens und einem darauf angepassten Gestaltungsansatz. Das Konsortium Klahn, Leutenecker-

TWELSIEKA ET MEBOLDT [Kla15], [Leu16], [Kla18] präsentieren die Vorteile der funktionsorientierten Gestaltung für additiv gefertigte Komponenten. Ziel hierbei ist, die volle Ausnutzung der Geometriefreiheit und die Reduzierung des Modellierungsaufwands im CAD. Das Vorgehen baut darauf auf, im ersten Schritt von Flächen auszugehen, welche die Funktionen des Produkts erfüllen. Ausgehend von diesen wird eine funktionsintegrierte Idealgestalt definiert, welche dann in eine mittels additiver Fertigung produzierbare Gestalt überführt wird [Kla18].

Bei der Gestaltung des Hydraulikdämpfers werden kommerziell erhältliche Komponenten für die Funktionserfüllung verwendet, wie sie schematisch in Bild 4.14 dargestellt sind. Die notwendigen Kontaktflächen dieser Komponenten zu den additiv zu fertigenden Teilen sind in Bild 4.15 a) als Funktionsflächen ausgewählt. In Bild 4.15 b) findet die räumliche Orientierung der Komponenten statt, gemeinsam mit den vorzusehenden Flächen am additiv zu fertigenden Gehäuse bilden sie ein Kontaktflächenpaar. Einschraubkomponenten können mit einem Gewinde am Gehäuse befestigt werden. Insertkomponenten, wie die Rückschlagventile und der Kolben, müssen zwischen verschiedenen Teilen des Dämpfergehäuses montiert werden. Unter Berücksichtigung der Anzahl der Gehäuseteile und einer kompakten Bauweise wird ein Konstruktionskonzept mit einem Hauptgehäuseteil und zwei Deckeln zur Aufnahme der Insertkomponenten (Kolben und Rückschlagventile) gewählt [Hey23a]. Es werden in Radialrichtung komprimierbare Führungen und Dichtungen verwendet, für diese ist eine geeignete Oberflächenqualität zu gewährleisten.

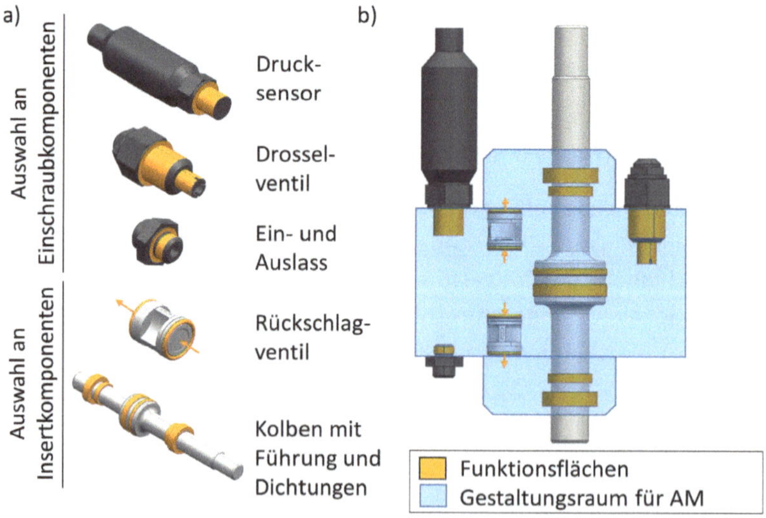

Bild 4.15: a) Auswahl an zu orientierenden Komponenten, b) Räumliche Orientierung der Komponenten im additiv zu fertigendem Gehäuse [Hey23a].

Nach der Festlegung der Orientierung jeder funktionsorientierten Kontaktfläche wird ein kompaktes Layout aller Flächen zueinander unter Berücksichtigung der erforderlichen Kanalverbindungen definiert. Schließlich wird das Flächenmodell so angepasst, dass es mit den gegebenen Fertigungsbedingungen kompatibel ist, z. B. durch Anpassung des Querschnitts der horizontalen Kanäle an eine selbsttragende Tropfenform (vgl. [Kla18]). Das resultierende Flächenmodell ist in Bild 4.16 a) dargestellt. Folgend sind dem Flächenmodell Wandstärken, notwendige Verstärkungen, Übermaße zur Nachbearbeitung und Spannflächen hinzuzufügen [Hey23a]. Die resultierende Gestalt ist in Bild 4.16 b) in montiert und in c) als Explosionszeichnung dargestellt.

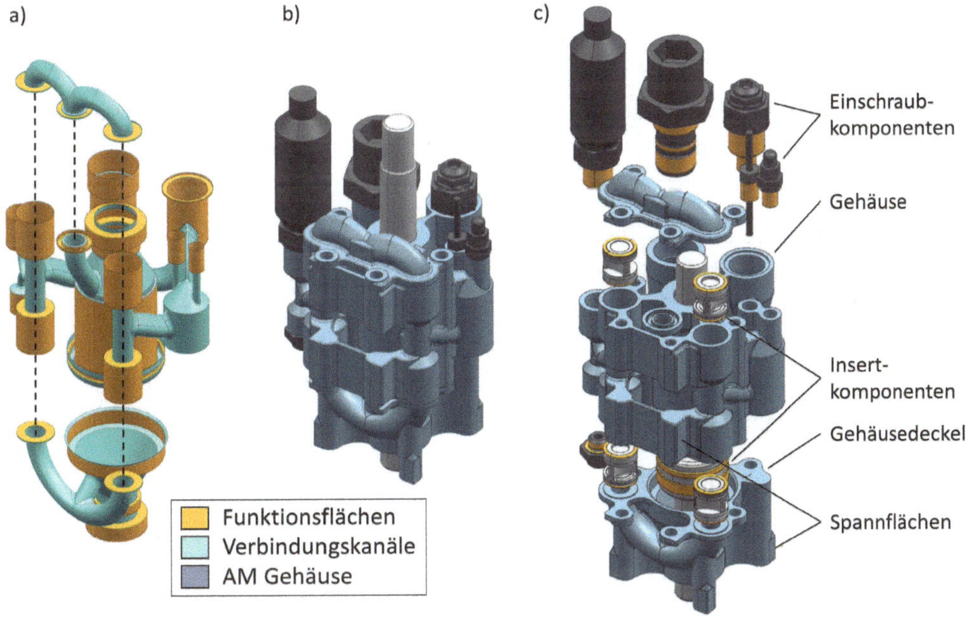

Bild 4.16: Gestalt des SLM zu fertigendem Dämpfer; a) Funktionsflächen und Verbindungskanäle; b) Zusammengebaute Darstellung des Dämpfers; c) Explosionszeichnung des Dämpfers [Hey23a].

Fertigung und Montage

Die Komponenten werden mittels *Selective Laser Melting* (SLM) durch das Aufschmelzen eines schichtweise aufgetragenen Metallpulvers gefertigt. Alle funktionalen Gewinde, Dicht- und Gleitflächen wurden in der Institutswerkstatt des pd|z der ETHZ nachbearbeitet [Hey23a]. Bild 4.17 zeigt den fertig montierten Hydraulikdämpfer mit montierten Einschraub- und Insertkomponenten. Mit Außenmaßen von 182 mm x 99 mm x 86 mm ist ein kompakter Hydraulikdämpfer für hohe Lasten mit integrierter Sensorik entstanden.

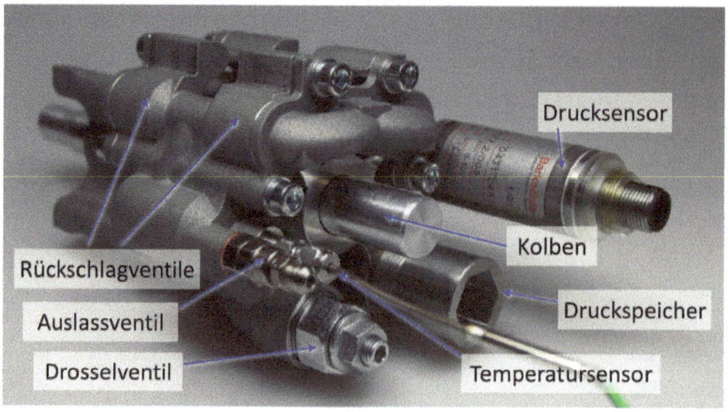

Bild 4.17: Montierter SLM gefertigter Hydraulikdämpfer [Hey23a].

Nach Kenntnis der Autoren mittels einer ausführlichen Literatur- und Patentrecherche handelt es sich zu dem Zeitpunkt der Einreichung (06/2022) um den ersten veröffentlichten additiv gefertigten Hydraulikdämpfer.

Der hier vorgestellte additive Hydraulikdämpfer stellt ein ADE dar, durch Kombination mit einem ASE ergibt sich ein AIE mit separat einstellbarem Steifigkeits- und Dämpfungsverhalten. Die additive Fertigung ermöglichte ein kompaktes Design, um in begrenzten Bauräumen eingesetzt werden zu können. Im Vergleich zu einem konventionell gefertigten ADE (Heyden_2019_ADE) ließ sich eine Reduzierung eines umschließenden Quadervolumens von 24,1 dm^3 auf 1,56 dm^3 erreichen [Hey23a].

4.4.7 Charakterisierung der Eigenschaften

AIE, ADE und ASE müssen eine Vielzahl von Anforderungen und Randbedingungen erfüllen. Diese sind bereits im vorangegangenen Schritt in Abschnitt 4.4.5 festzulegen. Das resultierende Verhalten von AIEs ist jedoch schwierig vorherzusagen. Es kann zu Abweichungen vom ausgelegten Steifigkeits- und Dämpfungsverhalten, so wie zu unerwartetem Aufschwingen von Komponenten kommen, welche das dynamische Verhalten des Systems beeinflussen. Im Hinblick auf den Gestalt-Funktionszusammenhang ist dieses als Überprüfung der Ist-Funktion zu verstehen. „Die Ist-Funktion beschreibt das tatsächliche Verhalten des Produkts oder eines seiner Teilsysteme. Das Verhalten entsteht durch die Interaktion der Gestaltparameter miteinander und auch in Wechselwirkung des Produkts zur Systemumgebung“ [Mat21].

Wie bereits in der Ausgangssituation in Abschnitt 1.1 formuliert, sind Produkte unter Vibrationsbelastung abhängig von ihren Randbedingungen, welche den Eigenschaften der Verbindung entsprechen. Daher ist eine dynamische Kalibrierung durchzuführen, wie sie in Abschnitt 3.2.3 vorgestellt wird, um sicherzustellen, dass die Eigenschaften der AIEs möglichst genau bestimmt werden können. Folgend können die Eigenschaften der AIEs bei den unterschiedlichen Einstellungen bestimmt werden, um diese in der Prüfumgebung anzuwenden.

4.4.7.1 Dynamische Kalibrierung

Für die Verwendung der AIEs müssen deren mechanische Eigenschaften über einen breiten Einsatzbereich möglichst genau bekannt sein, da sie später selbst in Versuchsaufbauten verwendet werden und sich mögliche Fehler bei der Charakterisierung somit vervielfachen können [Hey21]. Systematische Störungen ergeben sich an allen Komponenten im Messprozess, wie Sensor- und Messverzögerung, Bewegungen des Prüfstandes, elektronische, rechnerische und numerische Faktoren am Sensor, Messwertaufnehmer, Kabel oder Erfassungssystem.

Mechanisch betrachtet lässt sich der Ansatz von DONG ET AL. [Don06], wie er in Abschnitt 3.2.3 vorgestellt wurde, auf AIE übertragen [Hey21]. Zur Beseitigung des Fehlerterms, welcher über die *Mass Cancelation* nach EWINS [Ewi86] hinausgeht, bietet sich die Verwendung der *Measurement Systems FRF* nach MCCONNELL [McC95] an. Das Vorgehen, wie es im Beitrag [Hey21] vorgestellt wird, verwendet zusätzlich optionale Referenzmassen $m_{opt.}$, mit dem Ziel, die Kalibrierung auf einen breiteren Einsatzbereich anzuwenden. Hierzu wird die im Grundlagenteil in Abschnitt 3.2.3 vorgestellte Gleichung (3.17) um die Referenzmassen $m_{opt.}$ zu Gleichung (4.2) erweitert, für die Herleitung wird auf den Beitrag [Hey21] verwiesen.

$$HI_{pp}(f) = \frac{(m_{sensor} + m_{opt})}{AM_{meas.}(f)} \tag{4.2}$$

Unter Kenntnis der Terme der *Mass Cancelation,* also der Sensor- und Adaptermasse m_{sensor}, und der *Measurement Systems FRF* HI_{pp} lassen sich nun durch Gleichung (4.3) die kalibrierten Werte der scheinbaren Masse (AM) des Testobjekts $AM_{AIE}(f)$ aus den Werten der Messung $AM_{meas.}(f)$ bestimmen. Über die Integration der Übertragungsfunktionen nach Gleichung (3.10) und (3.11) lassen sich diese in die mechanische Impedanz (MI) und scheinbare Steifigkeit (AS) überführen, dargestellt in den Gleichungen (4.4) und (4.5) [Hey21].

$$AM_{AIE}(f) = HI_{pp}(f) \cdot AM_{meas.}(f) - (m_{sensor}) \tag{4.3}$$

$$MI_{AIE}(f) = HI_{pp}(f) \cdot MI_{meas.}(f) - (m_{sensor}) \cdot i \cdot f \tag{4.4}$$

$$AS_{AIE}(f) = HI_{pp}(f) \cdot AS_{meas.}(f) + (m_{sensor}) \cdot f^2 \tag{4.5}$$

Unter der Voraussetzung, dass am Prüfaufbau keine Änderungen vorgenommen werden, lassen sich mit der Kalibrierfunktion $HI_{pp}(f)$ und der Sensormasse m_{sensor} die Messungen nachgelagert kalibrieren, eine Berücksichtigung während des Versuchsbetriebs ist nicht notwendig.

Erläuterndes Beispiel

Die Grundlagen zur dynamischen Kalibrierung sind in Abschnitt 3.2.3 vorgestellt. Zur dynamischen Kalibrierung sind die Masse der Adapter und Sensoren m_{sensor} und die Kalibrierfunktion $HI_{pp}(f)$ zu bestimmen.

Für die beiden im DFG-Projekt AIProVE verwendeten Shaker-Prüfstände, einen hydraulischen am PKT (vorgestellt in Abs. 3.1.1 auf Seite 13) und einen elektrodynamischen am IPEK (vorgestellt in [Lin19]) ist die dynamische Kalibrierung anzuwenden. Zur Bestimmung der Kalibrierfunktion und Sensormasse sind an den Prüfständen jeweils vier zusätzlich schwingende Massen (definiert in Tabelle 4.2) angebracht.

Tabelle 4.2: Gewogene Massen der Sensoren und Adapter m_{sensor} und der optionalen Massen m_{opt} [Hey21].

	m_{sensor} [kg]	$m_{opt,1}$ [kg]	$m_{opt,2}$ [kg]	$m_{opt,3}$ [kg]	$m_{opt,4}$ [kg]
PKT Prüfstand	0,863	2,482	4,965	7,447	9,931
IPEK Prüfstand	1,133	0,234	0,467	0,700	0,930

Bild 4.18 a) und c) zeigen die gemessene AM im Vergleich zu den gewogenen Massen je Prüfstand [Hey21]. Die zu erkennende Abweichung des Betrags $abs(AM)$ ist in erster Linie auf die Sensor- und Adaptermassen, welche in m_{sensor} zusammengefasst sind, zurückzuführen und ließe sich bereits durch die *mass cancelation* nach Ewins [Ewi86] herausrechnen. Die negative Phasendifferenz $arg(AM)$ am hydraulischen Schwingungsprüfstand weist auf eine zeitlich verzögerte Aufnahme des Beschleunigungssignals hinter dem Kraftsignal hin, während die positive Phasendifferenz am elektrodynamischen Schwingungsprüfstand auf eine zeitlich vorauseilende Aufnahme des Beschleunigungssignals vor dem Kraftsignal hinweist.

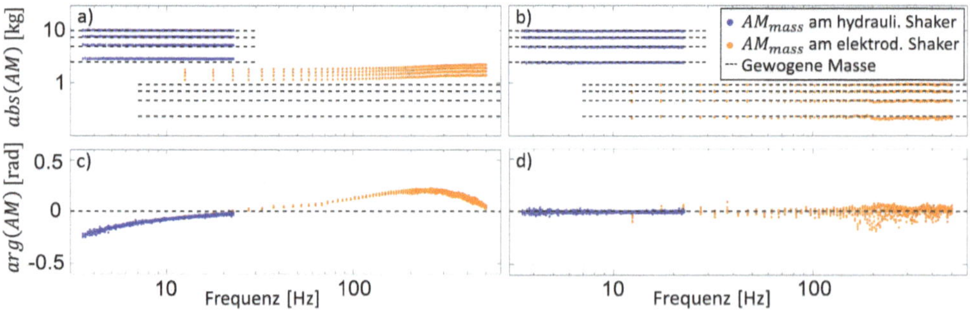

Bild 4.18: Vergleich der in a) und c) statisch kalibrierten Messung mit der in b) und d) dynamisch kalibrierten Messung einer frei schwingenden Masse [Hey21].

Zur Anwendung der dynamischen Kalibrierung für AIE ist eine kontinuierliche Funktion zu formulieren. Hierzu wird der Betrag und der Phasenwinkel bestimmt und dann zur komplexen Funktion $HI_{pp}(f)$ in Eulerform kombiniert. Über die Minimierung des mittleren Residuum ε zwischen den Datenpunkten $HI_{pp,n}(f)$ und der Funktion $HI_{pp,fit}(f)$ ergeben sich die Gleichungen (4.7) und (4.8) [Hey21] für die beiden Prüfstände. Für die detaillierte Bestimmung wird auf den Beitrag [Hey21] verwiesen.

$$\varepsilon = \frac{1}{N}\sum\nolimits_{n=1}^{N} \left|HI_{pp,n}(f) - HI_{pp,fit}(f)\right| \tag{4.6}$$

$$HI_{pp,fit,PKT} = (1{,}02 - 5{,}73 \cdot 10^{-5}f) \cdot e^{i(-0{,}528-0{,}135f+0{,}0168f^2-0{,}00109f^3+3{,}51\cdot 10^{-5}f^4-4{,}45\cdot 10^{-7}f^5)} \tag{4.7}$$

$$HI_{pp,fit,IPEK} = (1{,}06 - 3{,}14 \cdot 10^{-4}f - 8{,}95 \cdot 10^{-7}f^2 + 4{,}04 \cdot 10^{-9}f^3) \cdot e^{i(-0{,}027-0{,}00213f+9{,}34\cdot 10^{-6}f^2-2{,}29\cdot 10^{-8}f^3)} \tag{4.8}$$

Zur Überprüfung wird die Kalibrierung rückwirkend auf die bereits gemessenen Massen nach Gleichung (4.3) angewandt. Die Ergebnisse sind in Bild 4.18 b) und d) dargestellt, die Reduzierung der systematischen Abweichungen ist hier klar erkennbar, nur eine stochastische Abweichung um den Mittelwert ist zu erkennen. Im Vergleich zu einer statischen Kalibrierung mit *mass cancelation* reduziert sich der durchschnittliche Messfehler der AM von 467 g auf 43,3 g für den hydraulischen Shaker (damit von 8,5 % auf 0,74 % der angebrachten Massen) und von 112 g auf 23,7 g für den elektrodynamischen Shaker am IPEK (von 18,2 % auf 4,2 %) [Hey21]. In [Hey21] wird weiterhin die Anwendung der dynamischen Kalibrierung auf ein Impedanzelement mit konstanten Eigenschaften aufgezeigt, bei welchem eine Verbesserung der resultierenden Eigenschaften erreicht wird.

4.4.7.2 Ableiten der mechanischen Eigenschaften

Die kalibrierten Übertragungsfunktionen enthalten eine Vielzahl an Informationen, die man zur Charakterisierung der Eigenschaften eines AIE nutzen kann. Herausfordernd ist, dass in den Übertragungsfunktionen alle Eigenschaften überlagert vorliegen.

Ein AIE, welches auf der einen Seite fest eingespannt ist, kann als ein Ein-Massen-Schwinger verstanden werden (vgl. Bild 3.9-b). Liegen ideale mechanische Eigenschaften ohne Reibung zugrunde, lassen sich aus den Übertragungsfunktionen die zugrundeliegenden mechanischen Eigenschaften ableiten. Bild 3.11 zeigt die idealen Übertragungsfunktionen AS, MI und AM. Geht die Beschleunigung und Geschwindigkeit gegen null, lässt sich die Steifigkeit bei $k = AS(f \to 0)$ bestimmen. Für hohe Beschleunigungen nähert sich die AM der realen Masse $m = AM(f \to \infty)$ an. Und in der Resonanz gleichen sich die Steifigkeits- und Trägheitskräfte aus, womit nur die resultierende Dämpfungskraft bleibt und damit gilt $d = MI(f_n)$. Für den Fall, dass Prüfstände für geringe und hohe Frequenzen zur Verfügung stehen, wie es im Projekt AIProVE durch die gemeinsame

Untersuchung am IPEK und PKT möglich war, ist es hiermit möglich, Elemente über breite Einsatzbereiche zu untersuchen [Hey21].

Eine Herausforderung der Auswertung schwingungsförmiger realer Systeme stellen Reibungseffekte dar. Im Beitrag [Lin22] ist der Einfluss von Reibungseffekten bei Verwendung von Gleitlagern und linear geführten Wälzlagern untersucht. Hier ist aufgezeigt, dass aus den Reibungseffekten der Lager eines ASE (entwickelt am IPEK durch A. Lindenmann) nichtlineare Effekte resultieren, welche damit auch von der Art der Anregung abhängen.

Erläuterndes Beispiel

Die Bestimmung der Eigenschaften wird für den SLM gefertigten Hydraulikdämpfer aus Abschnitt 4.4.6 vorgestellt. Die Untersuchungen dieses Elements findet am servohydraulischen Shaker des PKTs statt, womit die Kalibrierfunktion $HI_{pp,fit,PKT}$ des Prüfstands aus Gleichung (4.7) Anwendung findet.

Für den SLM gefertigten Hydraulikdämpfer zeigt Bild 4.19 die Übertragungsfunktionen der AS, MI und AM. Jeder Datenpunkt stellt das Verhalten der zugehörigen Schwingungen bei der gegebenen Frequenz dar. Die Übertragungsfunktionen sind Ableitungen voneinander und ihre Darstellungen haben jeweils Vorteile bei der Bewertung verschiedener Eigenschaften der untersuchten Elemente [Hey21].

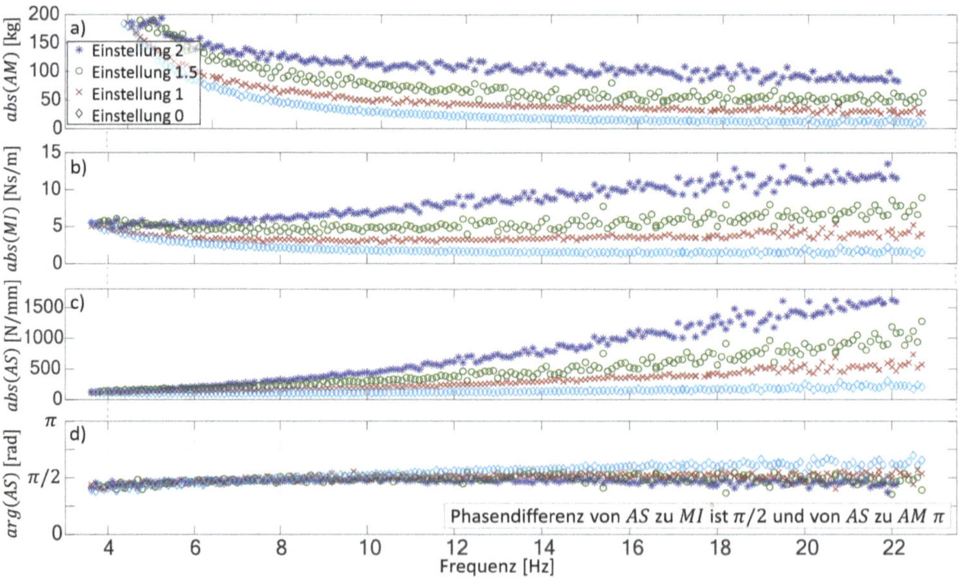

Bild 4.19: Übertragungsfunktionen des SLM gefertigten Dämpfers [Hey23a].

Die Kurven in Bild 4.19 a) der AM zeigen parabolische Kurven, wie sie für mechanische Dämpfung typisch sind. Das Dämpfungsverhalten lässt sich am besten in der Darstellung der mechanischen Impedanz in Abbildung Bild 4.19 b) interpretieren, die in grober Näherung konstante Werte bildet. Die Versuchsergebnisse in Bild 4.19 c) der AS zeigen ein linear ansteigendes Verhalten, wie es für ein Dämpfungsverhalten in dieser Darstellung erwartet wird. Die Phasendifferenz zwischen Kraft und Weg ist bei einem idealen Dämpfer $\pi/2$, die Phasendifferenz zwischen Kraft und Weg entspricht in Näherung diesem Winkel. Insgesamt zeigen die Versuchsergebnisse ein zuverlässiges Dämpfungsverhalten über den untersuchten Frequenzbereich von 3 bis 23 Hz [Hey23a].

Die Verstellung der Eigenschaften führt zu einem klar unterschiedlichen Verhalten. Es fällt auf, dass im Bereich um 3 Hz die MI für alle vier Einstellungen gleich ist. In diesem Bereich ist die Geschwindigkeit noch sehr gering, sodass das Verhalten der Reibung dominiert [Hey23a]. Tests mit sehr geringen Geschwindigkeiten zeigen eine Gleitreibung von etwa 300 N, welche hier die viskose Dämpfung dominiert [Hey23a]. Die linear zunehmende MI der Einstellung 2 weist auf ein quadratisch zunehmendes Druckverhältnis über der linear zunehmenden Geschwindigkeit bei steigender Frequenz hin. Der Widerstand, der sich aus der Energiedissipation einer turbulenten Strömung ergibt, ist proportional zum Quadrat der Strömungsgeschwindigkeit (vgl. Abs. 3.5.2). Für diese Einstellung kann nicht mehr von konstanten Dämpfungskoeffizienten ausgegangen werden.

Näherungsweise konstante Dämpfungswerte über der Frequenz sind für die Einstellungen von 0 bis 1,5 erreichbar, der vorgestellte Hydraulikdämpfer lässt sich damit für Dämpfungen von 1,5 bis 6 Ns/mm einstellen. Bei höheren Drosseleinstellungen (geringerer Drosselquerschnitt) können deutlich höhere Dämpfungen erreicht werden, untersucht wurden Kräfte bis 4,0 kN.

Weiterhin wurde der SLM gefertigten Hydraulikdämpfers an dem elektrodynamischen Shaker (vorgestellt in [Lin19]) untersucht. Diese sind mit einer Multisinus-Anregung aus LINDENMANN ET AL. [Lin22] und der Kalibrierung aus Gleichung (4.8) durchgeführt. Die Versuche zeigen ein unstetiges Verhalten für Frequenzen über 40 Hz. Vermutet wird, dass dieses auf Resonanz der Rückschlagventile zurückzuführen ist.

4.4.8 Auswahl geeigneter anpassbarer Impedanz Elemente

Ein Auswahlkatalog bereits vorhandener AIEs ermöglicht es, die Neuentwicklung entweder ganz einzusparen oder den Entwicklungsaufwand durch Erkenntnisse aus bereits entwickelten Systemen zu reduzieren.

4.4.8.1 Aufbau des Auswahlkatalogs und Aufnahme der AIEs

Der Aufbau des Auswahlkatalogs orientiert sich an Konstruktionskatalogen als Informationsspeicher nach ROTH [Rot01]. Anforderungen an einen solchen Katalog sind ein schneller und handlicher Informationszugriff, Widerspruchsfreiheit, Vollständigkeit innerhalb der gesetzten Grenzen sowie eine Erweiterbarkeit [Rot01], [Ger21].

Für den Auswahlkatalog erfolgt eine Gliederung in AIE, ASE und ADE. Somit ist es möglich AIE aus ASE und ADE zu kombinieren oder direkt als AIE zu verwenden. Die Zugriffskriterien sollen sich an den notwendigen Anforderungen der Entwicklung von AIEs orientieren. Im Lösungsteil werden die unterschiedlichen entwickelten Elemente aufgeführt und die notwendigen Werte zu den Zugriffskriterien definiert.

Entscheidend für die Verwendung von AIEs in einer Versuchsumgebung ist, dass deren Eigenschaften zu den Anforderungen der durchzuführenden Prüfung passen. Hierzu sind sowohl die Randbedingungen der Prüfumgebung entscheidend als auch die abzubildenden mechanischen Größen. Diese können aus den Anforderungen an AIEs (siehe Abs. 4.4.5) abgeleitet werden. Die Anforderungen, die der Eignung als AIE zugeordnet sind, sind Voraussetzung für die Verwendung und stellen damit keine zu nennenden Eigenschaften für den Auswahlkatalog dar.

Aus den Anforderungen der individuellen Prüfsituation (siehe Abs. 4.4.5.2) und den mechanischen Kenngrößen aus dem Simulationsmodell (siehe Abs. 4.4.5.3), lassen sich folgende Eigenschaften für die Verwendung von AIE ableiten. Für diese sind für alle AIEs Werte anzugeben.

- Verwendeter Bauraum
- Freiheitsgrade
- Ansteuerung der Einstellung
- Frequenzbereich zuverlässiger Einstellbarkeit
- Bereich der Federsteifigkeit
- Bereich der Dämpfung
- Trägheit des bewegten Teils
- Lastbereich
- Zulässige Hubbewegung

Neben dem Ziel der kommunalen Verwendung der AIEs können auch für die Neuentwicklung von zukünftigen AIE sinnvolle Informationen entnommen werden. Sollten die Anforderungen an ein zu entwickelndes AIE in vergleichbaren Größenordnungen sein wie bereits dokumentierte und veröffentlichte AIEs, kann auf deren Erkenntnissen aufgebaut werden. Neben den aus der Anforderung resultierenden Eigenschaften zur Klassifizierung der AIEs sind deshalb weitere Informationen für Anwender mit ingenieurtechnischem Verständnis von Bedeutung [Hey23b]. Über das verwendete Wirkprinzip können Vor- und Nachteile des Einsatzes unter unterschiedlichen Umgebungsbedingungen abgeleitet werden. Weiterhin ist für die Auslegung und Fertigung eines vergleichbaren AIE das verwendete Material und das zugehörige Fertigungsverfahren zu kennen. Die Angaben sind diesbezüglich um folgende Informationen zu erweitern.

- Wirkprinzip
- Material
- Fertigungsverfahren

Erläuterndes Beispiel

Ein Auswahlkatalog für bereits entwickelte ASE, ADE und AIE führt die jeweiligen Elemente mit den notwendigen Eigenschaften zur Auswahl auf. Dieser Katalog ist tabellarisch aufgebaut und ein Ausschnitt ist repräsentativ mit einem ASE und einem ADE in Tabelle 4.3 aufgeführt. Der aktuelle Stand des Kataloges mit aktuell sieben ASE, sechs ADE und drei AIE (Stand 07/23) ist online einsehbar unter 10.5281/zenodo.8123620. Die Veröffentlichung auf *zenodo.org* (gefördert durch CERN, OpenAIRE, European Commission) ermöglicht eine *opensource* Veröffentlichung unter anderem von Publikationen, Daten und Software ohne Reviewprozess. Gegenüber anderen Plattformen bietet *zenodo.org* die Vorteile, eine Versionierung von Veröffentlichungen, das kollaborative Arbeiten von mehreren Wissenschaftlern und ein Wechsel der Autoren je Version.

Die Versionierung und damit die Ergänzung des Auswahlkatalogs um weitere anpassbare Steifigkeits-, Dämpfungs- und Impedanzelemente ist über *zenodo.org* für Wissenschaftler jederzeit möglich. Die erste Version des Auswahlkatalogs [Dan22] wurde in der zweiten Version [Hey23b] um einen Leitfaden erweitert, welcher die Voraussetzungen der Aufnahme von neuen Elementen definiert. Für die Aufnahme in den Auswahlkatalog ist die Angabe aller Eigenschaften notwendig [Hey23b]. Sie müssen die in Abschnitt 4.4.5.1 aufgeführten Anforderungen hinsichtlich der Verwendung als AIE erfüllen. Hierzu gehört das separiert einstellbare Steifigkeits- und Dämpfungsverhalten, ein lineares und symmetrisches Verhalten und die Kombinierbarkeit und kommunale Verwendung. Damit einher geht, dass die Elemente standardisierte Schnittstellen aufweisen, bei diesen kann unterschieden werden, ob diese für die Achse (14 mm Außendurchmesser und M8 Innengewinde) und die Zylinder (60 mm Lochkreis mit vier M6 Gewinden) jeweils einseitig oder beidseitig vorhanden sind [Hey23b].

Tabelle 4.3: Ausschnitt aus Auswahlkatalog für AIE, optisch angepasst nach [Hey23b].

			Verwendung in Prüfumgebung					Mechanische Kenngrößen					Weitere Informationen			
	Identifika-tionsnr.	Darstellung	Bauraum x*y*z [mm³]	Schnittstelle	Freiheitsgrad (translatorisch und rotatorisch)	Ansteuerung	Frequenzbereich	Bereich Steifigkeit	Bereich Dämpfung	Trägheit	Lastbereich	Hubamplitude	Wirkprinzip	Material	Fertigungsverfahren	Anmerkungen
ASE	Heyden_ 2020_ASE	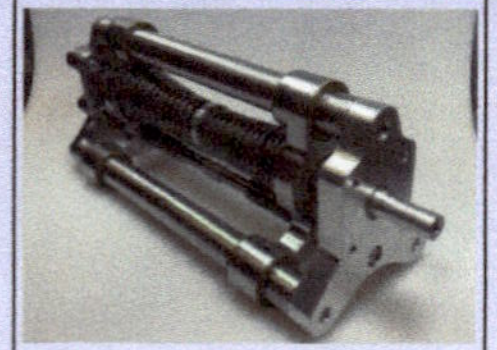	320 x 125 x 135	Achse beidseitig Spannfläche (Ø 14 mm) und Innengewinder (M8 RH/LH); Außen beidseitig Lochkreis Ø 60 mm 4x M6	Tx:= anp. Steifigkeit; Ty:= geführt; Tz:= geführt; Rx:= gespant über Federn, Drehmoment nicht zulässig; Ry:= geführt; Rz:= geführt	manual	0 bis 500 Hz	Konfig.1: 20 N/mm (Einst. 4) bis 100 N/mm (Einst. 14); Konfig.2: 100 N/mm (Einst. 4) bis 300 N/mm (Einst. 14)	vernachl.	0,5 kg	< 1200 N	± 12 mm (abhängig von Federeinstellung)	Antogonistisch vorgespannte progressive Feder	Rostfreier Stahl, Aluminium	Gespant	
...																
ADE	Heyden_ 2021_ADE	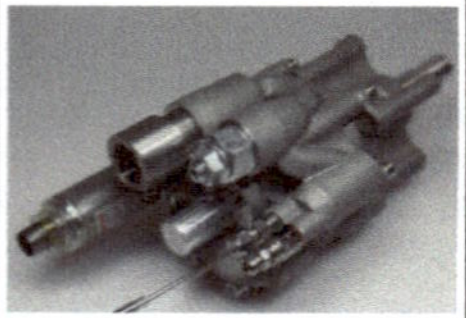	182 x 99 x 86	Achse beidseitig Spannfläche (Ø 14 mm); Außen beidseitig Lochkreis Ø 60 mm 4x M6	Tx:= anp. Dämpfung; Ty:= geführt; Tz:= geführt; Rx:= gespant über Federn, Drehmoment nicht zulässig; Ry:= geführt; Rz:= geführt	manual	0 bis 40 Hz	vernachl.	1,5 Ns/mm (Einstellung 1) bis 12 Ns/mm (Einstellung 4)	0,3 kg	300 bis 3000 N	± 20 mm	Hydraulischer Drosselwiderstand	Rostfreier Stahl, Aluminium	Selective Laser Melting	Info in [Hey23]
ADE	Lindenmann _2022_ADE		100x60x60	Achse aufschraubbar über Durchgangsloch M8; Außen beidseitig Lochkreis Ø 60 mm Durchgangsbohrung 4x M6	Tx:= anp. Dämpfung; Ty:= frei; Tz:= frei; Rx:= Drehmoment nicht zulässig; Ry:= frei; Rz:= frei	manual	0-500 Hz	vernachl.	0,07 Ns/mm (Einst. min.) bis 0,8 Ns/mm (Einst. 16)	0,3 kg	< 100 N	± 10 mm	Hydraulischer Drosselwiderstand an Rotationsdämpfer (Kinetrol KD-A1) über Hebelarm	Aluminium	Gespant	Info in [Lin23]
...																
AIE	Heyden_ 2022_AIE		360 x 280 x 200	Achse beidseitig Spannfläche (Ø 14 mm) und Innengewinder (M8 RH/LH); Außen beidseitig Lochkreis Ø 60 mm 4x M6	Tx:= anp. Steifigkeit; Ty:= geführt; Tz:= geführt; Rx:= gespant über Federn, Drehmoment nicht zulässig; Ry:= geführt; Rz:= geführt	manual	0 bis 40 Hz	110 N/mm (Einst. 4) bis 350 N/mm (Einst. 16)	1 Ns/mm (Einst. 1) bis 12 Ns/mm (Einst. 4)	1,5 kg	40 bis 3000 N	± 16 mm (abhängig von Federeinstellung)	Hydraulischer Drosselwiderstand und antogonistisch vorgespannte progressive Feder	Rostfreier Stahl	Gespant, Selective Laser Melting	
...																

4.4.8.2 Auswahl geeigneter anpassbarer Impedanzelemente für die Versuchsumgebung

Voraussetzung der Auswahl der AIE ist die vorangegangene Ermittlung der notwendigen Anforderungen (siehe Abs. 4.4.5). Die Eigenschaften des Auswahlkatalogs sind so gewählt, dass diese den Anforderungen zuordenbar sind. Unter Kenntnis der notwendigen Anforderungen der individuellen Prüfumgebung und den beabsichtigten mechanischen Kenngrößen können diese mit den Eigenschaften der Elemente im Katalog verglichen und bei Übereinstimmung ausgewählt werden. Sollte keine Übereinstimmung gefunden werden, können Erkenntnisse und Informationen aus Elementen gezogen werden, welche Teilübereinstimmungen aufweisen. Erst bei fehlender Übereinstimmung sind neue Elemente zu entwickeln, diese sollten dann im Katalog ergänzt und als neue Version veröffentlicht werden, um zukünftigen Forschern und Prüfingenieuren zur Verfügung zu stehen.

Erläuterndes Beispiel

Zurückkehrend zum erläuternden Beispiel der Schwingungsreduzierung der beiden Varianten der Paneele soll ein passendes AIE ausgewählt werden, um die Schwingungsreduzierung der Varianten zu erreichen. Aus dem Simulationsmodell wurden die notwendigen Anforderungen für AIE in Abs. 4.4.5 abgeleitet. Mit diesen können nun geeignete Elemente aus dem Auswahlkatalog ausgewählt werden.

Mit dem Steifigkeitselement Heyden_ASE_2020 sind die notwendigen Steifigkeitseinstellungen 70 N/mm $\leq k \leq$ 130 N/mm abdeckbar, mit dem Dämpfungselement Lindenmann_ADE_2022 die notwendige Dämpfungseigenschaft $d = 0{,}1$ Ns/mm. Beide Elemente sind dargestellt im Ausschnitt des Auswahlkatalogs in Tabelle 4.3. Die auftretende Last von 145 N $\leq F \leq$ 365 N sind aufnehmbar und die maximale Wegamplitude von $\hat{x} \leq 5$ mm wird von beiden Elementen erreicht. Sie weisen beide ihre Einstellbarkeit in Translationsrichtung auf und die nicht gelagerten Freiheitsgrade des Dämpferelements können über die Gleitlager des Steifigkeitselements mitgeführt werden. Der Bauraum im Aluminiumrahmen ist flexibel und ausreichend für den Einbau der Elemente hintereinander. Die Elemente erfüllen somit gemeinsam alle notwendigen Anforderungen, durch die standardisierten Schnittstellen können die beiden Elemente zu einem geeigneten AIE kombiniert werden.

4.4.9 Einsatz der anpassbaren Elemente in einer Untersuchungsumgebung

Im letzten Schritt des Vorgehens ist der Versuchsaufbau des Gesamtsystems aus zu testender Struktur und AIE in der Versuchsumgebung aufzubauen.

4.4.9.1 Versuchsdurchführung in der erweiterten Untersuchungsumgebung

Der grundsätzliche Versuchsaufbau mit starren Anbindungen wird übernommen (vgl. Abs. 4.4.2). Die starren Anbindungen sind mit den entwickelten und charakterisierten AIEs zu ersetzen. Es ist darauf zu achten, dass die AIEs so eingebracht werden, dass sie den beabsichtigten Freiheitsgraden aus der Systemanalyse und Modellierung entsprechen. Insbesondere ein Verspannen gegeneinander ist zu vermeiden, da z. B. Querkräfte Reibungseffekte an den AIE Achsen erhöhen können. Die zu untersuchenden Produktvarianten werden an den AIEs und gleichbleibenden Schnittstellen befestigt. Notwendige Messsensoren wie Beschleunigungssensoren sind an den entscheidenden Punkten zur Beschreibung der Schwingungsform der Anregung und der Produktvariante zu platzieren. Ergänzende Sensoren zur Aufnahme von Störgrößen, wie Raumtemperatur, Druck und Temperaturen im AIE sind aufzuzeichnen.

Erläuterndes Beispiel

Um den Nachweis zu führen, ist das AIE in den Versuchsaufbau zu integrieren. Bild 4.20 a) zeigt den zugehörigen Versuchsaufbau, abgesehen von der unteren Schnittstelle, entspricht dieser dem zuvor verwendeten Versuchsaufbau mit der starren Anbindung, siehe Abschnitt 4.4.2. Das AIE wird aus den ausgewählten Elementen Heyden_2020_ASE und Lindenmann_2022_ADE aus dem Auswahlkatalog ausgewählt und kombiniert aufgebaut, wie es Bild 4.20 b) zeigt.

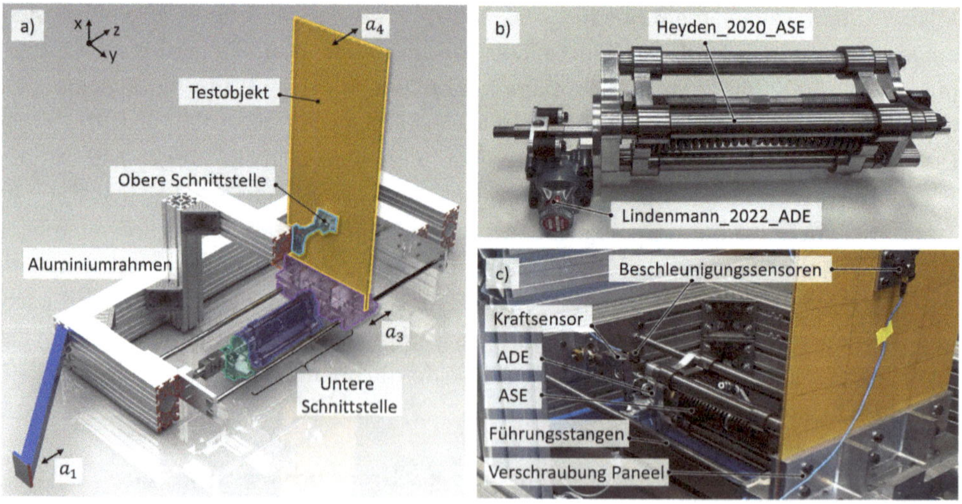

Bild 4.20: a) Versuchsaufbau auf dem geführten Aluminiumrahmen am hydraulischen Shaker; b) Aus ASE und ADE kombiniertes AIE; c) Aufnahme der unteren Schnittstelle.

An der unteren Schnittstelle wird das AIE zwischen der geführten Befestigung über die Kraftmessdose (S9M / 10 kN, Hottinger Brüel and Kjaer (HBM) GmbH, Darmstadt) am anregenden Aluminiumrahmen montiert, wie es in Bild 4.20 c) dargestellt ist. Der hydraulische Shaker regt, wie bei der starren Anbindung, den Prüfaufbau mit einem Sweep von 4,5 bis 13,5 Hz mit 0,1 Hz/s Steigerung bei einer konstanten Peak-Beschleunigung von 14 m/s^2 an. Über die Beschleunigungssensoren werden die Messsignale für die Bestimmung der Verstärkung aufgenommen.

4.4.9.2 Versuchsergebnisse mit anpassbaren Schnittstellen

Vor dem Versuch ist die optimale Einstellung zur Schwingungsreduzierung für die jeweils untersuchte Produktvariante an den AIEs einzustellen. Abhängig vom Frequenzbereich der Untersuchung sind Messsignale mit einer sinnvollen Abtastrate synchronisiert aufzunehmen und auszuwerten. Über die resultierenden Weg- oder Beschleunigungssignale wird die Verstärkung zu allen relevanten Messpunkten bestimmt und die erreichte Schwingungsreduzierung bewertet.

Erläuterndes Beispiel

Um den Nachweis der erreichten Schwingungsreduzierung aufzuzeigen, werden hier die Versuchsergebnisse des erläuternden Beispiels dargestellt.

Bild 4.21 zeigt die Verstärkung des Paneels von der Anregung an Beschleunigungssensor 1 zu Beschleunigungssensor 4 (vgl. Bild 4.6). Dargestellt sind für das Paneel ohne und mit angebrachter Masse die Verstärkungen mit starren Anbindungen im Vergleich zu den Verstärkungen angebunden über das AIE mit jeweils optimalen Einstellungen. Die optimalen Einstellungen sind in Abschnitt 4.4.4 mithilfe des Simulationsmodells bestimmt. Die dichtesten umsetzbaren Einstellungen mit dem AIE sind für das Paneel ohne angebrachte Masse eine Steifigkeit von k_P = 123 N/mm und Dämpfung von d_P = 0,07 Ns/mm, hiermit ist im Experiment eine Schwingungsreduzierung von 60 % erreichbar. Für das Paneel mit am oberen Ende angebrachter Masse von 100 g sind die Einstellungen k_{PM} = 66 N/mm und d_{PM} = 0,07 Ns/mm, auch hier ist eine Reduzierung von fast 60 % erreichbar.

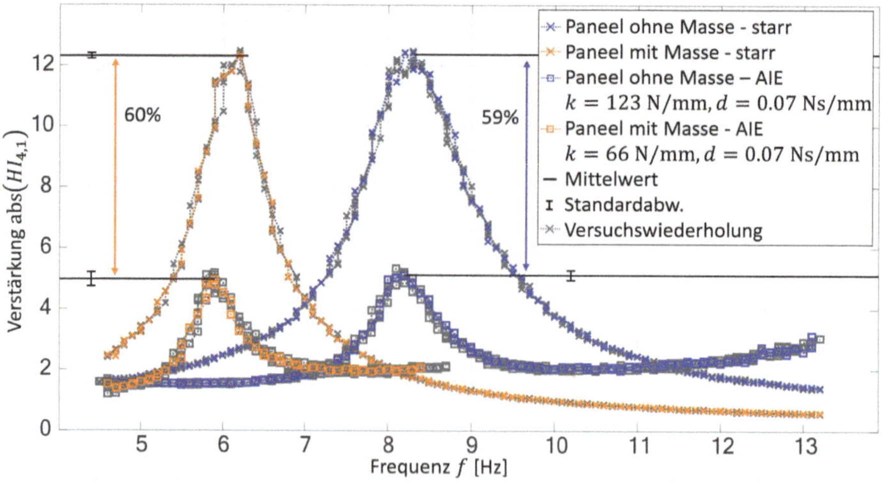

Bild 4.21: Experimentell bestimmte Verstärkung zum Vergleich der Anbindung des Paneels ohne und mit 100 g Masse.

Die etwa gleiche Schwingungsreduzierung von der Verstärkung von über 12 bei starrer Anbindung auf etwa 5 bei optimalen Schnittstelleneigenschaften der beiden Varianten ist rein zufällig auf demselben Niveau. Die deutlich ausfallende Schwingungsreduzierung zeigt das hohe Potenzial in der Schwingungsreduzierung durch Anpassung der Schnittstelleneigenschaften am Beispiel von Strukturen auf. Im Folgenden ist zu untersuchen, ob dieser Ansatz und das zugehörige Vorgehen auf Produktlevel ebenfalls erfolgreich sind.

Die deutlich höhere Schwingungsreduzierung aus der Simulation, bei der sich zwei Resonanzen nahezu vollständig ausgleichen, wurde nicht erreicht. Dieses ist auf die höhere Dämpfung im Experiment aufgrund der Reibung an der unteren Anbindung zurückzuführen. Die gegenphasige Resonanz fällt damit schwächer aus. Die Versuchsergebnisse decken sich mit den Simulationen bei einer geringfügig höheren Dämpfung von etwa 0,5 Ns/mm in Bild 4.10 a), was die These einer erhöhten äquivalenten Dämpfung resultierend aus der Reibung stützt (vgl. Abs. 3.5.2.4). Weitere Versuchsergebnisse mit Variation der Schnittstelleneigenschaften und Versuchswiederholung sind im Anhang A3 dargestellt und werden den Simulationsergebnissen gegenüber gestellt.

5 Technische Umsetzung und Validierung

Die technische Umsetzung und Evaluierung des Vorgehens wird an Produktvarianten von Partitions (Trennwänden) aus der Flugzeugkabine aufgezeigt. Diese eignen sich als Anwendung besonders, da sie im Vergleich zu ihren Außenmaßen eine geringe Dicke aufweisen und deshalb besonders gefährdet sind bei geringen Frequenzen aufzuschwingen. Bild 5.1 zeigt das in dieser Arbeit entwickelte Vorgehen zur Schwingungsreduzierung mit seinen neun Vorgehensschritten am Beispiel der vorgestellten Produktfamilie an Partition-Varianten.

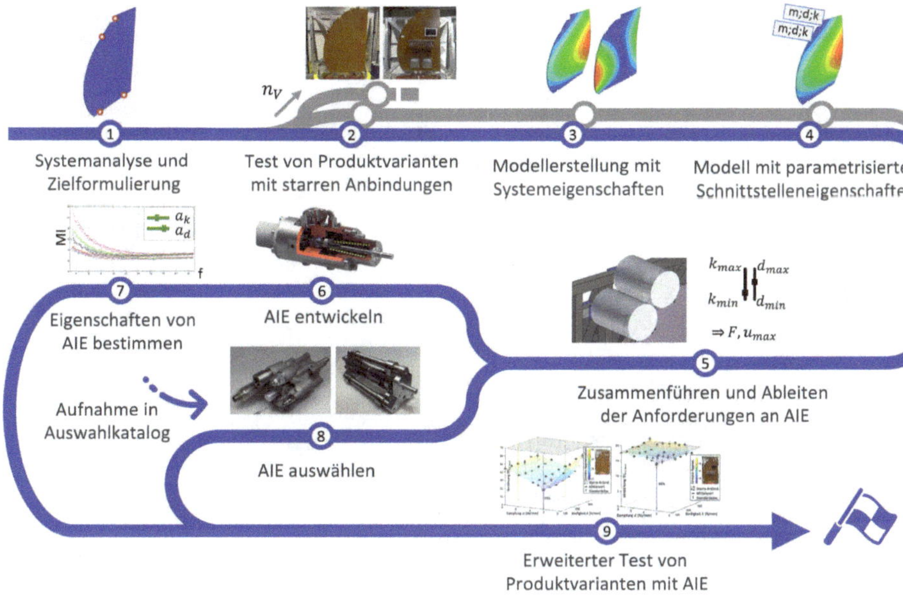

Bild 5.1: Vorgehen zur Schwingungsreduzierung durch Erweiterung der Systemgrenze beim dynamischen Testen einer Produktfamilie von Partitions.

Zunächst werden die einzelnen Vorgehensschritte detailliert präsentiert sowie die jeweiligen technischen Umsetzungen und Ergebnisse vorgestellt und diskutiert. Am Ende des Kapitels folgt die Verifizierung und Validierung des aufgestellten virtuellen Modells und die Überprüfung des Vorgehens anhand der in Abschnitt 4.1 aufgestellten Hypothesen.

E. Heyden, *Vorgehen zur Schwingungsreduzierung durch anpassbare Impedanzelemente am Beispiel varianter Leichtbaustrukturen*, Produktentwicklung und Konstruktionstechnik 27,
https://doi.org/10.1007/978-3-662-70736-4_5

5.1 Systemanalyse und Zielformulierung

Die untersuchte Produktfamilie der Partitions baut auf zwei zugrundeliegenden Partition-Typen auf, wobei sich Typ 1 zu Typ 2 durch eine zusätzliche Decklage und einhergehende Steifigkeitserhöhung auszeichnet. Weiterhin werden die Varianten durch Anbauteile definiert, es können ein Bildschirm, ein Baby-Bassinet (Babybett) und ein Baby-Dummy angebracht werden, wie in Bild 5.2 dargestellt. In der Kombination ergeben sich zehn zu untersuchende Produktvarianten.

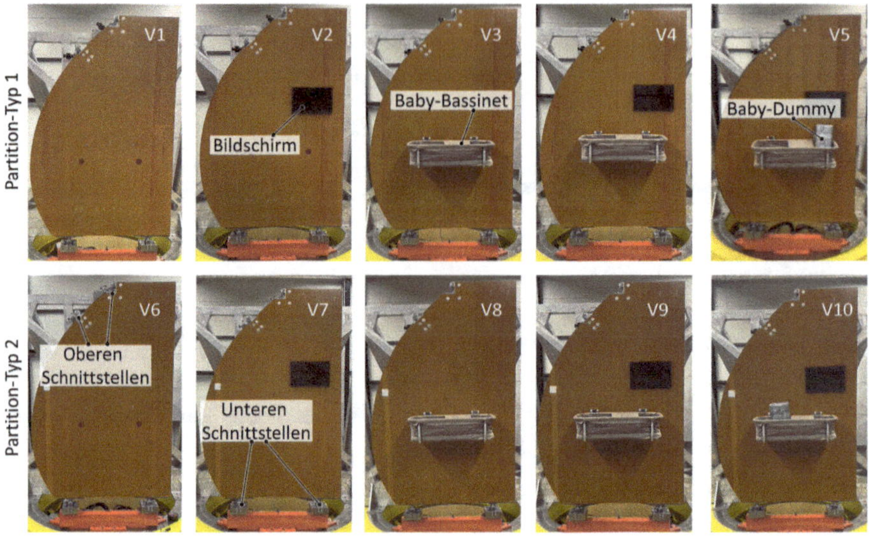

Bild 5.2: Produktfamilie der zu untersuchenden Partition-Varianten.

Alle Produktvarianten werden mit starren Anbindungen getestet und auf den Ergebnissen aufbauend virtuelle Modelle erstellt, aus denen Anforderungen an die AIEs abgeleitet werden. Später sind sieben Varianten über das gesamte Parameterfeld auszuwerten, um für diese eine Validierung des parametrisierten Simulationsmodell zu ermöglichen. Für drei Varianten wird das Parameterfeld mit dreifacher Versuchswiederholung durchgeführt, um zusätzlich eine Signifikanzanalyse umzusetzen. Bild 5.3 stellt die zugehörige Kombinatorik der Partition-Typen und ihrer Anbauelemente dar.

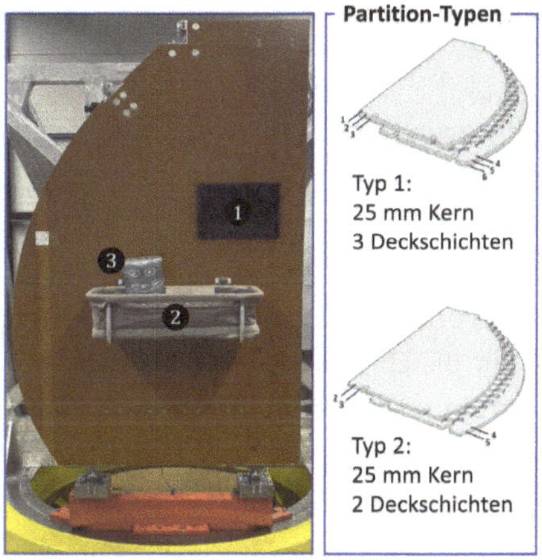

Variante	Partition	Bildschirm	Bassinet	Baby-Dummy
V1	Typ1	○	○	○
V2	Typ1	❶	○	○
V3	Typ1	○	❷	○
V4	Typ1	❶	❷	○
V5	Typ1	❶	❷	❸
V6	Typ2	○	○	○
V7	Typ2	❶	○	○
V8	Typ2	○	❷	○
V9	Typ2	❶	❷	○
V10	Typ2	❶	❷	❸

VX	starre Untersuchung mit Versuchswiederholung
VX	ergänzt durch vollfaktorielle Untersuchung der Parameter
VX	ergänzt durch vollfaktorielle Versuchswiederholung

Bild 5.3: Kombinatorik der zu untersuchenden Partition-Varianten und Definition der Versuchsdurchführung.

Die Anbindung einer Partition in der Außen- und Bodenstruktur der A320 Familie findet über vier Schnittstellen statt. Die beiden oberen Schnittstellen sind über sogenannte *Rods* umgesetzt, welche aus einer Zug-Druckstange beidseitig mit Gelenkköpfen bestehen und damit mechanisch eine Pendelstütze darstellen. Im unteren Bereich werden die Kräfte über Gelenkköpfe geleitet, die wiederrum über *Seat Tracks* arretiert werden, welches somit mechanisch einer gelenkigen Befestigung entspricht.

Die Schwingungsreduzierung soll über die Verwendung von zwei AIEs erreicht werden. Insbesondere die beiden oberen Schnittstellen bieten sich für den Einsatz von AIEs an, da hier durch die verwendeten Pendelstützen die Schnittstellen frei von Momenten und Querkräfte sind. Damit ist auch die Reibung an den Führungen der eingesetzten AIEs geringer.

Ziel ist eine Schwingungsreduzierung über die gesamte Gestalt der jeweiligen Partition-Variante zu erreichen. Eine Veränderung der Schnittstelleneigenschaften kann zu einer Verlagerung des Ortes des maximalen Aufschwingens führen. Somit ist zu jeder Frequenz das Verhalten der vollständigen Partition-Variante zu bestimmen und ihr maximal aufschwingender Punkt zu finden, für den dann die Resonanz auszuwerten ist.

Eine Nebenbedingung der Optimierung des Schwingverhaltens ist, dass auch statische Lasten aufgenommen werden können und diese zu einer begrenzten Auslenkung des gesamten Systems führen. Es wird definiert, dass eine zentral im Flächenschwerpunkt angreifende statische Kraft von 400 N zu einer maximalen Auslenkung des Flächenschwerpunkts von 1 mm führen darf.

5.2 Experimentelle Untersuchung der Partition-Varianten mit starren Anbindungen

Ziel der experimentellen Untersuchung des Schwingverhaltens ist es, die Systemeigenschaften des Prüfstands und der Produktvarianten zu bestimmen.

5.2.1 Versuchsdurchführung in der Prüfumgebung

Der Hexapod-Prüfstand an der TUHH (siehe Abs. 3.1.1) ermöglicht einen flexiblen Einsatz bei statischen und dynamischen Untersuchungen. Für die Untersuchung von Produkten mit Lagerstellen im oberen Bereich der Leichtbaustruktur wird auf dem Hexapod-Prüfstand ein Aluminiumrahmen aufgebaut, wie er in Bild 5.4 dargestellt ist. Eine detaillierte Analyse des dynamischen Verhaltens der Prüfumgebung mit Versuchsaufbau ohne angebrachte Partition findet sich im Anhang A5.

Im Prüfaufbau werden die Partition-Varianten über die vier Schnittstellen starr angebunden. Hierzu werden im unteren Bereich die originalen gelenkigen Anbindungen verwendet, welche auf dem unteren Querbalken montiert sind. Die oberen Schnittstellen werden als Pendelstützen umgesetzt und sind somit in x- Richtung starr und für die y- und z-Richtung frei.

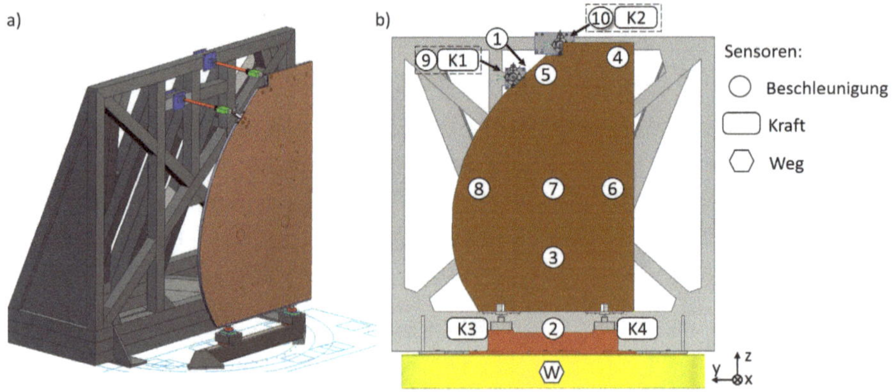

Bild 5.4: a) Versuchsaufbau der Partition nach [Ras17]; b) Verteilung der Sensoren an Prüfstand, Schnittstellen und Partition-Varianten nach [Hey24].

Im Versuchsbetrieb werden die sechs Wegsignale des Prüfstandes aufgenommen, welche die Prüfumgebung aus den sechs Zylinderpositionen bestimmt. Die eindimensionalen Kraftsignale (S9M/10kN, Hottinger Brüel and Kjaer (HBM) GmbH, Darmstadt) an den zwei oberen Schnittstellen und die dreidimensionalen Kraftsignale (K3D160 50kN, ME-Meßsysteme GmbH, Hennigsdorf) unten an der Partition werden aufgenommen. Weiterhin finden sich am unteren Balken und am Rahmen Beschleunigungssensoren (3D 500g TLD356A02, PCB Piezotronics Inc., New York, USA) um das Anregungssignal zu bestimmen sowie Beschleunigungssensoren auf der Partition und deren oberen Schnittstellen um das resultierende Schwingverhalten zu bestimmen.

Untersuchungen mit unterschiedlichen Amplituden wurden durchgeführt. Ein Kompromiss aus Vermeidung des Versagens der Partition-Varianten, gut messbarer Auslenkungen und realistischen Schnittstellenbelastungen ergab, dass Versuche mit einer Sweep-Anregung mit einer konstanten Peak-Beschleunigungen von $2{,}5\frac{m}{s^2}$ geeignet umsetzbar sind. Der Sweep wird von 3 bis 23 Hz bei einer Steigerungsrate von 0,1 Hz/s durchgeführt. Im Anhang in Bild A.9 sind die resultierenden Beschleunigungen und Wege über der Prüfzeit dargestellt. Die Datenaufnahme aller Sensoren erfolgt über das HBM QuantumX System (HBM GmbH, Darmstadt) über zwei Messboxen MX1601 und drei MX840B, welche zeitlich synchronisiert gekoppelt sind. Die Messsignale werden mit 1200 Hz in NI Diadem 2017 (National Instruments Corp., Austin, USA) aufgezeichnet.

Die Auswertung der Messsignale findet in Matlab 2022b (The MathWorks Inc., California, USA) statt. Hier werden die Signale genullt und auf Start- und Endpunkt der jeweiligen Messung gekürzt. Das Messsignal wird in eine Sekunde lange Abschnitte getrennt, für welche jeweils die Fast-Fourier-Transformation angewendet wird, um das Signal in den Frequenzbereich zu übertragen. Aus der komplexen Amplitude lässt sich der Betrag und Phasenwinkel der Signale ableiten (vgl. Abs. 3.2.1). Aus dem Betrag der jeweiligen Signale kann direkt eine Aussage über den Ausschlag der Schwingung abgeleitet werden. Der Phasenwinkel gewinnt als Differenz zu dem Anregungssignal an Aussagekraft.

Bei der Untersuchung stellt der aufschwingende Aluminiumrahmen eine Herausforderung dar, da die Bewegung am oberen Bereich des Aluminiumrahmens nicht der Bewegung der Ringplattform des Hexapods entspricht. Bei Verwendung von starren Anbindungen bewegen sich die Sensoren 1, 9 und 10 zueinander zwar gleich, aber stärker als die Anregung der Ringplattform des Hexapods (detailliert dargestellt in Anhang A4).

Bild 5.5 zeigt die Übertragungsfunktion $HI_{1,2}$ bei der Anregung von $2{,}5 m/s^2$ über starre Anbindungen für die 10 untersuchten Partition-Varianten (je Variante eine der fünf Versuchswiederholungen repräsentativ dargestellt). Die Übertragungsfunktion zeigt unabhängig von der Produktvariante eine Verstärkung, welche von 1 auf durchschnittlich 8,5 bei 23 Hz ansteigt. Diese deutlich vom idealen Verhalten abweichende Anregung der oberen Schnittstellen am Aluminiumrahmen ist in den aufzubauenden virtuellen Modellen zu berücksichtigen.

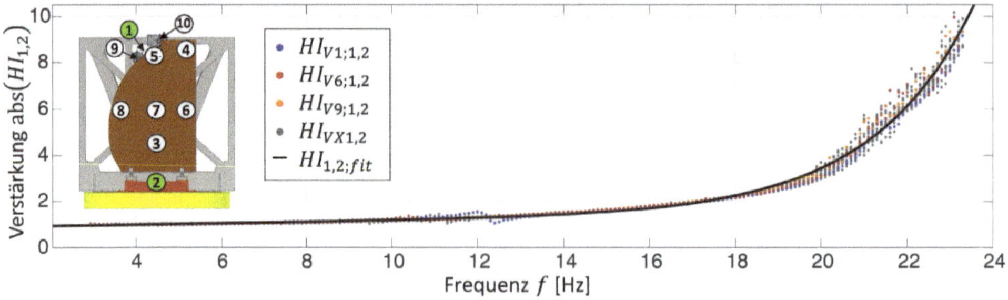

Bild 5.5: Übertragungsfunktion der unteren Schnittstellen am Verbindungsbalken zu den oberen Schnittstellen des Aluminiumtors.

5.2.2 Systemeigenschaften der Produktvarianten

Zur Analyse des Schwingverhaltens werden die Beschleunigungssignale an entscheidenden Messpunkten auf der Rückseite der Partition-Varianten ausgewertet. Bild 5.6 zeigt die Verstärkung der Sensoren 3, 4, 6, 7 und 8 im Verhältnis zum Anregungssignal, gemessen an Sensor 2, der Variante V1 im Bode-Diagramm (eine der fünf Versuchswiederholungen repräsentativ dargestellt). Zum Verständnis sind die sich ausbildenden Schwingungsmoden an den Eigenfrequenzen mit abgebildet.

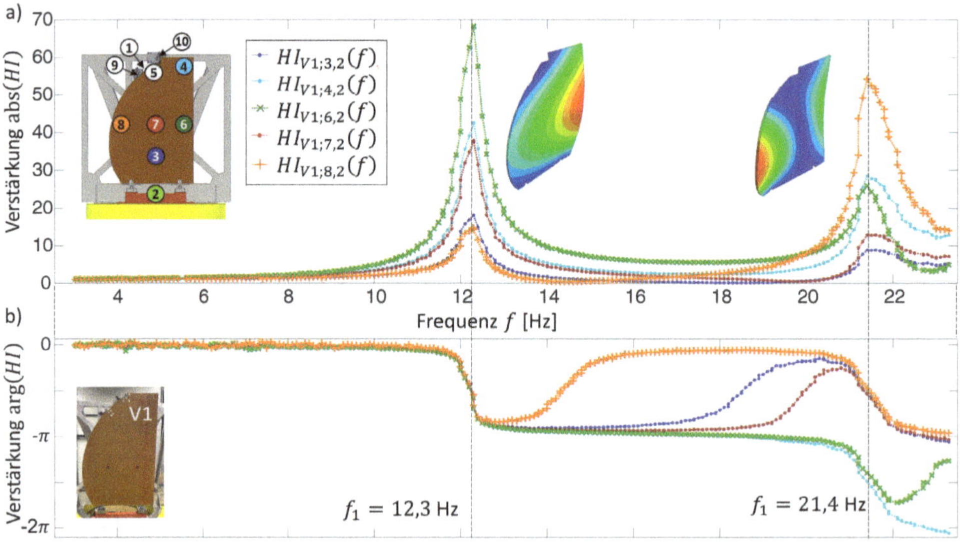

Bild 5.6: Schwingverhalten der Partition-Variante V1 an den Sensoren 3, 4, 6, 7 und 8.

Bei Erreichen der ersten Resonanz bei 12,3 Hz bildet sich ein deutliches Aufschwingen mit einhergehender Phasenänderung um $-\pi$ aus, hier bildet sich die erste Biegeform aus. Die höchste Verstärkung von knapp 70 erfährt Sensor 6, was mit einer Beschleunigung von etwa 175 m/s^2 und einer hohen Schallemission im physischen Versuch einhergeht. Nach der ersten Resonanz findet die Bewegung, wie es typisch nach Erreichen einer

Eigenfrequenz ist, in Gegenphase statt. Die geringe Auslenkungen an Sensor 8 führt dazu, dass dieser bereits nach Abklingen der Resonanz wieder in Phase schwingt, da an diesem Punkt die Anregung des Prüfstands größer als die Auslenkung der Partition ist (vgl. Absolut- und Relativbewegung und deren Einfluss auf die Übertragungsfunktion in Abs. 3.2.2.3).

Bei 21,4 Hz bildet sich die zweite Resonanz aus. Bei dieser handelt es sich ebenfalls um eine Biegeform, bei der die beiden Seiten der Partition gegenphasig um eine Neutralphase schwingen, wie es schematisch als zweite Schwingungsmode dargestellt ist. Die maximale Verstärkung von etwa 55 erfährt Sensor 8, welcher erneut eine Phasenänderung von $-\pi$ erfährt. Die bereits gegenphasig bewegenden Sensoren 6 und 4 erfahren mit der zweiten Resonanz eine weitere Phasenänderung und schwingen damit insgesamt mit einer Phasenänderung von -2π wieder in Phase. Der Sensor 6 beginnt dann wieder gegenphasig zu schwingen, dieses ist entweder auf die nicht vollständig ausgeklungene erste Resonanz, welche diesen Punkt sehr stark auslenkt, zurückzuführen oder bereits ein Einfluss einer dritten Resonanz außerhalb des Untersuchungsbereichs. Die beiden Sensoren 3 und 7 sind kaum beeinflusst durch die zweite Resonanz, da sie in der Nähe der Neutralphase der zweiten Mode liegen.

Untersuchungen, wie sie hier für die Partition-Variante V1 aufgeführt ist, wurden für alle zehn Varianten mit fünffacher Versuchsdurchführung bei starren Anbindungen durchgeführt. Als entscheidende Sensorpunkte zur Analyse des Schwingverhaltens stellen sich die Sensoren 6 und 8 heraus, da sie die beiden maximal aufschwingenden Messpunkte beschreiben und auch alle Phasenänderungen repräsentieren.

Bild 5.7 zeigt die Verstärkung sechs ausgewählter Partition-Varianten mit jeweils einer repräsentativen Versuchswiederholung an den beiden für die Beschreibung des Schwingungsverhaltens entscheidenden Sensoren 6 und 8. In Blau ist die bereits dargestellte Variante V1 geplottet, bei dieser handelt es sich mit der Verstärkung von knapp 70 um die am kritischsten aufschwingende Variante. Durch den Anbau einer Monitor-Attrappe (Details siehe A6) an die Partition-Typ 1 entsteht die Variante V2. Bei dieser verringert sich aufgrund der Massenerhöhung die Eigenfrequenz, während sich bei der ersten Resonanz die Verstärkung verringert, erhöht sich die der zweiten Resonanz, sodass beide etwa um einen Faktor von 60 aufschwingen. In dunkelgrün ist die Variante V3 mit einem angebundenem Baby-Bassinet (Details siehe A6) dargestellt. Das Bassinet reduziert das Aufschwingen deutlich auf eine Verstärkung von etwa 15 in der ersten Resonanz, durch den hohen Anteil an Textilien, vielen Verschraubungen und verbauten Gummielementen dämpft es die gesamte Produktvariante deutlich. Eine zweite Resonanz bildet sich kaum noch aus. Bei der Variante V5 sind Bildschirm, Baby-Bassinet und Baby-Dummy (Details siehe A6) an der Partition-Typ 1 angebracht. Hierbei reduziert sich die erste Resonanzfrequenz weiter, die Verstärkung ist mit 20 höher als bei V3, eine zweite Resonanz ist nicht klar ausgebildet.

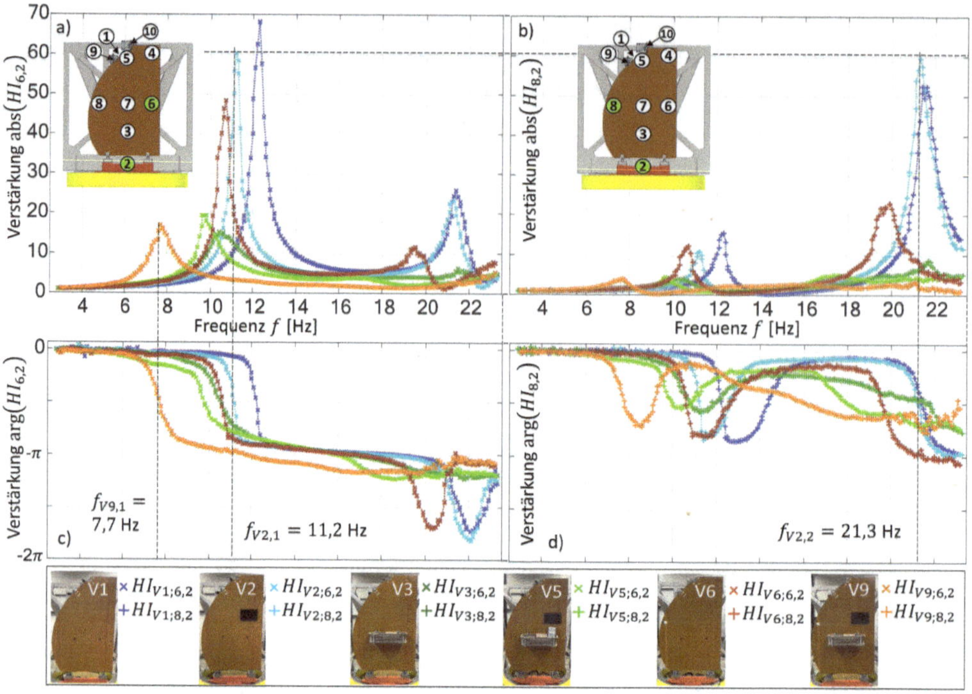

Bild 5.7: Repräsentative Verstärkung der Partition-Varianten an den Sensoren 6 und 8.

Die Variante V6 ist in weinrot dargestellt, bei dieser handelt es sich um den Partition-Typ 2, welcher nur zwei statt drei Decklagen aufweist. Diese Partition weist aufgrund der geringeren Biegesteifigkeit geringere Resonanzen auf und schwingt nicht so stark auf wie Variante V1. Dies zeigt an einem praktischen Beispiel, dass eine Versteifung von Strukturen Resonanzen sogar verstärken kann. Bei der Variante V9 sind Bildschirm und Baby-Bassinet angebunden, es ergibt sich bereits bei 7,7 Hz eine erste Resonanz mit einer Verstärkung von etwa 17,5, eine zweite Resonanz bildet sich hier nicht mehr aus. Die hier nicht vorgestellten experimentell bestimmten Verstärkungen der Varianten V4, V7, V8 und V10 finden sich im Anhang in Abbildung Bild A.11 a) - d).

5.3 Modellerstellung der Partition-Varianten mit Systemeigenschaften

Bei der Modellierung einer belasteten Struktur sind die Geometrie mit deren zugehörigen Systemeigenschaften, die sinnvolle Einteilung in finite Elemente und die Definition der Randbedingungen zu erstellen. Folgend findet die Berechnung der Lösung für jedes Inkrement statt und die Auswertung und Darstellung der Ergebnisse.

5.3.1 Modellaufbau

Das FEM-Modell der Partition-Varianten wird in Abaqus 2021 aufgebaut. Alle Varianten werden in einem Modell berücksichtigt, durch Änderung des Lagenaufbaus kann zwischen den beiden Partition-Typen 1 und 2 gewechselt und durch Aktivierung der Anbauelemente die unterschiedlichen Konfigurationen umgesetzt werden. Das Modell wird über das Scripting Interface in Abaqus angesteuert, der Modellaufbau ist vollständig in der Programmiersprache Python umgesetzt, um eine zuverlässige und automatisierte Berechnung und Auswertung zu ermöglichen (vgl. Abs. 3.3.2.3). Tabelle 5.1 zeigt die Eingabe der Eingangsgrößen. Hier wird der Aufbau der Varianten vorgegeben, Eigenschaften der Anregung definiert und die Berechnung im Frequenz- und Zeitbereich aktiviert.

Tabelle 5.1: Eingangsgrößen des Python-Skripts zur Definition der Produktvariante und Anregungssignale.

```
#**************STRUCTURAL PROPERTIES*******************************#
Type = 'Type1'                     # Partition Type options: 'Type1' - 'Type2' - 'Type3'
Screen = 'no'                      # options: 'yes' - 'no'
Bassinet = 'no'                    # options: 'yes' - 'no'
Dummy = 'no'                       # options: 'yes' - 'no'
s_d = 0.029                        # structural damping of variant

#****************INPUT SIGNAL PROPERTIES**************************#
acc_amp = 2.5                      # peak acceleration [m/s^2]
f_start = 3                        # initial sweep frequency [Hz]
f_end = 23                         # final sweep frequency [Hz]
f_rate = 0.1                       # sweep rate [Hz/s]
rate = 1200                        # increment in time domain [1/s]
active_frequencyStep = 'yes'       # options: yes - no
active_TimeStep = 'no'             # options: yes - no
```

Die Außengeometrie der Partition wird über einen Spline in Abaqus definiert und der entstehenden flächigen Geometrie wird die Dicke des jeweiligen Lagenaufbaus zugewiesen. Abhängig vom untersuchten Partition-Typ wird der Laminataufbau aus Tabelle 5.2 mit den zugehörigen luftfahrspezifizierten Materialien verwendet und modelliert (Details und mechanische Eigenschaften im Anhang A6 in Tabelle A.6 und Tabelle A.7).

Tabelle 5.2: Laminataufbau für Typ 1 [Hey24] und Typ 2 [Hüt22].

Partition Typ 1		
Lage 1	PHG600-68-50 [Gur09a]	0,19 mm
Lage 2	PHG600-68-50	0,19 mm
Lage 3	PHG600-68-50	0,19 mm
Kern	WEB48N32 [ABS11]	25 mm
Lage 4	PHG600-68-50	0,19 mm
Lage 5	PHG600-68-50	0,19 mm
Lage 6	PHG600-68-50	0,19 mm

Partition Typ 2		
Lage 1	PHG600-44-50 [Gur09b]	0,09 mm
Lage 3	PHG600-68-50 [Gur09a]	0,19 mm
Kern	WEB48N32 [ABS11]	25 mm
Lage 3	PHG600-68-50	0,19 mm
Lage 4	PHG600-44-50	0,09 mm

Die Partition wird in dieser Arbeit mit viereckigen Schalenelementen abstrahiert, bei denen jeder Knoten drei translatorische und rotatorische Bewegungen abbildet, siehe Bild 5.8 f). Die zugehörigen Materialwerte sind dem Datenblatt des Herstellers Albert Mühlenberg Apparatebau GmbH & Co KG [Alb94] (heute Diehl Aviation GmbH) entnommen. Mithilfe einer *mesh size* Analyse ist festzustellen, dass unter einer *seed distance* von 14 mm sich das Schwingungsverhalten konstant verhält, es wird ein *mesh size* von 10 mm verwendet, um eine gute Positionierung von Anbauelementen an den Verschraubungspunkten zu ermöglichen.

Die Edelstahlhalter, mit denen die Partition verschraubt ist, werden als starre Komponenten modelliert, weshalb alle Knotenpunkte unter der verschraubten Fläche mit den Drehpunkten der Lager verbunden sind. Die Masse des Halters bewegt sich mit der Partition und wird gleichmäßig auf die in Bild 5.8 e) und f) rot markierten Knotenpunkte verteilt (siehe *mass of mount* im Anhang in Tabelle A.8). Die Linearkupplungen, wie in Bild 5.8 b) dargestellt, werden durch Loslager abgebildet, welche die Anregung in x-Richtung translatorisch übertragen und in die anderen Richtungen frei sind. Bild 5.8 c) stellt einen der unteren Gelenkpunkten dar, diese werden durch Festlager abgebildet. Sie übertragen die Anregung in x-Richtung und sind translatorisch in y und z fest. Alle Lager sind in den Gelenkpunkten frei von Momenten und ihre Positionen entsprechen denen aus dem Versuchsaufbau, welcher wiederum der realen Einbausituation entspricht.

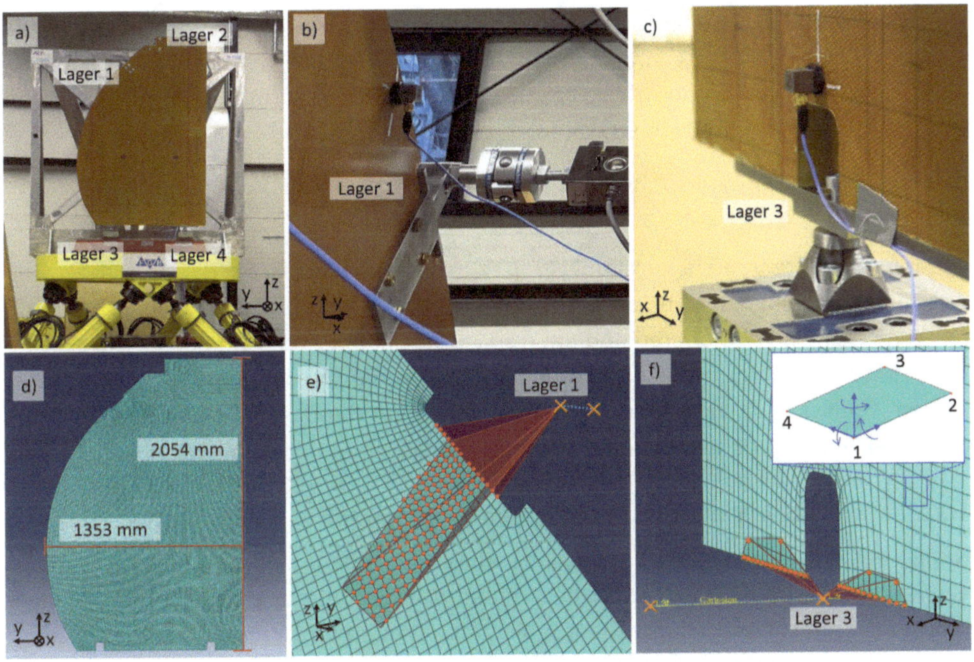

Bild 5.8: a)-c) Physischer Aufbau des Versuchsaufbau; d)-f) Implementierung im FEM-Modell [Hüt22].

Die unterschiedlichen Partition-Varianten werden durch die Anbauelemente repräsentiert, simulativ sind diese durch einen Massepunkt im Schwerpunkt der Anbauelemente repräsentiert. Diesen Massenpunkten wird die translatorisch wirkende Masse und Drehträgheit zum eigenen Schwerpunkt hinzugefügt (Werte im Anhang in Tabelle A.8). Sie sind ihrerseits mit den Knotenpunkten starr verbunden, welche den verschraubten Inserts der Partition entsprechen.

5.3.2 Bestimmung der Systemeigenschaften

Eigenschaften des Systems, also des Prüfstands, der Schnittstelle und der Prüfkörper, welche nicht direkt aus Datenblättern bestimmbar sind, sind über experimentelle Versuche abzuleiten. Die Eigenschaften der AIEs werden folgend in Abschnitt 4.4.7 charakterisiert. Hier sind Eigenschaften des Prüfstands und der Partition-Varianten zu bestimmen.

5.3.2.1 Abbilden der Anregung des Prüfstands

Die im Experiment ermittelte höhere Anregung der beiden oberen Schnittstellen, wird in den Simulationen mit einer Übertragungsfunktion berücksichtigt. Diese ist in einem guten Kompromiss zwischen einfacher Schreibweise der Fitting-Funktion und der Abbildung der Messdaten zu bestimmen. Hierzu wird das Residuum zwischen den Datenpunkten $HI_{1,2}$ und der Funktion $HI_{1,2;fit}$ minimiert. Eine gute Näherung bildet die

Exponentialfunktion zweiten Grades, welche keiner komplexen Schreibweise bedarf, da die obere und untere Anregung in Phase erfolgt (vgl. Bild A.8). Es ergibt sich Gleichung (5.1) zur Approximation der Übertragungsfunktion, mit einem mittleren Residuum von e = 0,107 (bzw. R-squared = 0,987).

$$HI_{1,2;fit} = 0{,}867 \cdot e^{0{,}0267 \cdot f} + 3{,}81 \cdot 10^{-4} \cdot e^{0{,}427 \cdot f} \tag{5.1}$$

Die approximierte Übertragungsfunktion ist zum Vergleich in Bild 5.5 den Messdaten von Anregung zu Aluminiumrahmen gegenübergestellt. Die damit unterschiedlichen Fußpunktanregung an den oberen und unteren Lagerpunkten sind nicht alle gleich, sie sind damit jeweils mit der sogenannte *Secondary Base Motion* zu definierten [Das15]. Zu beachten ist, dass in Abaqus bei der reinen *base motion* standardmäßig im Relativsystem ausgewertet wird und bei *Secondary Base Motion* im Absolutsystem (vgl. Abs. 3.2.2.3).

5.3.2.2 Berücksichtigung der Eigenschaften der Varianten

Neben der Modellierung der Eigenschaften des Prüfaufbaus sind die Eigenschaften der verwendeten Produktvarianten zu bestimmen. Die Bestimmung der Dämpfungseigenschaften der Partition-Varianten ist für alle Varianten an fünf Wiederholungsversuchen bestimmt. Vorgestellt werden Varianten V1, V6 und V8, da diese die Vielzahl an zu beobachtenden Schwingungsphänomen repräsentieren. Bild 5.9 a) und b) zeigen die experimentell bestimmten Verstärkungsfunktionen der drei Partition-Varianten an den Sensorpunkten 6 und 8. Je Variante ist deren Mittelwert und Standardabweichung bestimmt.

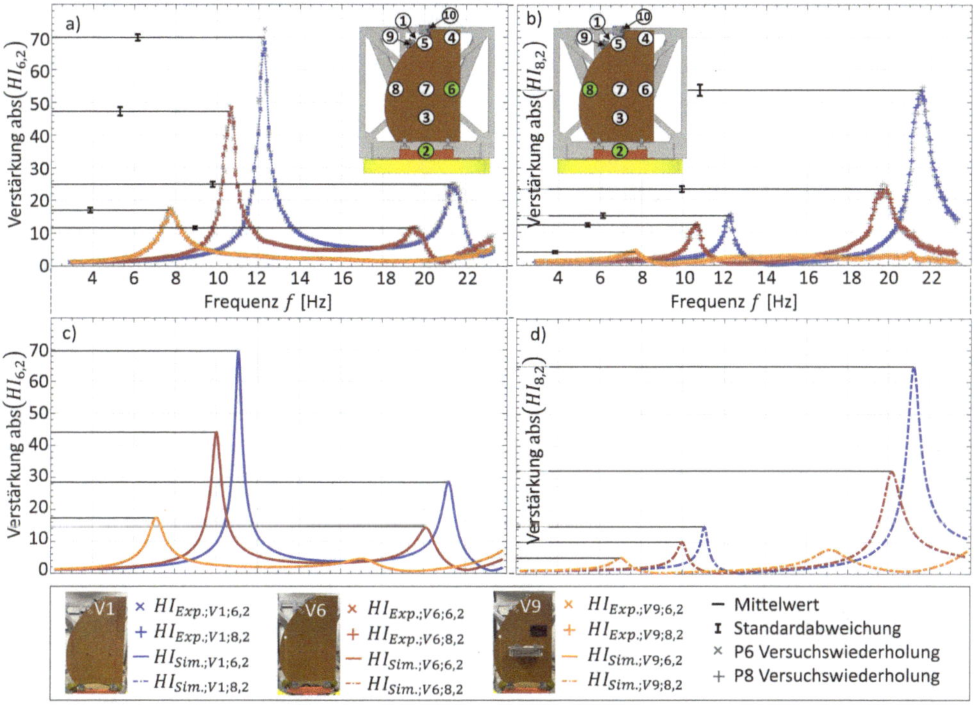

Bild 5.9: Vergleich der experimentell bestimmten Verstärkung mit den simulativ bestimmten Verstärkung mit passender Strukturdämpfung.

Zur Abbildung der Dämpfung bieten sich grundsätzlich verschiedene Dämpfungsmechanismen an (vgl. 3.3.2.2). Durch Verwendung der Rayleigh-Dämpfung ließen sich durch die zwei Faktoren die Dämpfungen genau in den beiden Resonanzbereichen abgleichen. Allerdings vernachlässigt diese den imaginär wertigen Teil der Dämpfung. Die Strukturdämpfung wird im Vergleich hierzu nur durch einen Wert beschrieben, weshalb sie nicht zwangsläufig zwei Resonanzen passend abbilden kann. Sie bringt jedoch den Vorteil mit sich, dass sie die imaginär wertige Dämpfung mit in der komplexwertigen Steifigkeitsmatrix abbilden kann. Weiterhin wird es auch als Vorteil gesehen, dass die Strukturdämpfung im Bereich zwischen den Resonanzen zu keiner Unterschätzung und im äußeren Bereich zu keiner Überschätzung der Dämpfung führt. Für die Modellierung der Partition wird deshalb die Strukturdämpfung verwendet.

Um das Simulationsmodell in Bezug auf den Verstärkungsfaktor an die experimentellen Daten anzupassen, wird die Strukturdämpfung des Simulationsmodells so angenähert, dass die Verstärkung bei den Resonanzen vergleichbar ist [Hüt22]. Diese ist je Produktvariante zu bestimmen, womit sich folgende einheitenlose Strukturdämpfungen in Tabelle 5.3 ergeben.

Tabelle 5.3: Strukturdämpfung der unterschiedlichen Partition-Varianten.

V1	V2	V3	V4	V5	V6	V7	V8	V9	V10
0,029	0,030	0,121	0,116	0,088	0,044	0,042	0,114	0,096	0,169

Mit den angenäherten Strukturdämpfungen bilden sich die in Bild 5.9 c und d dargestellten Verstärkungsfunktionen aus. Im Anhang in Abbildung Bild A.11 e) bis h) sind die Verstärkungen aller zehn Partition-Varianten inkl. des zugehörigen Phasenwinkels dargestellt.

5.4 Erweiterung des Modells um parametrisierte Schnittstellen

Im folgenden Schritt des Vorgehens ist das Modell um parametrisierte Schnittstellen zu erweitern. Hierfür ist eine parametrisierbare Verbindung zwischen dem Gelenkpunkt und einem hinzuzufügenden definierenden Punkt für die Anregung anzulegen. Bild 5.10 a) zeigt repräsentativ das mechanische Modell der beiden oberen Schnittstellen der Partition. Der Gelenkpunkt wird weiterhin über ein Loslager repräsentiert und überträgt die Bewegung x über den starren Halter auf die Partition. Zwischen dem Gelenkpunkt und dem Punkt der Anregung y sind die beiden parametrisierbaren Eigenschaften Steifigkeit und Dämpfung definiert.

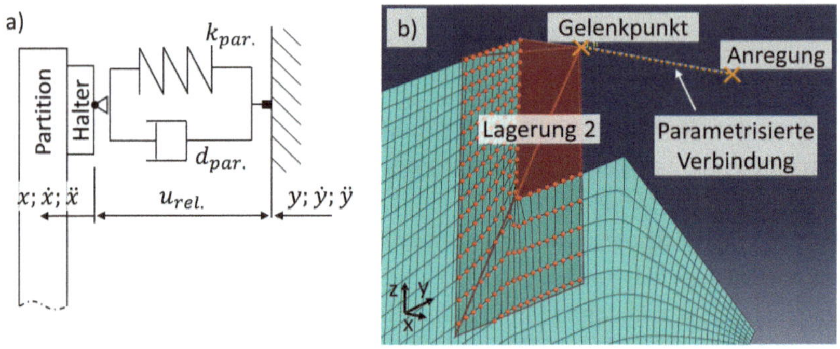

Bild 5.10: Aufbau der parametrisierten oberen Schnittstellen in a) schematisch und b) des Simulationsmodells.

Durch die parametrisierte Schnittstelle ist eine Relativbewegung z der Schnittstelle zu beobachten, damit ist es notwendig, die Massenverhältnisse der Schnittstelle detailliert zu berücksichtigen. Die Trägheit der AIEs ist in die Anteile, die sich mit dem Prüfstand bewegen und die Anteile, die sich mit der Partition bewegen, aufzuteilen. Mit dem Prüfstand bewegt sich grundsätzlich der gehäuseseitige Anteil des AIEs. Der achsenseitige Anteil bewegt sich mit der Partition, bei dieser handelt es sich um die angegebene bewegte Masse der jeweiligen AIE im Auswahlkatalog (vgl. Tabelle 4.3). Die im Modell zu berücksichtigende bewegte Masse, die dem Gelenkpunkt zugeordnet wird (siehe Tabelle

A.8), ergibt sich aus der bewegten Masse des AIE, der angebrachten Klemmkupplung, Kraftmessdose und Linearkupplung (vgl. Bild 5.8 b).

Das skriptbasierte Simulationsmodell wird in Schleifen durchgeführt, in welchen die Steifigkeit und Dämpfung der Schnittstellen jeweils variiert werden. In HÜTTICH, HEYDEN ET AL. [Hüt22] sind Simulationsergebnisse der Partition-Variante V1 vorgestellt, bei denen alle vier Schnittstellen gleichzeitig variiert werden. Grundsätzlich ist es möglich, jede Schnittstelle individuell zu variieren und das Optimum über alle Parameter zu bestimmen. Bei vier Schnittstellen à 10 Faktorstufen ergeben sich damit jedoch bereits 10^8 durchzuführende Simulationen.

In der hier vorgestellten Umsetzung werden nur die beiden oberen Schnittstellen gleichwertig variiert, um die Ergebnisse besser nachvollziehen zu können. Bei der Vielzahl an notwendigen Berechnungen bietet es sich an, diese auf HPC (High Performance Computing) Clustern parallelisiert zu berechnen. Die in dieser Arbeit durchgeführten Berechnungen wurden deshalb am HPC Cluster der TUHH parallelisiert auf 16 Kernen und einem zugeordneten Arbeitsspeicher von 128 GB mit Abaqus 2021 berechnet. Durch die Parallelisierung der Kerne kann es aufgrund von numerischen Rundungsfehlern zu geringen Abweichungen der Ergebnisse kommen.

Einhergehend mit der Zielstellung, das Aufschwingen der gesamten Partition zu reduzieren, sind alle Knotenpunkte der Partition auszuwerten und der jeweils maximal aufschwingende Punkt X zu bestimmen. Bild 5.11 a) stellt drei Verstärkungen bei unterschiedlichen Schnittstellensteifigkeiten und -dämpfungen der Verstärkung mit starren Anbindungen gegenüber. Zunächst sei darauf hinzuweisen, dass die maximale Verstärkung $HI_{X,2}(f)$ stärker ausfällt als die zur Kalibrierung genutzte Verstärkung $HI_{6,2}(f)$ und $HI_{8,2}(f)$ an festen Positionen der Messsensoren (vgl. Bild 5.9), da der maximal aufschwingende Punkt von den gemessenen Sensorpositionen abweicht. Mit zunehmender Frequenz wandert der maximal aufschwingende Punkt entlang der langen Seite der Partition nach oben und springt dann auf die runde Seite der Partition über [Hüt22]. Der Sprung von einer Seite der Partition zur anderen bildet sich als Knick in der Verstärkungskurve aus. Dieses Verhalten ist weiterhin auch von den Schnittstelleneigenschaften abhängig, im Anhang in Bild A.12 findet sich eine Häufigkeitsverteilung der maximal aufschwingenden Punkte.

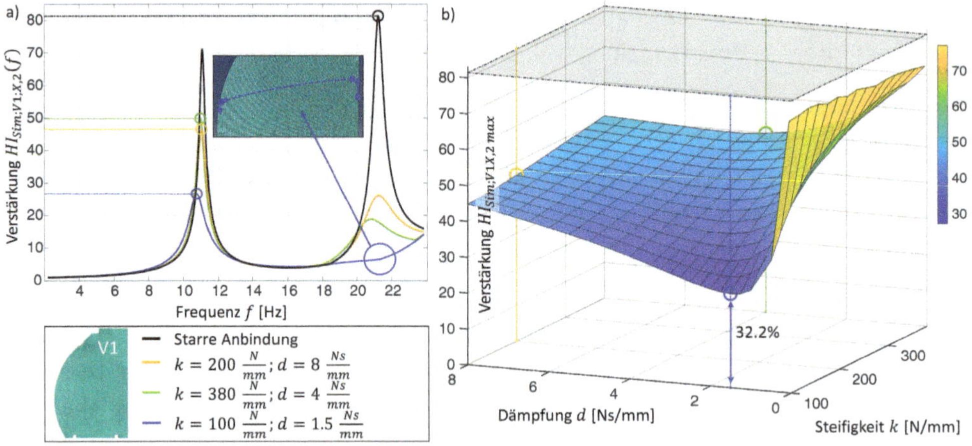

Bild 5.11: Verstärkung des Punktes maximalen Ausschlags der Partition-Variante V1, angepasst nach [Hüt22], [Hey24].

Aus der Zielformulierung einer begrenzten Bewegung unter statischer Last ergibt sich eine Mindeststeifigkeit von 100 N/mm. Das automatisierte Skript wird nun für Steifigkeiten von 100 bis 380 N/mm in Schritten von 20 N/mm und Dämpfung von 0,1 Ns/mm bis 8 Ns/mm in 0,5 Ns/mm Schritten durchgeführt. Die je Schnittstelleneinstellung maximale Verstärkung am maximal aufschwingenden Punkt kann dann über der Steifigkeit und Dämpfung der beiden oberen Schnittstellen der Partition aufgetragen werden, es ergibt sich die Fläche in Bild 5.11 b). Im Bereich des Tiefpunktes wird die Untersuchung noch einmal mit 0,25 Ns/mm Schritten verfeinert. Ihren Tiefpunkt bildet die Verstärkung der Partition-Variante V1 bei k = 100 N/mm und d = 1,5 Ns/mm mit einer Verstärkung von $HI_{V1;X,2}$ = 26,6 aus, was einer Schwingungsreduzierung von 67 % entspricht.

Weiterhin lassen sich aus dem Simulationsmodell die Kräfte der Schnittstellen und die Bewegung ableiten, welche zur Auslegung der AIE benötigt werden. Bild 5.12 a) und b) zeigen den Betrag der Kraft der Schnittstellen L1 und L2 abhängig von deren Schnittstelleneigenschaften. Die zu entwickelnden AIEs müssen auf die maximal auftretende Last ausgelegt sein, bei Partition-Variante V1 ergibt sich an Schnittstelle L2 eine Last von 190 N. Weiterhin müssen die AIEs eine geringere Haftreibung aufweisen als die minimal auftretenden Schnittstellenkräfte im Bereich der Resonanz, da sie sonst wie starre Verbindungen wirken. In dem Bereich ±0,5 Hz um die Resonanz wird deshalb die minimale vorkommende Kraft bestimmt. Für die Partition-Variante V1 wird eine Mindestkraft an der Schnittstelle L2 von 45 N abgeleitet.

Im Vergleich zu den zu übertragenden Schnittstellenkräften bei starren Anbindungen liegen bei nachgiebigen Schnittstellen geringere Kräfte vor. Dieses zeigt die Möglichkeit auf, dynamische Schnittstellenlasten in der Luftfahrt unter Windmilling-Last zu reduzieren.

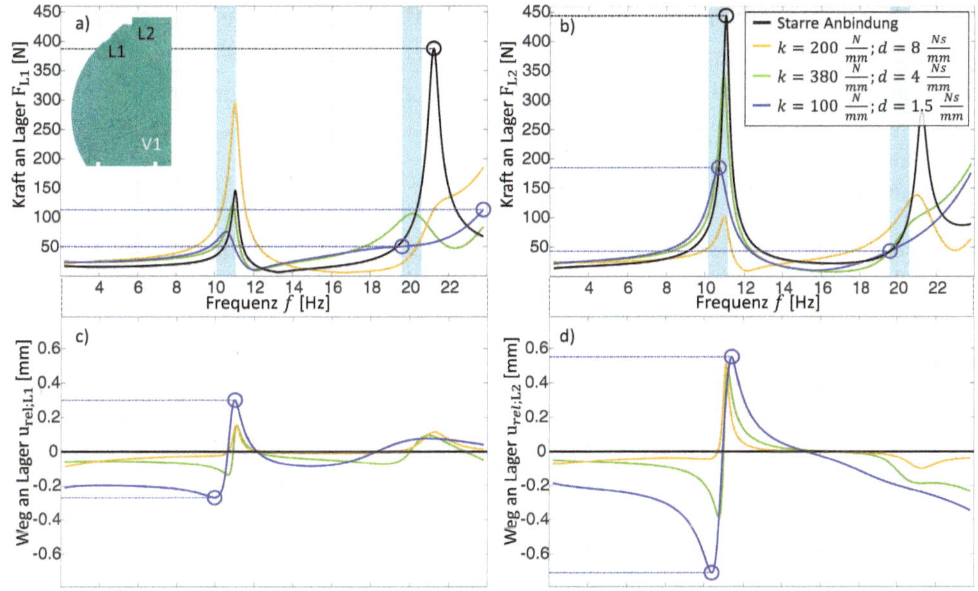

Bild 5.12: Kraft und relativer Weg der beiden oberen Schnittstellen der Produkt-Variante V1, erweitert nach [Hey24].

Weiterhin ist zu beachten, dass durch die Verwendung von nachgiebigen Schnittstellen eine Relativbewegung zwischen Anregung und Partition vorhanden ist. Diese muss ein AIE als Hubbewegung ohne anzuschlagen umsetzen. Bei Lagerstelle L2 ergibt sich ein notwendiger Freigang für die Amplitude von 0,65 mm. Die resultierenden Schnittstellenkräfte für die weiteren Produktvarianten finden sich im Anhang in Bild A.14.

5.5 Zusammenführen und Ableiten der Anforderungen an anpassbare Impedanzelemente

Die in Abschnitt 4.4.5 formulierten Anforderungen sind eingeteilt in die Anforderungen, die sich aus der Verwendung der Prüfumgebung ableiten und die mechanischen Kenngrößen, die sich für die unterschiedlichen Partition-Varianten aus dem Simulationsmodell ergeben. Die Anforderungen aus der Prüfumgebung sind für alle untersuchten Partition-Varianten gleich, die mechanischen Kenngrößen sind für jede Variante einzeln zu bestimmen und im letzten Schritt zu vereinigen.

5.5.1 Anforderungen aus Verwendung in Prüfumgebung

Verwendeter Bauraum

Der zur Verfügung stehende Bauraum an den beiden oberen Schnittstellen der Partition soll eingehalten werden. Die zur Verfügung stehende Länge ergibt sich aus dem Abstand der Partition zum Aluminiumrahmen reduziert um die Länge der Befestigung, der Linearkupplung und der Kraftmessdose (vgl. Bild 5.8 b) und ist damit L = 420 mm. Der maximale Durchmesser bestimmt sich aus dem Abstand zur nächstliegenden Schnittstelle und ergibt sich somit zu D = 400 mm.

Freiheitsgrad

An den beiden oberen Schnittstellen sollen Kräfte entlang der Achse geleitet werden. Damit bedarf es einem einstellbaren translatorischen Freiheitsgrad. In die anderen Raumrichtungen ist eine Führung der Achse vorzusehen.

Ansteuerung

Eine manuelle Verstellung am AIE soll vorgesehen werden, um eine effiziente Versuchsdurchführung zu ermöglichen.

Frequenzbereich zuverlässiger Einstellbarkeit

Aus den Voruntersuchungen zur Prüfumgebung hat sich ergeben, dass der auf dem Hexapod aufgebaute Aluminiumrahmen bei 25 Hz aufschwingt, die Versuchsbedingungen werden deshalb auf 23 Hz nach oben begrenzt. Weiterhin weist das Schwingfundament des Hexapod eine Eigenfrequenz bei 0,8 Hz auf, weshalb die Untersuchung bei 3 Hz nach unten begrenzt wird. Ein geeignetes AIE soll für 3 bis 23 Hz zuverlässiges Verhalten aufweisen.

5.5.2 Abzubildende Mechanische Kenngrößen

Die mechanischen Kenngrößen sollen aus dem parametrisierten Simulationsmodell abgeleitet werden. Für alle zehn Partition-Varianten wurde das parametrisierte Simulationsmodell berechnet und aus diesen die Verstärkung, am jeweils maximal aufschwingenden Punkt, abhängig von Dämpfung und Steifigkeit bestimmt. In einem zweiten Schritt wurden dann für die Einstellungen mit den optimalen Schnittstelleneigenschaften die resultierenden Lasten und Bewegungen der Schnittstellen ausgewertet.

Bereich der Federsteifigkeit

Für das untersuchte System soll eine Steifigkeit von 100 N/mm als Mindeststeifigkeit erreicht werden. Bild 5.11 und Bild 5.13 zeigen die Verstärkung für die Partition-Varianten V1, V6 und V9 über der Steifigkeit und Dämpfung auf, alle weiteren Partition-Varianten sind im Anhang in Bild A.13 aufgeführt. Die Schwingungsreduzierung bildet sich für alle Partition-Varianten bei der Steifigkeit von 100 N/mm aus. Für die Modellvalidierung wird in dieser Arbeit zusätzlich zur maximalen Schwingungsreduzierung auch das Kennfeld bei anderen Steifigkeiten untersucht, hierzu bedarf es einem weiteren Steifigkeitsbereich, weshalb die AIEs einen breiten Bereich von 100 bis 300 N/mm erreichen sollen.

Bereich des Dämpfung

Der Bereich der minimalen Verstärkung bietet die maximale Schwingungsreduzierung. Bild 5.11 und Bild 5.13 zeigen die Verstärkung repräsentativ für die Partition-Varianten V1, V6 und V9. Die maximale Schwingungsreduzierung wird bei Partition-Variante V1 bei 1,5 Ns/mm erreicht, bei Variante V6 bei 2 Ns/mm und bei V9 bei 3 Ns/mm.

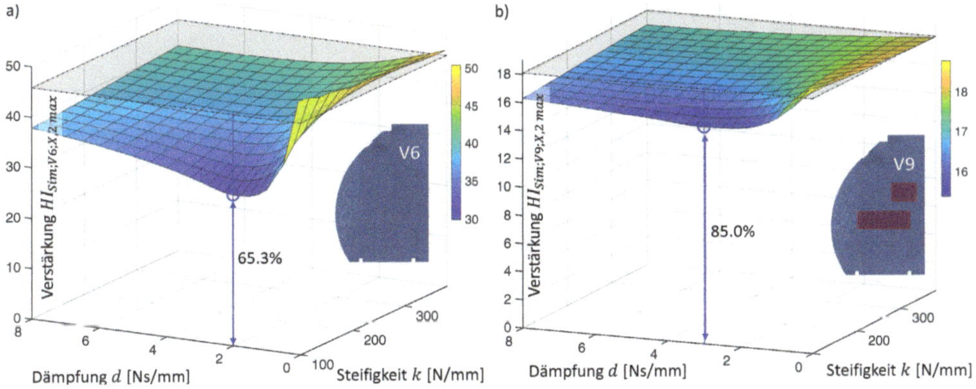

Bild 5.13: Verstärkung des Punktes maximalen Ausschlags der Partition-Variante V6 und V9.

Über alle Partition-Varianten wird eine Dämpfung von 1.5 bis 3.25 Ns/mm benötigt um alle optimalen Schwingungsreduzierungen zu erreichen. Die notwendigen Dämpfungen der Partition-Varianten sind folgend in Tabelle 5.4 aufgeführt, die zugehörigen Kennfelder finden sich im Anhang in Bild A.13. Es soll ein breiterer Einstellbereich für die Modell-Validierung erreicht werden, weshalb der Dämpfungsbereich auf 1 bis 5 Ns/mm erweitert wird.

Trägheit

Der Trägheitsbereich hat im niedrigen Frequenzbereich einen geringen Einfluss. Es sollen Elemente mit einer möglichst geringen bewegten Masse entwickelt werden.

Lastbereich

Die AIEs sollen die maximal und minimal auftretenden Lasten übertragen können. Hierzu wird der Betrag der Kraft aus den Simulationsergebnissen ausgelesen und die maximale Last bestimmt. Für die minimale Last wird bei ±0,5 Hz um die Resonanz die minimale resultierende Kraft bestimmt (vgl. Abs. 5.4). Die Bestimmung ist exemplarisch für die Partition-Variante V1 in Bild 5.12 a) und b) dargestellt und ergänzend für die anderen Partition-Varianten im Anhang in Bild A.14 repräsentativ dargestellt. Die AIEs müssen die notwendigen Kraftbereiche aller Partition-Varianten erfüllen, wie sie in Tabelle 5.4 aufgeführt sind.

Zulässige Wegamplitude

Äquivalent kann auch die notwendige Wegamplitude für die AIEs aus dem Simulationsmodell an den Einstellungen der maximalen Schwingungsreduzierung bestimmt werden. Hier ist die maximale Relativbewegung zwischen Anregung und Gelenkpunkt im Modell zu bestimmen, diese soll durch das Element abgebildet werden. Repräsentativ ist die Bestimmung für die Partition-Variante V1 in Bild 5.12 c) und d) abgebildet, sowie im Anhang in Bild A.14.

Tabelle 5.4: Vereinigung der mechanischen Kenngrößen über die Partition-Varianten.

	Steifigkeit	**Dämpfung**	**Kraft**	**Relativbew.**
V1	k_P = 100 N/mm	d_P = 1,5 Ns/mm	F_P = 45-190 N	$\hat{x}_P \leq$ 0,65 mm
V2	k_P = 100 N/mm	d_P = 1,75 Ns/mm	F_P = 35-200 N	$\hat{x}_P \leq$ 0,65 mm
V3	k_P = 100 N/mm	d_P = 2 Ns/mm	F_P = 40-170 N	$\hat{x}_P \leq$ 0,3 mm
V4	k_P = 100 N/mm	d_P = 2 Ns/mm	F_P = 40-170 N	$\hat{x}_P \leq$ 0,5 mm
V5	k_P = 100 N/mm	d_P = 2,25 Ns/mm	F_P = 40-170 N	$\hat{x}_P \leq$ 0,65 mm
V6	k_P = 100 N/mm	d_P = 2 Ns/mm	F_P = 40-160 N	$\hat{x}_P \leq$ 0,65 mm
V7	k_P = 100 N/mm	d_P = 2,25 Ns/mm	F_P = 35-160 N	$\hat{x}_P \leq$ 0,75 mm
V8	k_P = 100 N/mm	d_P = 2,75 Ns/mm	F_P = 35-160 N	$\hat{x}_P \leq$ 0,3 mm
V9	k_P = 100 N/mm	d_P = 3 Ns/mm	F_P = 40-160 N	$\hat{x}_P \leq$ 0,3 mm
V10	k_P = 100 N/mm	d_P = 3,25 Ns/mm	F_P = 35-160 N	$\hat{x}_P \leq$ 0,25 mm
PF	$\boldsymbol{k_P}$ **= 100 N/mm**	$\boldsymbol{d_P}$ **= 1,5-3,25 Ns/mm**	$\boldsymbol{F_P}$ **= 35-200 N**	$\boldsymbol{\hat{x}_P \leq}$ **0,75 mm**

Die notwendigen mechanischen Kenngrößen je Partition-Variante sind in Tabelle 5.4 aufgenommen. Um die abzubildenden Eigenschaften für den Einsatz der AIEs für die gesamte Produktfamilie zu berücksichtigen, wird die Vereinigung der Werte bestimmt. Im Anhang in Tabelle A.9 ist die Bestimmung getrennt für die beiden oberen Lagerstellen aufgeführt.

Mit den bestimmten Anforderungen aus der Prüfumgebung und den mechanischen Kennwerten zur Untersuchung der ganzen Produktfamilie kann nun entweder ein vorhandenes AIE aus dem Auswahlkatalog ausgewählt oder, falls nicht vorhanden, neu entwickelt werden.

5.6 Anpassbare Impedanz Elemente für die Prüfumgebung

5.6.1 Auswahl geeigneter anpassbarer Impedanz Elemente

Durch die standardisierten Schnittstellen und die Funktionsbindung lassen sich die unterschiedlichen ASEs und ADEs zu AIEs kombinieren. Dieses ermöglicht es, separat nach Elementen im Auswahlkatalog zu suchen, welche die jeweiligen Steifigkeits- und Dämpfungsbereiche erfüllen.

Den benötigten Steifigkeitsbereich erfüllt das Element Heyden_2020_ASE. Den benötigten Dämpfungsbereich, das Element Heyden_2021_ADE (Bezeichnung nach [Hey23b]). Beide Elemente bringen die notwendigen Freiheitsgrade mit sich, sind mithilfe der manuellen Verstellung einstellbar und bereits im benötigten Frequenzbereich untersucht. Wie Bild 5.14 zeigt, überschreitet die Länge des kombinierten Elements jedoch den zur Verfügung stehenden Bauraum zwischen Aluminiumrahmen und den Haltern der Partition. Um dieses kombinierte AIE einzusetzen, muss der Prüfaufbau angepasst werden.

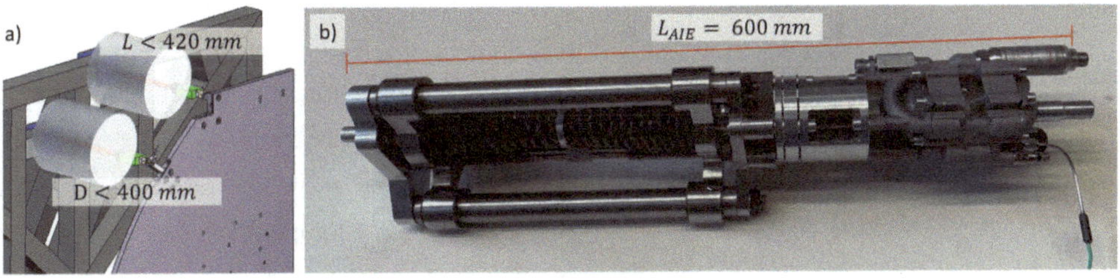

Bild 5.14: a) Bauraumbegrenzung an Prüfumgebung; b) Länge des kombinierten AIE.

Das kombinierte AIE erreicht die notwendigen oberen Grenzen der Last, erfüllt die Wegamplitude und die bewegte Masse ist mit etwa 1 kg gering genug für deren Einsatz. Eine Herausforderung bei der Entwicklung von Fluiddämpfern besteht jedoch in der Reibungskraft, resultierend an den notwendigen Dichtungen und Führungen. Das verwendete Dämpferelement Heyden_2021_ADE weist aufgrund der Haftreibung der Dichtungen eine Mindestkraft von 300 N auf [Hey23a]. Diese liegt über dem Anforderungsbereich und kann im physischen Versuch dazu führen, dass bei der Untersuchung die Achsen stehen bleiben und sich wie eine starre Verbindung verhalten.

Im Auswahlkatalog gibt es keine Elemente, die die Anforderungen zur Schwingungsreduzierung der Produktfamilie an Partition-Varianten erfüllen.

5.6.2 Entwicklung eines geeigneten anpassbaren Impedanzelements

Es werden daher an den beiden oberen Schnittstellen zwei neue AIEs benötigt. Es wird ausgehend von dem Heyden_2020_ASE und Heyden_2021_ADE ein neues AIE entwickelt, welches Verbesserungen hinsichtlich der Länge der Elemente und der Reibungskraft der Dichtungen aufweist. Additiv gefertigte Komponenten sind auf ein sinnvolles

Maß zu begrenzen. Das AIE für die Schwingungsreduzierung am Hexapod wird nach VDI 2221 entwickelt.

Die beiden erprobten Wirkprinzipien antagonistisch vorgespannte progressive Federn (erläutert in Bild 3.21 und weitere Informationen in [Lin22] und [Lin23]) sowie Dämpfung durch ein Drosselventil in einer Gleichrichterschaltung (Bild 4.14 und weitere Informationen in [Hey23a]) werden für das AIE angewendet.

Um die Anforderung der Gesamtlänge zu erreichen, wird auf die in Abschnitt 4.4.5.1 formulierte modulare Eigenschaft der Funktionsbindung verzichtet. Die Funktion der einstellbaren Steifigkeiten und einstellbaren Dämpfung werden integriert in einem Element umgesetzt. Unterschiedliche Konzeptlösungen wurden erstellt und bewertet, wobei sich das Konzept mit der Integration der antagonistisch vorgespannten Federn innerhalb der Fluidkammern des Dämpfers, wie es schematisch in Bild 5.15 dargestellt ist, als präferiertes Lösungskonzept erwies.

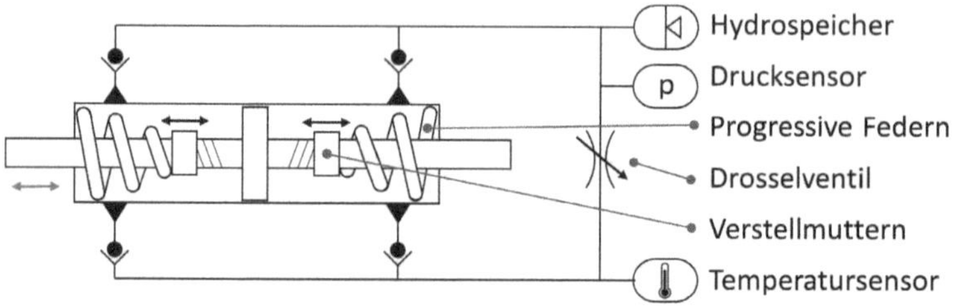

Bild 5.15: Schematische Aufbau des funktionsintegrierenden AIE nach [Hey24].

Um die Führung der Leitungen für die Verschaltung der Gleichrichterschaltung mit dem Drosselventil auf möglichst geringem Raum umzusetzen, ist der in Bild 5.16 dargestellte additiv gefertigter Ventilblock entwickelt worden. Die funktionsorientierte Gestaltung der additiv gefertigten Komponenten nach Klahn et al. [Kla18] findet hier ihre Anwendung.

Zur Reduzierung der Reibungskräfte werden Kolben- und Stangendichtungen mit besonders geringen Haft- und Gleiteigenschaften eingesetzt. Hierzu wird in Absprache mit dem Hersteller die Stangendichtung 17RVA 100160-T40S (Trelleborg Sealing Solutions Germany GmbH, Stuttgart) ausgewählt. Als Kolbendichtung hat sich bereits bei den unterschiedlichen anpassbaren Dämpferelementen die doppelt wirkende Dichtung 10GPS 40/1 mit geringen Reibungseigenschaften bewiesen. Innerhalb der Fertigungstoleranz wird das geringste mögliche Übermaß gefertigt.

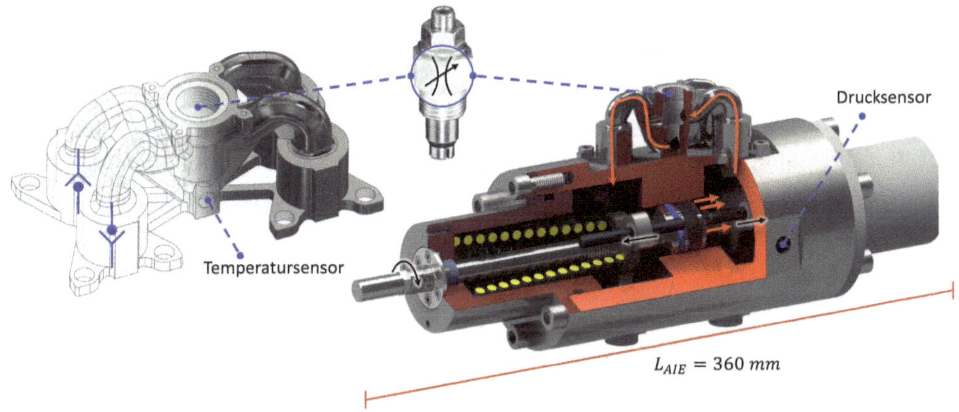

Bild 5.16: Aufbau des funktionsintegrierten AIE Heyden_2022_AIE nach [Hey24].

Das konstruierte funktionsintegrierte AIE ist in Bild 5.16 dargestellt, die verwendeten Komponenten und Sensoren sind im Anhang in Tabelle A.5 aufgeführt. In der Mitte der Konstruktion befindet sich die Kolbenstange mit ihrer Kolbenplatte, auf dieser ist gleichzeitig der Verstellmechanismus des Federmechanismus angebracht. Durch Drehung der Achse verfahren zwei Verstell-Muttern, eine auf einem Links- und eine auf einem Rechtsgewinde (schwarze Pfeile). Diese Verstell-Muttern spannen die progressiven Metallfedern vor, womit deren resultierende Gesamtsteifigkeit ansteigt. Am inneren Anschlag ist die Feder nur leicht vorgespannt, hier ist die Einstellung mit 0 Umdrehungen definiert, mit 17,5 Umdrehungen liegen alle Federringe aufeinander. In beiden Anschlagspositionen ist keine Bewegung mehr möglich. Die Dämpfung des Elements wird durch das Einschraubdrosselventil im Ventilblock erreicht. Bei maximaler Öffnung der Drossel wird die Einstellung 0 Umdrehungen definiert, sie beschreibt die minimal erreichbare Dämpfung, bei 4,25 Umdrehungen ist das Drosselventil vollständig geschlossen und theoretisch eine unendliche Dämpfung erreicht.

Mit einer Länge von 360 mm passt das Element in den vorhandenen Bauraum zwischen Aluminiumrahmen auf dem Hexapod-Prüfstand und der zu untersuchenden Partition (vgl. Abs. 5.5.1).

5.6.3 Charakterisierung der Eigenschaften

Die Eigenschaften des entwickelten AIE sind zu charakterisieren. Hierzu wird das Element am servohyraulischen Hydroshaker mit einem Sweep mit konstanter Wegamplitude von 1 mm im Frequenzbereich von 1 bis 25 Hz angeregt. Die jeweiligen komplexen Werte für die resultierende Kraft und Beschleunigung werden je 0,1 Hz mit der Fast-Fourier-Transformation und deren Verhältnisse für die AS und MI bestimmt. Die Übertragungsfunktionen werden dann mit der Korrekturfunktion nach Gleichung (4.7) für den Hydroshaker kalibriert (vgl. Abs. 4.4.7.1).

Bild 5.17 zeigt in a) die AS des Elements Heyden_2022_AIE-1. Wie bereits Abschnitt 4.4.7.2 nahelegt, bietet sich die Möglichkeit, die Steifigkeit im unteren Frequenzbereich der AS zu analysieren. Je Einstellung wird im Bereich von 1,5 bis 4,5 Hz der Mittelwert der drei Versuchswiederholungen bestimmt. Eine Einstellung von a_K = 4 ist als geringste Einstellung gewählt, da bei einer Einstellung von $a_K = 0$ zwar theoretisch die Steifigkeit minimal geringer ausfallen würde, jedoch kein bleibender Federweg vorhanden ist. Das Element lässt sich von $k(a_K = 4)$ = 110 N/mm bis von $k(a_K = 16)$ = 350 N/mm verstellen.

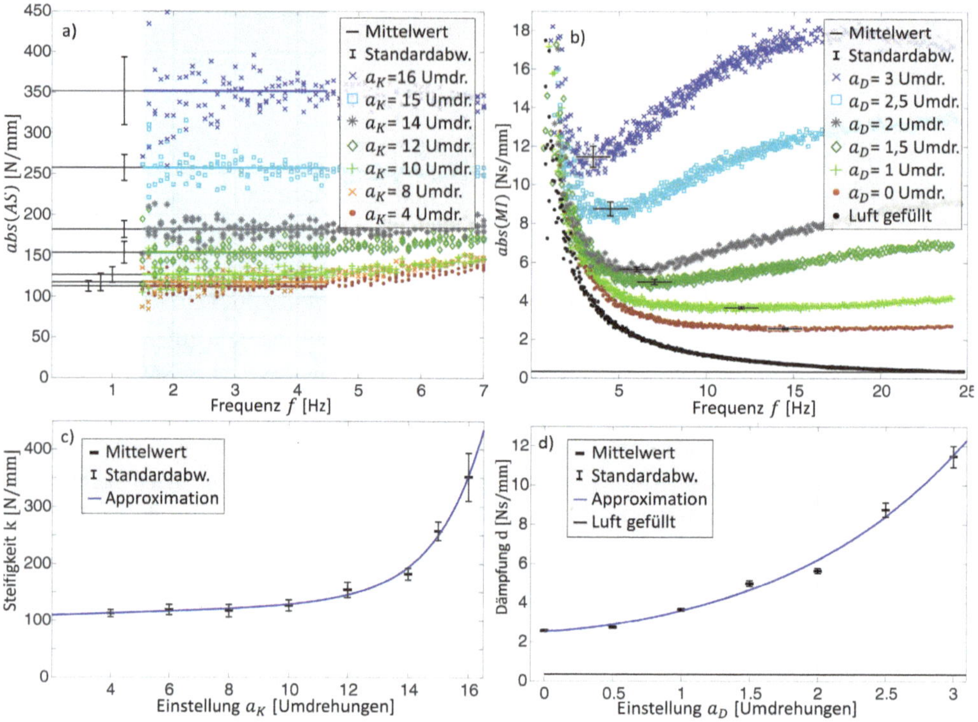

Bild 5.17: a) Scheinbare Steifigkeit AS, b) Mechanische Impedanz MI, c) resultierende Steifigkeit k, d) resultierende Dämpfung d des Heyden_2021_AIE1 nach [Hey24].

Bild 5.17 c) zeigt die resultierenden Steifigkeiten über der Einstellung. Diese lässt sich durch die Exponentialfunktion zweiten Grades (5.2) mit einem mittleren Fehler ε = 4,74 N/mm (R-squared = 0,994) approximieren.

$$k_{AIE1}(a_k) = 106 \cdot e^{0{,}0157 \cdot a_k} + 0{,}00946 \cdot e^{0{,}628 \cdot a_k} \text{ N/mm} \quad (5.2)$$

$$d_{AIE1}(a_d) = 0{,}0503 \cdot a_d^4 - 0{,}104 \cdot a_d^3 + 0{,}727 \cdot a_d^2 + 0{,}402 \cdot a_d^1 + 2{,}53 \text{ Ns/mm} \quad (5.3)$$

Bild 5.17 b) zeigt die mechanische Impedanz (MI) des Elements bei der geringsten untersuchten Federeinstellung von $a_K = 4$. Zur Bestimmung der Dämpfungskoeffizienten $d(a_K)$ wird die Asymptote bestimmt, der sich die MI annähert. Aufgrund des Rauschens wird zur Bestimmung der Bereich von ±1,5 Hz um den Tiefpunkt herum betrachtet und von diesem der Mittelwert der MI bestimmt. Bild 5.17 d) zeigt die resultierende Kurve der Dämpfung, als polynomiale Approximation vierten Grades bildet sich Funktion (5.3) mit einem mittleren Fehler ε = 0,224 Ns/mm (R-squared = 0,9912) aus. Ergänzt werden die Ergebnisse um einen Versuch ohne Fluid mit geöffneten Fluidkammern, sodass nur die Reibung der Dichtungen und Führungen zu einer Dämpfung führt. Die resultierende Asymptote liegt bei 0,4 Ns/mm (vgl. Abs. 3.5.2.4).

Die Standardabweichung nimmt mit Erhöhung der Einstellung der Feder und der Dämpfung zu. Im Anhang in Bild A.5 ist zusätzlich die AS, MI und resultierenden Steifigkeiten und Dämpfungen für das zweite eingesetzte AIE Heyden_2022_AIE2 dargestellt.

5.7 Erweiterte Untersuchung mit anpassbaren Impedanzelemente als Schnittstellen

Im letzten Schritt des Vorgehens gilt es, die Schwingungsreduzierung im physischen Test umzusetzen. In dieser Arbeit werden zur Validierung des Modells ergänzend zu den optimalen Einstellungen die Variation von Steifigkeit und Dämpfung analysiert.

5.7.1 Versuchsdurchführung in der erweiterten Prüfumgebung

Im Prüfaufbau werden die beiden oberen Schnittstellen mit den beiden entwickelten AIEs aus Abschnitt 5.6.2 umgesetzt. Bild 5.18 zeigt den Aufbau der beiden oberen Schnittstellen der Partitions. Am Aluminiumrahmen werden die Elemente über zylindrische Halter, welche die standardisierten Schnittstellen aufweisen, gehäuseseitig verschraubt. Die Achse des AIEs wird über eine Klemmkupplung mit der Kraftmessdose verbunden, welche über die Linearkupplung mit dem Halter der Partition verbunden ist. Bei der Positionierung der AIEs ist darauf zu achten, dass die Linearkupplung in Radialrichtung und Drehrichtung frei bleibt und nicht gegen einen ihrer Anschläge verspannt wird.

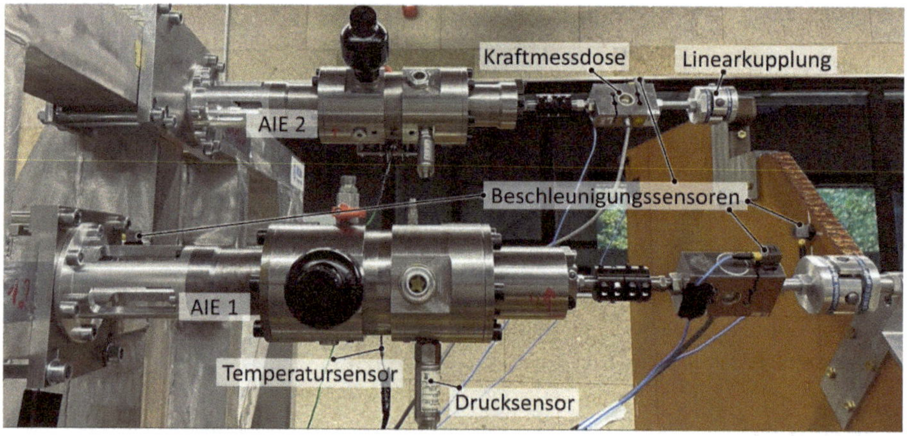

Bild 5.18: Versuchsaufbau erweitert um AIE 1 und 2 als obere Schnittstellen der Partition nach [Hey24].

In dem Bereich der oberen Schnittstellen werden die Beschleunigungssensoren (3D 500 g TLD356A02, PCB Piezotronics Inc., New York, USA) an der Anregung des Aluminiumrahmens, auf den Kraftmessdosen (S9M / 10 kN, Hottinger Brüel and Kjaer (HBM) GmbH, Darmstadt) und auf der Partition zwischen den beiden oberen Haltern befestigt. Weiterhin werden die Temperaturen (Thermocouple Typ K 2 mm, ThermoExpert GmbH, Stapelfeld) und Druckverhältnisse (UPA 3 Pn 100 bar, Barksdale GmbH, Reichelsheim) in den AIEs aufgenommen und überwacht. Alle weiteren Sensoren entsprechen den Versuchen in Abschnitt 5.2 mit starren Anbindungen. Die Versuche werden ebenso mit einer konstanten Peak-Amplitude von 2,5 m/s^2 in einem Sweep von 2,9 bis 23,1 Hz durchgeführt. Die Anregungsfrequenz wird mit 0,1 Hz/s gesteigert.

5.7.2 Versuchsergebnisse mit anpassbaren Schnittstellen

Für die Partition-Varianten V1, V3, V4, V5, V6, V7 und V9 werden vollfaktorielle Versuchsreihen durchgeführt, bei denen die Steifigkeit von 100 bis 350 N/mm und die Dämpfung zwischen 0,4 bis 8 Ns/mm variiert werden (Partition-Varianten in Bild 5.3). Die Ergebnisse werden hier repräsentativ für die Partition-Varianten V1, V6 und V9 vorgestellt, bei denen die vollfaktoriellen Versuchsreihen zusätzlich mit dreifacher Versuchswiederholung durchgeführt wurden, um eine statistische Absicherung zu ermöglichen.

Bild 5.19 a) zeigt die Verstärkung $HI_{6,2}$ von der Anregung an Sensor 2 zum Sensor 6 auf der Partition-Variante V1 (Partition Typ 1 ohne Anbauteile) für drei ausgewählte Einstellungen. Beide AIEs werden auf dieselben Eigenschaften variiert. Die Schnittstelleneigenschaften der AIEs mit 100 N/mm und 2,5 Ns/mm kommen dem simuliertem Optimum am nächsten. Hiermit ergibt sich eine durchschnittliche Verstärkung von 24, mit einer Standardabweichung von 0,14. Damit lässt sich eine durchschnittliche Schwingungsreduzierung am kritischsten aufschwingenden Sensor 6 von 65 % erreichen.

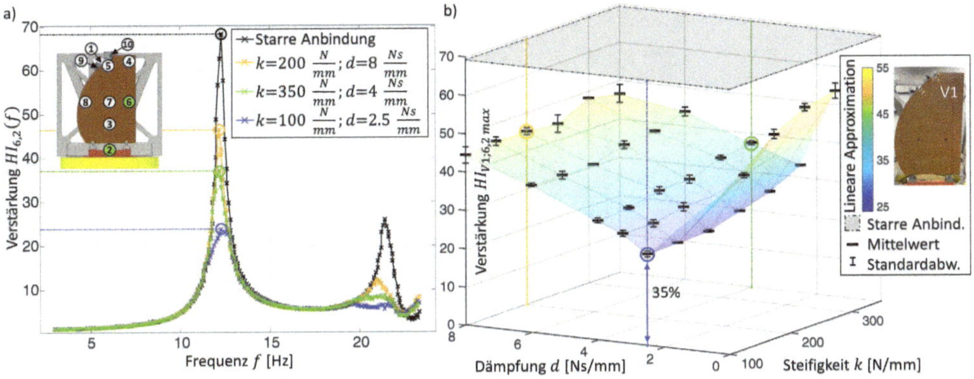

Bild 5.19: Experimentell bestimmte Verstärkung der Partition-Variante V1 nach [Hey24].

Bild 5.19 b) zeigt die Verstärkung der Partition-Variante V1 am Sensor 6 über alle untersuchten Steifigkeiten und Dämpfungen mit dreifacher Versuchswiederholung. Vom Punkt der maximalen Schwingungsreduzierung nimmt die Verstärkung mit sinkender und steigender Dämpfung zu. Mit steigender Steifigkeit nimmt die Verstärkung leicht zu. Hinzuzufügen ist, dass die Dämpfungen von 0,4 Ns/mm mit ungefüllten AIEs umgesetzt wurden, die Dämpfungswirkung also nur auf die Reibungseffekte zurückzuführen ist und nicht auf viskoser Reibung beruht. Insgesamt ergibt sich eine deutliche Schwingungsreduzierung, die auch optisch und akustisch im Versuch zu beobachten war. Die durchschnittliche Standardabweichung liegt bei 0,9, wobei sich tendenziell bei höheren Verstärkungswerten höhere Standardabweichungen ergeben.

Bild 5.20 a) zeigt die Verstärkung der Partition-Varianten V6. Die Schwingungsreduzierung fällt bei diesen beiden geringer aus als bei der Variante V1. Bei Variante V6, der Partition Typ 2 ohne Anbauteile, ergibt sich mit 100 N/mm und 2,5 Ns/mm eine Verstärkung von 30,5 mit einer Standardabweichung von 0,32, welches einer Schwingungsreduzierung von 33 % zur starren Anbindung entspricht. Die Partition-Variante V6 unterscheidet sich zu Variante V1 aus Bild 5.19 durch eine Decklage weniger. Dieses führte bereits bei statischer Anbindung zu einer geringeren Verstärkung, womit ein geringeres Potential der Schwingungsreduzierung durch die AIEs gegeben ist.

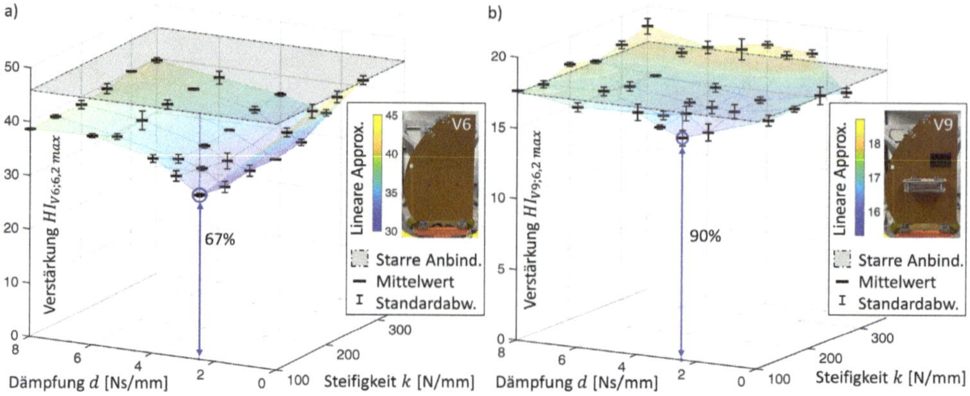

Bild 5.20: Experimentell bestimmte Verstärkung der Partition-Varianten V6 und V9.

Bei der Partition-Variante V9 in Bild 5.20 b) wird eine Verstärkung von 15,7 mit einer Standardabweichung von 0,54 erreicht, womit 14 % Schwingungsreduzierung erreicht werden. Das Baby-Bassinet dämpft durch seine Textilanteile und vielen reibenden Kontaktstellen das Aufschwingen der Partition bereits mit starren Anbindungen deutlich und reduziert damit das Potential der Schwingungsreduzierung durch AIEs an den Schnittstellen. Im Anhang in Bild A.17 sind die Verstärkungen der Partition-Varianten V3, V4, V5 und V7 aufgeführt, welche mit einfacher Versuchswiederholung durchgeführt wurden. Bei den weiteren Partition-Varianten mit Baby-Bassinet (V3-V5 und V8-V10) fällt die Schwingungsreduzierung durch AIEs an den Schnittstellen ebenfalls geringer aus. Die stärker aufschwingenden Varianten ohne Bassinet (V1, V2, V6 und V7) schwingen ohne AIEs an den Schnittstellen deutlich stärker auf und profitieren dann auch deutlicher von der Schnittstellenanpassung.

Über alle Partition-Varianten hat sich gezeigt, dass sich um die jeweiligen Tiefpunkte der Verstärkung der jeweiligen Variante eine relativ breite Senke ausbildet. Dieses lässt sich sowohl in den Simulationsergebnissen im Anhang in Bild A.13 (V1-10) erkennen als auch in den Versuchsergebnissen in Bild 5.19 (V1), Bild 5.20 (V6, V9) und im Anhang in Bild A.17 (V3- V5 und V7). Dieses führt dazu, dass bereits eine gleichbleibende Schnittstelle für alle Partition-Varianten eine Schwingungsreduzierung erreichen kann. Bei allen experimentell untersuchen Partition-Varianten (V1, V3-V7, V9) wurde unter anderem die Einstellung 100 N/mm und 2,25 Ns/mm untersucht. Die mit starren Anbindungen am kritischsten aufschwingende Variante V1 weist eine mittlere Verstärkung von 69,9 auf, während die mit eingestellten AIEs an den Schnittstellen am kritischsten aufschwingende Variante V6 eine mittlere Verstärkung von 30,7 aufweist (vgl. Bild A.15 und Bild A.17). Damit wird über alle getesteten Produktvarianten der Produktfamilie eine Schwingungsreduzierung von 56 % erreicht.

5.8 Verifizierung und Validierung der Modellierung und Überprüfung des Vorgehens

Im hier vorgestellten Abschnitt wird die Modellierung verifiziert und validiert sowie das Vorgehen anhand der aufgestellten Hypothesen überprüft.

5.8.1 Verifizierung und Validierung der Modellierung

Wie in Abschnitt 3.3.2.4 dargestellt ist die Literatur in Bezug auf die Begriffe Validierung und Verifizierung von Modellen nicht eindeutig. In dieser Arbeit wird unter Verifizierung die Übereinstimmung des Modells mit den Versuchsergebnissen verstanden und unter Validierung die Eignung und Anwendbarkeit des Modells für die gegebene Problemstellung (vgl. Abs. 3.3.4). Im Folgenden werden die simulierten Versuchsergebnisse den experimentell bestimmten Ergebnissen in der Verifizierung gegenübergestellt. Für die Validierung wird die Anwendbarkeit der Modellierung überprüft. Es wird überprüft ob eine ausreichende Genauigkeit gegeben ist, um das Schwingungsverhalten abhängig von den Schnittstelleneigenschaften durch das Simulationsmodell zu bestimmen und hieraus Anforderungen an AIE abzuleiten.

Bild 5.21 a) zeigt den Vergleich der experimentell und simulativ bestimmten Verstärkung über der Frequenz mit Versuchswiederholungen. Der Vergleich der Höhe der Verstärkung bei starren Anbindungen ist nicht geeignet, um eine Aussage über die Genauigkeit des Modells zu führen, da an dieser bereits die Strukturdämpfung bestimmt wurde [Hey24].

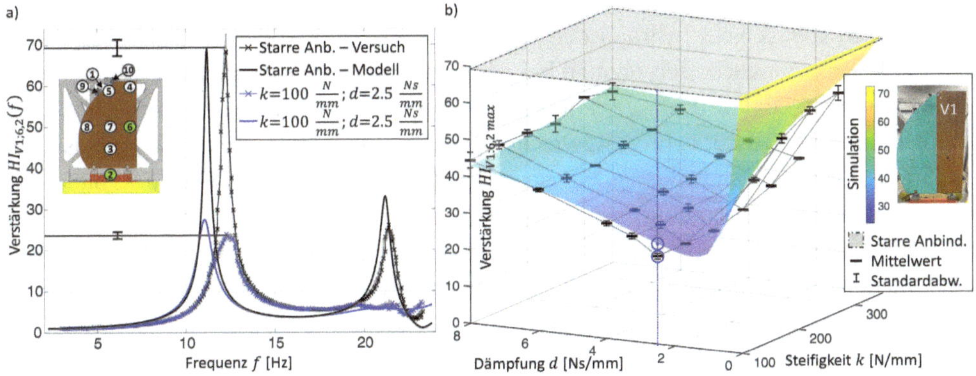

Bild 5.21: Vergleich der experimentellen und simulativ bestimmten Verstärkung der Partition-Variante V1 nach [Hey24].

Für die erste Resonanzfrequenz kommt es zu einer Abweichung zwischen den simulierten und experimentellen Ergebnissen. Eine Abweichung der Eigenfrequenz kann aus einer Abweichung der Biegesteifigkeit oder den Trägheitsverhältnissen resultieren (vgl. Abs. 3.2.2.1). Die simulativ und experimentell bestimmte zweite Resonanzfrequenz stimmt relativ gut überein. Die Steifigkeiten sind über das Datenblatt des Herstellers bestimmt und die Gesamtmasse des Modells entspricht der gewogenen Masse (vgl. Abs. 4.4.3). Unterschiedliche Abweichung an der ersten und zweiten Resonanzfrequenz zeigen, dass eine ungleichmäßige Verteilung von Steifigkeit und Masse auf die beiden Schwingungsmoden wirkt [Hey24].

Bild 5.21 b) zeigt den Vergleich der Verstärkung der Partition aus experimentellen Daten mit Mittelwert und Standardabweichung zu den Simulationsergebnissen aus der Modellierung über den Schnittstelleneigenschaften Steifigkeit und Dämpfung. Insgesamt kommt es zu einer guten Deckung zwischen den simulierten und experimentellen Ergebnissen. Das Tief der Verstärkung am Sensorpunkt 6 bildet sich in Simulation und Versuch vergleichbar aus. Mit steigender und sinkender Dämpfung gibt es ebenfalls eine gute Übereinstimmung zwischen Simulation und Versuch. Die simulativ bestimmten Verstärkungen liegen fast alle nahe der Mittelwerte mit ihrer Standardabweichung. Lediglich bei hohen Steifigkeiten, kommt es zu einer geringen Abweichung. Hier weist die Modellierung abweichend von den Versuchsergebnissen eine höhere Zunahme der Verstärkung auf. Dieses könnte darauf zurückzuführen sein, dass der Aufbau der oberen Schnittstellen eine geringere als angenommene Steifigkeit aufweist. Elemente, wie die Linearkupplung und die Halterung zum Aluminiumrahmen, sind im Versuch am Hexapod in Reihe zu dem am hydraulischen Shaker untersuchten AIEs geschaltet.

Der Bereich zwischen 0,4 und 2,5 Ns/mm, in dem die Simulation ihren Tiefpunkt aufweist, kann durch die Versuchsdaten nicht validiert werden. Das AIE weist im gefüllten Zustand mit offenem Drosselventil bereits eine Dämpfung von 2,5 Ns/mm auf. Die Versuche bei 0,4 Ns/mm sind ohne Hydrauliköl gefahren und offenen Anschlüssen an beiden Ölkammern, sodass kein hydraulischer und pneumatischer Widerstand aufgebaut ist. Hierdurch ist es möglich, den Anstieg bei geringen Dämpfungen nachzuweisen. Die Anwendbarkeit für die Partition-Variante V1 ist gegeben, Ergebnisse aus Versuchen und Modellierung weisen nur geringe Abweichungen auf. Eine mittlere Abweichung zwischen Simulation und Versuch von $\varepsilon = 4{,}75$ liegt für die Partition-Variante V1 vor. Das Simulationsmodell erreicht damit eine ausreichende Genauigkeit zur Vorhersage der passenden Schnittstelleneinstellungen und dem einhergehenden Schwingungsverhalten, die Anwendbarkeit für die Modellierung der Partition-Variante ist damit gegeben.

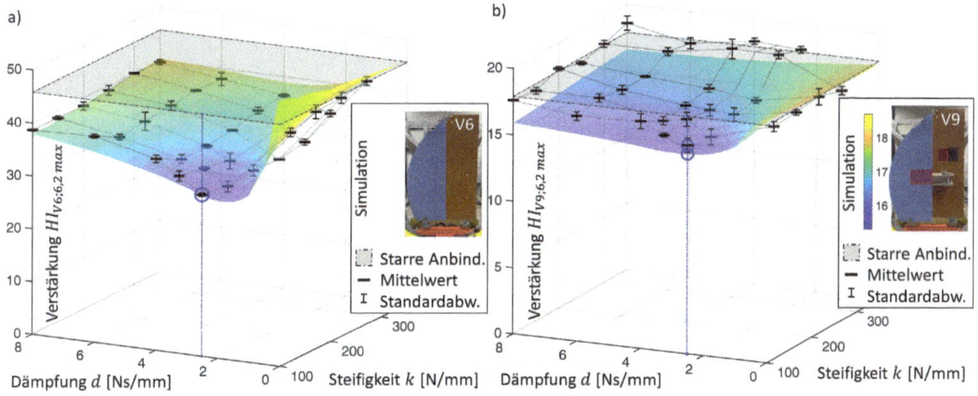

Bild 5.22: Vergleich der experimentellen und simulativ bestimmten Verstärkung der Partition-Variante V6 und V9.

Die Partition-Variante V6 zeigt, wie in Bild 5.22 a) dargestellt, simulativ und experimentell ein geringeres Potential der Schwingungsreduzierung auf als Partition-Variante V1. Der durch die Simulation bestimmte Tiefpunkt bei 100 Ns/mm und 2,25 Ns/mm mit einer Verstärkung von 29,9 liegt nahe dem getesteten Tiefpunkt bei 100 N/mm und 2,5 Ns/mm mit einer mittleren Verstärkung von 30,6. Die Versuchsergebnisse bei 150 N/mm und 2,5 Ns/mm zeigen sogar eine noch etwas geringere Verstärkung von 29,8, diese Abweichung liegt im Bereich der Standardabweichung. Die mittlere Abweichung der Partition-Variante ist mit ε = 1,82 gering. Die Anwendbarkeit des Modells zur Bestimmung der Schnittstelleneigenschaften ist gegeben.

Bild 5.22 b) stellt die Verstärkung der Partition-Variante V9 dar. Während simulativ noch ein Tiefpunkt ausmachbar ist, ist dieser im Versuch nicht mehr eindeutig einer Einstellung zuzuordnen. Die mittlere Abweichung der Partition-Variante V9 zwischen Versuch und Simulation ist mit ε = 1,05 zwar absolut gering, relativ zur erreichbaren Schwingungsreduzierung jedoch hoch. Bei der Partition-Variante V9 lässt sich sowohl durch die Abweichung zwischen Simulation und Versuch als auch die hohe relative Standardabweichung zur möglichen Schwingungsreduzierung keine eindeutige Übereinstimmung finden und die Anwendbarkeit nur begrenzt bestätigen.

5.8.2 Überprüfung der aufgestellten Hypothesen

In diesem Abschnitt wird die Erfüllung der vier aufgestellten Hypothesen geprüft, welche auf den drei formulierten Forschungsfragen aus Abschnitt 4.1 beruhen.

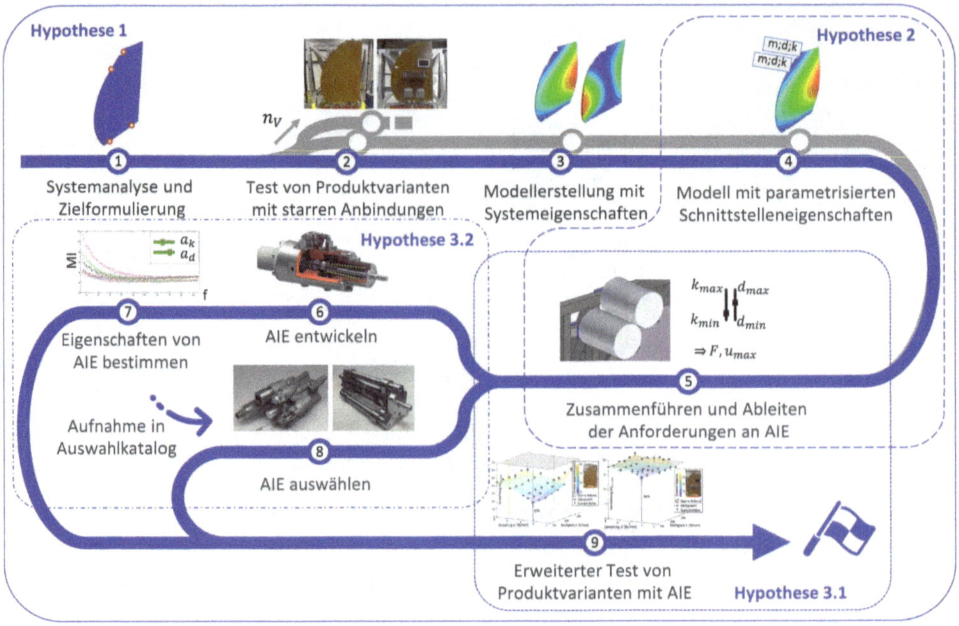

Bild 5.23: Grafische Zuordnung der aufgestellten Hypothesen zum Vorgehen zur Schwingungsreduzierung durch AIE.

Bild 5.23 ordnet der Überprüfung der Hypothesen die einhergehenden Schritten des Vorgehens zu. Die Hypothesen 2, 3.1 und 3.2 finden innerhalb des Vorgehens statt, während die übergreifende Hypothese 1 das Vorgehen insgesamt beurteilt und die erreichbare Schwingungsreduzierung überprüft. Zunächst werden die Hypothesen innerhalb des Vorgehens überprüft.

Hypothese 2:
Durch die ganzheitliche Modellierung über Produkt und Schnittstelle lassen sich die notwendigen mechanischen Schnittstelleneigenschaften für eine Schwingungsreduzierung ableiten.

Die Grundlagenliteratur zu Schwingungsanalysen legt bereits nah, dass eine ganzheitliche Betrachtung von Schwingungssystemen sinnvoll ist. Zur Begrenzung des Aufwandes werden in den meisten Vibrationsuntersuchungen jedoch Variationen nur an einem System umgesetzt, während die anderen Faktoren konstant gehalten werden. In empirischen Versuchen spricht man hier umgangssprachlich von *one factor at a time* Untersuchungen. Erst durch eine faktorielle Untersuchung, wie sie in dieser Arbeit im Simulationsmodell und den physischen Untersuchungen der Partition-Varianten umgesetzt wurde, sind Wechselwirkungen bestimmbar. Die ganzheitliche Modellierung mittels FEM ermöglicht eine vollfaktorielle Untersuchung des Schwingungsverhaltens, die automatisierte skriptbasierte Anpassung der Parameter macht diese Berechnung effizient.

Die Bestimmung des jeweils maximal aufschwingenden Punktes auf der jeweiligen Produktvariante abhängig von den Schnittstelleneigenschaften Steifigkeit und Dämpfung ermöglicht es, optimale Parameter der Schnittstellen für jede individuelle Partition-Variante zu finden. Die Simulationsergebnisse zeigen die vorhandene Wechselwirkung zwischen den Schnittstelleneigenschaften Steifigkeit und Dämpfung auf, deren Werte dann noch abhängig von der Partition-Variante sind. Ohne die vorgelagerte ganzheitliche Modellierung wäre es nicht möglich, die Anforderungen hinsichtlich Steifigkeitsbereichen, Dämpfungsbereichen, Lasten und die Wegamplitude zu bestimmen, welche für die Auslegung der AIE benötigt werden.

Die Hypothese, dass sich durch eine ganzheitliche Modellierung die notwendigen Schnittstelleneigenschaften zur Schwingungsreduzierung bestimmen lassen, kann bestätigt werden. Aus der ganzheitlichen Modellierung können folgend die mechanischen Anforderungen an die anpassbaren Impedanzelemente zielgerichtet abgeleitet werden.

Hypothese 3.1:
Die Vielzahl an notwendigen Schnittstelleneigenschaften zur Schwingungsreduzierung mehrere Produktvarianten einer erweiterten Systembetrachtung können durch anpassbare Impedanzelemente abgebildet werden.

Die Modellierung ergibt für die unterschiedlichen Partition-Varianten verschiedene Schnittstelleneigenschaften, um die maximale Schwingungsreduzierung zu erreichen. Optimale Schnittstelleneigenschaften für die Partition-Varianten liegen bei Steifigkeiten von 100 N/mm und Dämpfungen zwischen 1,5 und 3,25 Ns/mm, um diese in einem Element abzubilden, werden einstellbare Eigenschaften der Dämpfung benötigt, wie sie beim AIE gegeben sind. Dieses macht den Einsatz von AIE sinnvoll, mit den Vorteilen, die individuelle Entwicklung, Herstellung und Umrüstung im Versuchsbetrieb zu vereinfachen. AIEs können eine Vielzahl an Schnittstelleneigenschaften zur Schwingungsreduzierung abbilden, die Hypothese hierzu kann somit bestätigt werden.

Hypothese 3.2:
Die kommunale Verwendbarkeit und Kombinierbarkeit von anpassbaren Impedanzelementen sowie ein zugehöriger Auswahlkatalog können den Einsatz zum effizienten Erreichen der Schwingungsreduzierungen unterstützen.

AIEs haben gegenüber stationären Schnittstellen den Vorteil, dass sie eine Vielzahl von Eigenschaften in einem Element abbilden können. Dieses geht jedoch pro Element mit einem erhöhten Entwicklungs- und Herstellungsaufwand einher. Durch die Anpassbarkeit der AIEs ist es möglich, diese auch für andere Anwendungen einzusetzen, deren Anforderungen in deren Eigenschaftsbereich liegen. Weiterhin bestehen durch das DFG geförderte Projekt AIProVE eine Vielzahl an AIEs an den drei beteiligten Instituten pd|z, IPEK und PKT, deren Eigenschaften in einem Auswahlkatalog öffentlich verfügbar sind.

Standardisierte Schnittstellen und die Funktionsbindung der Elemente machen es möglich, dass AIEs kombiniert werden können. Als Schnittstellenelemente der Versuchstechnik sind die Elemente nur während des Versuchsbetriebs im Einsatz, die kommunale Verwendbarkeit macht es möglich, die Elemente in anderen Kombinationen erneut einzusetzen und durch Verschaltung weitere Bereiche der MI zu erreichen.

Bei der Untersuchung der Produktfamilie der Partition-Varianten passten die Anforderungen der Schnittstellen nicht in allen Eigenschaften zu bereits entwickelten AIEs aus dem Auswahlkatalog. Trotzdem konnte der Entwicklungsaufwand reduziert werden, da auf Erkenntnisse vorangegangener ASEs und ADEs zurückgegriffen werden konnte. Das entwickelte AIE wurde funktionsintegriert umgesetzt, um in den kleinen geforderten Bauraum zu passen, die kommunale Verwendung und Kombinierbarkeit wurde damit jedoch begrenzt. Bei den Versuchen mit dem einfachen Paneel konnte auf ein bestehendes ASE am PKT und ein bestehendes ADE am IPEK zurückgegriffen werden und mit diesen die gewünschte Schwingungsreduzierung durch Kombinierbarkeit und kommunale Verwendung erreicht werden. Hier hat die kommunale Verwendung, die Kombinierbarkeit und der Auswahlkatalog zu einem effizienten Einsatz in der Versuchsdurchführung geführt.

Die Hypothese, dass Auswahlkataloge und die Möglichkeit der kommunalen Verwendbarkeit und Kombinierbarkeit den Einsatz von AIEs unterstützen, sind für die Anwendung der Partition-Varianten und der Untersuchung des Paneels zu bestätigen. Sie können entweder direkt eingesetzt werden oder durch Erkenntnisse der bestehenden Elemente die Weiterentwicklung von AIEs unterstützen. Erst bei keiner Übereinstimmung der Anforderungen zu den Eigenschaften bestehender Elemente bedarf es einer Neuentwicklung. Die Elemente mit ihren Eigenschaften sind dann in dem Auswahlkatalog zu ergänzen, womit die Anwendbarkeit dessen weiter steigt.

Hypothese 1:
Mithilfe eines systematischen Vorgehens zur Verwendung von anpassbaren Impedanzelementen in physischen Test ist eine signifikante Schwingungsreduzierung für mehrere Produktvarianten erreichbar.

Das Vorgehen bedarf einer ganzheitlichen Modellierung, um die notwendigen mechanischen Schnittstelleneigenschaften für die zu verwendenden AIEs abzuleiten. Die Anforderungen an AIEs zu stellen ohne vorausgehende Modellierung ist nicht zielführend. Um die dynamischen Eigenschaften für das Modell zu bestimmen, bedarf es vorausgehenden Versuchen der Einzelsysteme. Hierzu bietet sich eine Untersuchung mit starren Anbindungen an. Die mechanischen Schnittstelleneigenschaften und die Verwendung in der jeweiligen Prüfumgebung bilden die Anforderungen an die AIEs, welche nach klassischen Konstruktionsmethoden unterstützt durch den entwickelten Auswahlkatalog entwickelt werden können. Um die Schwingungsreduzierung effizient zu erreichen, haben sich die kommunale Verwendbarkeit und Kombinierbarkeit, sowie der Auswahlkatalog bewiesen. Die in Abschnitt 4.3 in der aufgeführten Reihenfolge angeordneten Vorgehensschritte können mit der in diesem Kapitel durchgeführten technischen Umsetzung als zielführend und sinnvoll bestätigt werden.

Um zu bewerten, ob die erreichte Schwingungsreduzierung systematisch auftritt und nicht auf Streuung der Ergebnisse zurückzuführen ist, bieten sich Signifikanzanalysen an. Für die Partition-Varianten V1, V6 und V9 lassen sich die Signifikanz bewerten, da für diese ausreichend viele Versuchswiederholungen durchgeführt wurde. Es ist zu bewerten, ob die Differenz zwischen den Mittelwerten der starren Anbindung und der angepassten Schnittstelleneigenschaften signifikant ist. Zur Bewertung der Signifikanz der Schwingungsreduzierung findet sich im Anhang A8 der angewendete *Student's t-Test*. Das Ergebnis zeigt, dass die Schwingungsreduzierung der Partition-Varianten V1 und V6 bei einem Vertrauensintervall von 99,9 % signifikant sind. Bei der Partition-Variante V9 wird eine deutlich geringere Schwingungsreduzierung von 10 % erreicht. Die Versuchsergebnisse zeigen, dass die Schwingungsreduzierung mit einem Vertrauensintervall von 95 % als signifikant beschrieben werden kann.

Insgesamt stellt sich die Schwingungsreduzierung, die durch Anwendung des systematischen Vorgehens erreicht wurde, signifikant dar, wobei das Potenzial der erreichbaren Schwingungsreduzierung abhängig vom untersuchten Produkt ist. Insbesondere für die kritisch aufschwingenden Partition-Varianten mit wenig Anbauteilen ist die Schwingungsreduzierung deutlich ausgebildet. Die Schwingungsreduzierung für die unkritisch aufschwingenden Partition-Varianten ist geringer ausgefallen, in der Praxis hierfür jedoch auch nicht notwendig.

Das vorgestellte Vorgehen führte für die untersuchten Partition-Varianten zur Schwingungsreduzierung. Ebenso bei der Untersuchung des Sandwichpanels. Die übergreifende Hypothese 1 kann somit bestätigt werden, mit dem systematischen Vorgehen ist durch AIEs eine signifikante Schwingungsreduzierung zu erreichen.

Mit der Überprüfung aller Hypothesen sind auch die Forschungsfragen beantwortet.

6 Zusammenfassung und Ausblick

Im abschließenden Kapitel dieser Arbeit werden die erlangten Erkenntnisse zusammengefasst dargestellt und der Ausblick, der sich aus diesen ergibt, vorgestellt.

6.1 Zusammenfassung der Erkenntnisse

Ziel dieser Arbeit ist es, ein systematisches Vorgehen zu entwickeln, welches eine Schwingungsreduzierung einer Produktfamilie durch Anpassung der Schnittstelleneigenschaften in Prüfumgebungen systematisch bei begrenztem Aufwand erreicht. Über die Problembeschreibung im Kapitel 2 sind Anforderungen an ein solches Vorgehen gestellt. Um Wechselwirkungen zu berücksichtigen, muss das Vorgehen eine ganzheitliche Systembetrachtung ermöglichen. Weiterhin muss es systematisch konkrete Anforderungen an anpassbare Impedanzelemente stellen. Es soll die hierzu notwendige Bestimmung der Systemeigenschaften unterstützen und die effiziente Umsetzung bei hoher Produktvarianz und Vielzahl an abzubildenden Schnittstelleneigenschaften adressieren.

Die systematische Literaturrecherche in Kapitel 3 ergab zwei Themenfelder, in denen eine Forschungslücke zu der Schwingungsreduzierung durch Anpassung der Schnittstellen besteht. Zum einen ergibt die zugrundeliegende Literatur, dass keine Elemente hinsichtlich Steifigkeit und Dämpfung separiert einstellbar sind und gleichzeitig für die in der Versuchstechnik notwendigen Anforderungen entwickelt sind. Zum anderen fehlt es an einem Vorgehen zum systematischen Erreichen von Schwingungsreduzierungen durch Anpassung der Schnittstelleneigenschaften auf Prüfumgebungen. Die Bestimmung von Anforderungen an AIEs und deren effizienter Einsatz in unterschiedlichen Prüfumgebungen wird auch als Teilgebiet in themennahen Publikationen nur indirekt adressiert. Diese Arbeit erweitert zu beiden Forschungsthemen die Erkenntnisse.

Das in Kapitel 4 aufgestellte Vorgehen baut auf zwei Phasen auf. In der äußeren Phase werden in einem Versuch mit starren Anbindungen als Schnittstellen die dynamischen Systemeigenschaften der untersuchten Produktfamilie ermittelt, um hiermit ein ganzheitliches parametrisierbares Simulationsmodell zu bestimmen und dann in einem letzten Schritt diese in einem erweiterten Versuch über Produktvariante und geeignetes AIE zu untersuchen. Die innere Phase betrachtet die Entwicklung und Auswahl von AIEs, zunächst mit der systematischen Bestimmung der Anforderungen aus dem

E. Heyden, *Vorgehen zur Schwingungsreduzierung durch anpassbare Impedanzelemente am Beispiel varianter Leichtbaustrukturen*, Produktentwicklung und Konstruktionstechnik 27,
https://doi.org/10.1007/978-3-662-70736-4_6

Simulationsmodell über die beiden Stränge zur Auswahl bestehender AIEs und alternativ zur Neuentwicklung und Charakterisierung der AIEs.

Die AIEs, die in dieser Arbeit und im Projekt AIProVE entwickelt worden sind, sind in einem Auswahlkatalog mit Leitfaden zur Ergänzung unter 10.5281/zenodo.8123620 veröffentlicht. Sie erfüllen einzeln bereits große Frequenz-, Last-, Steifigkeits- und Dämpfungsbereiche und damit in ihrer Gesamtheit den größten Teil an denkbaren Anforderungen in Prüfumgebungen. Im Gegensatz zu bisher vorhandenen Elementen für spezifische Anwendungen liefern sie damit einen Beitrag, um diese über breite Anwendungsbereiche einzusetzen.

Im Vorgehen ermöglichen AIEs Schwingungsuntersuchungen einer Vielzahl an Produktvarianten mit anpassbaren Schnittstellen effizient durchzuführen, da deren individuelle Auslegung, Herstellung und Umrüstung im Versuchsbetrieb entfällt. Weiterhin kann durch ihre Kombinierbarkeit und kommunale Verwendung in vielen Fällen auf die Neuentwicklung der Elemente verzichtet werden.

Das systematische Vorgehen hat insbesondere im Bereich der Bestimmung der Anforderungen den Vorteil, dass Fehlentwicklungen vermieden werden. Es kann sonst bei einer intuitiven Entwicklung vorkommen, dass von Versuchen mit starren Anbindungen auf Versuche mit nachgiebigen Schnittstellen geschlossen wird, ohne das zugrundeliegende wechselwirkende System zu berücksichtigen.

Erfolgreich angewendet wurde das Vorgehen auf einen einfachen Schwingversuch zweier Paneel-Varianten und auf eine Produktfamilie von Partition-Varianten. Bei beiden Anwendungen kam es simulativ und physisch zu einer signifikanten Schwingungsreduzierung. Für die beiden Paneel-Varianten ließ sich mit angepassten Schnittstelleneigenschaften in der erweiterten Prüfumgebung eine Schwingungsreduzierung von 60 % im Vergleich zur Schwingungen mit starren Anbindungen erreichen. Für die Partition-Varianten fielen die Schwingungsreduzierungen abhängig von der untersuchten Produktvariante sehr unterschiedlich aus, die Schwingung an der am kritischsten aufschwingende Partition-Variante V1 lässt sich durch geeignete Einstellungen am AIE um 68 % reduzieren. Übergeordnet lässt sich weiterhin festhalten, dass die Partition-Varianten Typ 1 (V1-V5) höhere Verstärkungen aufweisen als die Partition-Varianten mit dem Typ 2 (V6-V10), obwohl der Typ 1 durch eine zusätzliche Decklage eine höhere Steifigkeit aufweist. Dies zeigt, dass eine zusätzliche Versteifung von Strukturen Resonanzen auch kritisch verstärken kann.

Die Untersuchungen der Partition-Varianten zeigen, dass die individuellen Tiefpunkte der Verstärkung der Partition-Varianten eine relativ breite Senke ausbilden. Bereits eine einzige Schnittstelle mit 100 N/mm und 2,25 Ns/mm reduziert für alle Partition-Varianten die Schwingung deutlich. Für den Einsatz in der realen Anwendung im Flugbetrieb könnte eine so ausgelegte Schnittstelle bereits einen großen Vorteil gegenüber herkömmlichen näherungsweise starren Anbindungen mit sich bringen, ohne einer Anpassung des Schnittstellenelements zu bedürfen.

Für die Entwicklung in der Flugzeugkabine und anliegenden Außenstruktur lässt sich weiterhin erkennen, dass durch die Anpassung der Schnittstellen und der einhergehenden Schwingungsreduzierung auch eine Reduzierung der Schnittstellenlast unter dynamischer Belastung erreicht werden kann. Dieses ist von Vorteil für die Auslegung von Leichtbau-Produkten durch eine ganzheitliche Betrachtung mit nachgiebigen Schnittstellen.

6.2 Ausblick

Im Ausblick werden zwei Richtungen vorgestellt, in die die Forschung zur Schwingungsreduzierung mit AIEs weitergeführt werden kann. Zum einen können AIEs zu mechatronischen Systemen weiterentwickelt werden, um Untersuchungen in der Versuchstechnik noch effizienter zu gestalten. Zum anderen können, aufbauend auf den Erkenntnissen zur erreichten Schwingungsreduzierung durch AIEs, Schnittstellen für den Einsatz in realen Elementen entwickelt werden.

6.2.1 Ausblick zu dynamisch adaptiven Impedanzelementen in der Versuchstechnik

Mechanische Randbedingungen, welche nachgiebige Eigenschaften aufweisen und zeitlich konstant sind, können bereits über AIEs umgesetzt werden. Eine weiterführende Herausforderung liegt in der Abbildung zeitlich instationärer und multistationärer Schnittstelleneigenschaften. Zur Abbildung dieser benötigt es dynamisch adaptive Impedanzelemente (dAIE), welche durch aktive Ansteuerung im Versuchsbetrieb verstellbar sind. Hierbei handelt es sich um mechatronische Maschinenelemente, welche im Betrieb das Steifigkeits- und Dämpfungsverhalten verstellen können. Sie bilden den Weg von einem stationär einstellbaren Maschinenelement zu einem mechatronischen System und können damit in Zukunft bis zu *Cyber-Physical-Systems* weiter entwickelt werden (vgl. [Hey20b]).

Mit Blick auf die multistationäre Schwingungsbeeinflussung von technischen Systemen ist es möglich, durch die dynamische Verstellung der dAIE, zwischen den stationären Versuchen innerhalb einer Versuchsreihe unterschiedliche Schnittstelleneigenschaften automatisiert umzusetzen. Die Erweiterung der Systembetrachtung über die Schnittstelle hinaus, wie sie bereits in dieser Arbeit adressiert wird, führt zur Gestaltung schwingungsoptimierter Systeme. Sie geht jedoch mit erheblichem Testaufwand durch einhergehende manuelle Tätigkeiten zur Verstellung im Versuchsbetrieb einher. Auch wenn AIEs bereits den Versuchsaufwand deutlich reduzieren, besteht hier noch Potential zur Effizienzsteigerung. Durch die Verwendung von dAIE als Schnittstellen lässt sich die Vielzahl an Versuchskombinationen, resultierend aus Produktvarianten und Schnittstelleneigenschaften, effizient, reproduzierbar und randomisiert auf Prüfständen umsetzen.

Die Erforschung solcher dAIE wird gemeinsam mit dem IPEK des KITs im DFG geförderten Projekt DynaVal[1] vorangetrieben. Ziel ist es, Funktionsdemonstratoren für solche Steifigkeits- und Dämpfungselemente zu entwickeln, welche eine Aktorik zur Verstellung im Versuchsbetrieb enthalten. Im Bereich der Untersuchung von Power-Tools sollen diese dAIE in Hand-Arm-Modellen die Abbildung der Mensch-Maschine Interaktion verbessern (vgl. [Sch23], [Lin19]). Diese ist zeitlich instationär und erfordert daher ebenfalls eine Adaptierbarkeit im Versuchsbetrieb, um in unterschiedlichen Betriebspunkten ein gewünschtes Übertragungsverhalten zu erzielen [Lin23].

Die vorliegende Arbeit hat gezeigt, dass bei mehreren Resonanzen im Betriebsbereich ein Kompromiss der Schwingungsreduzierung über den Anregungsbereich notwendig ist. Grundsätzlich können die optimalen Schnittstelleneigenschaften der am kritischsten aufschwingenden Resonanz umgesetzt werden, wie es in dieser Arbeit umgesetzt ist. Es kann aber auch vorkommen, dass mehrere kritische Resonanzen im Betriebsbereich liegen oder die für eine Schnittstelle optimalen Einstellungen zu einer ungewollten Verstärkung der anderen Resonanzen führen. Liegt eine schmalbandige Schwingungsanregung des Testobjekts vor, erlauben dAIE unterschiedliche optimale Schnittstelleneigenschaften abzubilden und somit das Aufschwingen abhängig von der individuellen Anregungssituation zu begrenzen [Hüt22].

6.2.2 Ausblick zum Einsatz dynamisch adaptiver Impedanzelemente in der Luftfahrt

Über das vorgestellte Vorgehen in dieser Arbeit ist eine Schwingungsreduzierung über Produktfamilien effizient auf physischen Prüfumgebungen umsetzbar. Mit der Kenntnis der erreichbaren Schwingungsreduzierung durch Anpassung der Schnittstelleneigenschaften können anschließend Schnittstellen für den realen Betrieb entwickelt werden. Diese können das dynamische Systemverhalten verbessern und damit die Belastung auf Produkte, wie Kabinenelemente, reduzieren. Jedoch sind die Vorteile dem eingebrachten Zusatzgewicht der nachgiebigen Schnittstellen gegenüberzustellen.

Im Gegensatz zu den AIEs für die Versuchstechnik bringt der Einsatz in realen Systemen, neue Anforderungen mit sich. Beispielsweise gewinnen Anforderungen hinsichtlich Leichtbau und Langlebigkeit an Bedeutung. Weiterhin ist zu beachten, dass eine Fehlbedienung auszuschließen ist, da die Anpassung der Schnittstelleneigenschaften Resonanzen auch verstärken kann.

[1] DynaVal – Dynamisch adaptive Impedanzelemente zur Schwingungsbeeinflussung in Validierungsumgebungen (Projektnr. 530564503), in Kooperation mit Prof. S. Matthiesen (KIT), gefördert durch die DFG im Rahmen der Sachbeihilfe, Projektzeit 3 Jahre ab 2024.

Für die Umsetzung kann individuell unterschieden werden, ob die Schnittstelle die optimalen mechanischen Eigenschaften stationär, anpassbar oder dynamisch adaptiv umsetzt. Aufgrund der häufig nicht vorhandenen Zugänglichkeit der Schnittstellen, z. B. in der Flugzeugkabine, sind manuell anzupassende Impedanzelemente nur bedingt einsetzbar. Es bleibt die Entscheidung zu treffen, ob stationäre Impedanzelemente oder dynamisch adaptive Impedanzelemente einzusetzen sind. Liegen die optimalen Schnittstelleneigenschaften der unterschiedlichen Produktvarianten nah aneinander und sind diese nicht sensitiv gegen Änderung, dann können bereits stationäre nachgiebige Schnittstelleneigenschaften eine Schwingungsreduzierung erreichen.

Für stationär nachgiebige Schnittstellen können auch nicht einstellbare Mechanismen genutzt werden. Die Elastizität der Schnittstelle kann über eine geeignete Materialauswahl und Auslegung erreicht werden. Für die Realisierung der Dämpfung können auch Reibungseffekte und viskoelastisch dämpfende Materialien wie flexible Faserverbundwerkstoffe und viskose Elastomere eingesetzt werden. Für dynamisch adaptive Schnittstellen in realen Produkten kommen dieselben Wirkprinzipien wie für AIEs infrage. Diese sind durch Sensoren zur Aufnahme der Betriebsbedingungen und ansteuerbare Stellmechanismen zur Adaption zu erweitern.

Anhang

A1 Details der Literaturrecherche

Suchstring auf Scopus unter Ausschluss unpassender Fachgebiete:

(TITLE ((adjust* OR adapt* OR control* OR variable OR settable* OR tunable) AND (impedance OR complia* OR stiffness OR damp* OR spring) AND (element OR connection OR structure OR mechanism OR actuator OR isolator OR joint OR bearing OR suspension OR device OR manipul*) AND (vibration OR dynamic OR shaking OR frequency) AND (experiment* OR test* OR physical)) OR ABS ((adjust* OR adapt* OR control* OR variable OR settable* OR tunable) AND (impedance OR complia* OR stiffness OR damp* OR spring) AND (element OR connection OR structure OR mechanism OR actuator OR isolator OR joint OR bearing OR suspension OR device OR manipul*) AND (vibration OR dynamic OR shaking OR frequency) AND (experiment* OR test* OR physical)) OR AUTHKEY ((adjust* OR adapt* OR control* OR variable OR settable* OR tunable) AND (impedance OR complia* OR stiffness OR damp* OR spring) AND (element OR connection OR structure OR mechanism OR actuator OR isolator OR joint OR bearing OR suspension OR device OR manipul*) AND (vibration OR dynamic OR shaking OR frequency) AND (experiment* OR test* OR physical))) AND (LIMIT-TO (OA , "all")) AND (LIMIT-TO (SUBJAREA , "ENGI") OR EXCLUDE (SUBJAREA , "COMP") OR EXCLUDE (SUBJAREA , "EART") OR EXCLUDE (SUBJAREA , "MATH") OR EXCLUDE (SUBJAREA , "MEDI") OR EXCLUDE (SUBJAREA , "BIOC") OR EXCLUDE (SUBJAREA , "CENG") OR EXCLUDE (SUBJAREA , "SOCI") OR EXCLUDE (SUBJAREA , "AGRI") OR EXCLUDE (SUBJAREA , "CHEM") OR EXCLUDE (SUBJAREA , "NEUR") OR EXCLUDE (SUBJAREA , "BUSI") OR EXCLUDE (SUBJAREA , "ARTS") OR EXCLUDE (SUBJAREA , "HEAL") OR EXCLUDE (SUBJAREA , "DECI") OR EXCLUDE (SUBJAREA , "ECON")) AND (LIMIT-TO (LANGUAGE , "English"))

In der Scopus Bibliothek führt dieser Suchstring zu 1792 Publikationen am 03.08.23 (1760 Publikationen am 17.05.23, 1545 Publikationen am 26.06.22).

Diese Liste an Publikationen wird noch einmal auf häufig zitierte und neue Quellen begrenzt, es ergeben sich 937 zu analysierenden Publikationen (Stand 03.08.23).

- 601 Veröffentlichungen mit mindestens 10 Zitierungen von 1950 bis 2020
- 53 mit mindestens 5 Zitierungen für 2021
- 283 unabhängig von den Zitierungen für 2022 und 2023

E. Heyden, *Vorgehen zur Schwingungsreduzierung durch anpassbare Impedanzelemente am Beispiel varianter Leichtbaustrukturen*, Produktentwicklung und Konstruktionstechnik 27,
https://doi.org/10.1007/978-3-662-70736-4

Tabelle A.1: Übersicht nachgiebiger Elemente aus der Literatur (* geschätzt über Proportionalität in veröffentlichten Abbildungen).

		Quelle	Freiheitsgrad	Bauraum	untersuchte Frequenzen	untersuchte Lasten
Anpassbare Steifigkeit	Vorspannung von Federn	[Fri11]	Rotatorisch	Unb.	Statisch	< 3 Nm
		[Hu22]	Rotatorisch	L*=60 mm; D=60 mm	Statisch	< 6Nm
		[Juj19]	Translatorisch	L*=300 mm; D*=100 mm	2 – 20 Hz	< 80 N
		[Mig05]	Rotatorisch	Unb.	Statisch	< 0.06 Nm
		[Nam10]	Rotatorisch	L=60 mm; D=92 mm	Statisch	< 10 Nm
		[Stü16], [Stü17]	Rotatorisch	L*=160 mm; D=165 mm	Statisch	< 30 Nm
	Änderung des Übersetzungsverhältnisses	[Awa16]	Rotatorisch	L=unb.; D*=30 mm	Statisch	< 2,5 Nm
		[Cho11]	Rotatorisch	L=144 mm; D=146 mm	Unb.	< 30 Nm
		[Eno12]	Rotatorisch	Unb.	0,5 Hz	< 40 Nm
		[Jaf13]	Rotatorisch	L=130 mm; D=140mm	2-3 Hz	<25 Nm
		[Liu16]	Rotatorisch	L=250 mm; D=35mm	4 Hz	< 20 Nm
		[Mei22]	Rotatorisch	Unb.	Statisch	< 20 Nm
		[Pet15]	Rotatorisch	Unb.	Statisch	< 6 Nm
		[Sar23]	Rotatorisch	Unb.	0,1 Hz	< 1 Nm
		[Wol08]	Rotatorisch	L=106 mm; D=97 mm	Statisch	< 150 Nm
		[Vuo17]	Rotatorisch	L=400 mm; D=200 mm	Statisch	< 40 Nm
		[Wu16]	Translatorisch	L=141 mm; D=80 mm	4-25 Hz	< 200 N
	Änderung der Eigenschaften des Federmechanis-	[Alv18]	Translatorisch (Radial)	Unb.	16 – 20 Hz (Rot. Unwucht)	Unb.
		[Ene16]	Translatorisch (Radial)	Unb.	1 – 20 Hz (Rot. Unwucht)	Unb.
		[Mau22]	Translatorisch	L=120 mm; B=80 mm	Statisch	< 80 N

		[San11]	Translatorisch (Radial)	Unb.	50 Hz (Rot. Unwucht)	Unb.
		[Zha17]	Translatorisch	Unb.	Statisch	< 3 N
Anpassbare Dämpfung	Änderung des Widerstands viskoser Dämpfer	[Cat12]	Rotatorisch	Unb.	2 Hz	0,6 Nm
		[Far23]	Translatorisch	L=1000mm; D=145mm	0.75 Hz	< 300 kN
		[Jug16]	Translatorisch	Unb.	4, 6, 8 Hz	< 600 N
		[Son16]	Translatorisch	L*=600 mm; D*=100 mm	0,5; 1; 2, 3 Hz	< 60 N
		[Zha23]	Translatorisch	Unb.	1-20 Hz	< 4000 N
	Änderung der Viskosität von Dämpfern	[Abd23]	Translatorisch	L=210 mm; D=40 mm	2,5 Hz	< 1500 N
		[Ahn09]	Translatorisch	L= 155 mm; D*=60 mm	1; 1,5; 2; 2,5 Hz	< 1500 N
		[Ces18]	Translatorisch	L=1190 mm; D=810 mm	0,5; 1; 2; 4 Hz	< 250 kN
		[Cru20]	Translatorisch	L=740 mm; D=90 mm	Unb.	<1500 N
		[Den19]	Translatorisch	Unb.	1-4 Hz	< 300 N
		[Don20]	Rotatorisch	Unb.	0,6; 1 Hz	< 30 Nm
		[Gur18]	Translatorisch	L=50 mm; D=64 mm	1,5; 2 Hz	< 200 N
		[Hua19]	Translatorisch	L*=110 mm; D=56 mm	0,5; 1; 2 Hz	< 150 N
		[Iye04]	Translatorisch	L=75 mm; D=13 mm	10 Hz	< 80 N
		[Kim17]	Translatorisch	L=75 mm; D=13 mm	Unb.	< 16 kN
		[Lin12]	Translatorisch	L=1300 mm; D=100 mm	Unb.	< 20 kN
		[Liu06a]	Translatorisch	Unb.	4 Hz	< 40 N
		[Mac19]	Translatorisch	Unb.	0,5-10 Hz	< 150 N
		[Moh22]	Translatorisch	L=208 mm; D=42 mm	2,6 Hz	< 700 N
		[Oh16]	Translatorisch	L*=500 mm; D*=80 mm	3 Hz	< 12 kN
		[Stü16]	Rotatorisch	L*=70 mm; D=165 mm	Konstante Drehgeschw.	< 14 Nm

		[Sun15a]	Translatorisch	L*=150 mm; D=40 mm	0,1; 0,5; 1 Hz	< 200 N
		[Viv22]	Translatorisch	L*=150 mm; D=44 mm	0,1; 1 Hz	< 300 N
		[Xin16]	Translatorisch	L=126 mm; D=82 mm	0,5; 1; 2 Hz	< 100 N
		[Yu06]	Translatorisch	Unb.	Unb.	< 1300 N
		[Zho20]	Translatorisch	L=300 mm; D=80 mm	0,5 Hz	< 400 N
	Elektrodynamische Bremsen	[Gon15]	Translatorisch	Unb.	2-6,5 Hz	Unb.
		[Gos08]	Rotatorisch	L*=100 mm; D*=120 mm	Konstante Drehgeschw.	Unb.
		[Nin18]	Rotatorisch	Unb.	1-4 Hz	< 1,4 Nm
		[Pér16]	Translatorisch	L=500 mm; D=108 mm	5-15 Hz	< 6 kN
		[Vid22]	Translatorisch	L=112 mm; D=40 mm	4-18 Hz	< 30 N
		[Zha23]	Translatorisch	Unb.	1,5; 3 Hz	< 30 N
		[Zhu12]	Translatorisch	L=110 mm; D=40 mm	2; 6 Hz	< 15 N
	Änderung der Festkörperreibung	[Bar20]	Translatorisch	Unb.	0,2 Hz	< 500 N
		[Cao15]	Rotatorisch	L*=180 mm; D*=360 mm	0,05; 0,5 Hz	unb.
		[Dow16]	Rotatorisch	L=unb.; D*=300 mm	0,05; 0,1; 0,2; 0,5 Hz	< 3500 Nm
		[Laf10]	Rotatorisch	Unb.	3 Hz	< 0,8 Nm
		[Laf12]	Rotatorisch	Unb.	0,5 Hz	< 150 kN
		[Uns03]	Translatorisch	L*=400 mm; D*=75 mm	10, 15, 20 Hz	< 15 N
		[Zho22]	Translatorisch	L=80 mm; D=160 mm	3 Hz	< 90 kN

A2 Ergänzende Informationen zu den Grundlagen

Schwingungsverhalten von Strukturen

Für die relative Bewegung der Schnittstelle wird aus dem gegebenen Ein-Massen-Schwinger aus dem in Bild 3.12 b) dargestellte Freikörperbild die zugehörige Bewegungsgleichung (A.1) abgeleitet (siehe vergleichend [Mag16], [Lal14]). Substituiert man die Differenzen zwischen $x(t)$ und $y(t)$ mit der relativen Bewegung $z(t)$ wie in Gleichung (A.2) lässt sich die Bewegungsgleichung in die Gleichungen (A.3) umformen. Dargestellt in (A.4) in der Eulerform lässt sich die Verstärkungsfunktion in Gleichung (A.5) bzw. (3.13) zwischen der relativen Bewegung $z(t)$ und der Anregung $y(t)$ bestimmen.

$$0 = m\ddot{x}(t) + d\big(\dot{x}(t) - \dot{y}(t)\big) + k\big(x(t) - y(t)\big) \tag{A.1}$$

$$z(t) = x(t) - y(t);\ \dot{z}(t) = \dot{x}(t) - \dot{y}(t);\ \ddot{z}(t) = \ddot{x}(t) - \ddot{y}(t) \tag{A.2}$$

$$-m\ddot{y}(t) = m\ddot{z}(t) + d\dot{z}(t) + kz(t) \tag{A.3}$$

$$m\omega^2 \cdot \hat{y}(\omega) \cdot e^{i\omega t} = (-m\omega^2 + i \cdot d\omega + k) \cdot \hat{z}(\omega) \cdot e^{i\omega t} \tag{A.4}$$

$$HI_{zy}(\omega) = \frac{\hat{z}}{\hat{y}} = \frac{m\omega^2}{-m\omega^2 + id\omega + k} \tag{A.5}$$

Für die absolute Bewegung wird Gleichung (A.1) zu Gleichung (A.6) umgeformt und über deren Eulerform (A.7) zu (A.8) umgeformt [Sch21], der gegebene Zusammenhang ist in den Bild 3.13-e bis -h dargestellt (vgl. [Sch21], [Vöt06]).

$$m\ddot{x}(t) + d\dot{x}(t) + kx(t) = d\dot{y}(t) + ky(t) \tag{A.6}$$

$$(-m\omega^2 + i \cdot d\omega + k) \cdot \hat{x}(\omega) \cdot e^{i\omega t} = (i \cdot d\omega + k) \cdot \hat{y}(\omega) \cdot e^{i\omega t} \tag{A.7}$$

$$HI_{xy}(\omega) = \frac{\hat{x}}{\hat{y}} = \frac{id\omega + k}{-m\omega^2 + id\omega + k} \tag{A.8}$$

Numerische Modellierung

Das Gleichungssystem der Elastodynamik lässt sich durch die Massenmatrix $\boldsymbol{M}$, Dämpfungsmatrix $\boldsymbol{C}$ und Steifigkeitsmatrix $\boldsymbol{K}$ und dem Systemverschiebungsvektor $\boldsymbol{U}$ sowie den Lastvektor $\boldsymbol{P}$ beschreiben.

$$\boldsymbol{M} \cdot \ddot{\boldsymbol{U}} + \boldsymbol{C} \cdot \dot{\boldsymbol{U}} + \boldsymbol{K} \cdot \boldsymbol{U} = \boldsymbol{P} \tag{A.9}$$

$$\boldsymbol{m} = \int_V \rho \boldsymbol{G}^t \cdot \boldsymbol{G}\, dV \tag{A.10}$$

$$\boldsymbol{c} = \int_V \gamma \boldsymbol{G}^t \cdot \boldsymbol{G}\, dV \tag{A.11}$$

$$\boldsymbol{k} = \int_V (\boldsymbol{D} \cdot \boldsymbol{G})^t \cdot \boldsymbol{E} \cdot (\boldsymbol{D} \cdot \boldsymbol{G})\, dV \tag{A.12}$$

$$\widehat{\boldsymbol{p}} = \boldsymbol{G}^t \cdot \boldsymbol{F} + \int_V \boldsymbol{G}^t \cdot \boldsymbol{p}\, dV + \int_V \boldsymbol{G}^t \cdot \boldsymbol{q}\, dO \tag{A.13}$$

Die Massenmatrix des Gesamtsystems ergibt sich durch eine systematische Kombinatorik der Massenmatrizen der jeweiligen Elemente $\boldsymbol{m}$ [Kle15], welche sich von den Systemverschiebungen ableitet (Vorgehen exemplarisch in [Hut04]). Die Massenmatrizen der Elemente ergeben sich aus der Dichte und der Formfunktionsmatrix $\boldsymbol{G}$ über das Volumen des Elementes dV. Die Erstellung der Dämpfungsmatrix $\boldsymbol{C}$ aus den Dämpfungsmatrizen der Einzelelemente $\boldsymbol{c}$, mit der viskosen Dämpfung γ, erfolgt äquivalent zur Erstellung der Massenmatrix. Die Steifigkeitsmatrix $\boldsymbol{k}$ wird mit dem Elastizitätsmodul $\boldsymbol{E}$, der Formfunktion $\boldsymbol{G}$ sowie zweimal (Ableitung der Position auf Verzerrung sowie Änderung der Spannung über Element) dem Differenzialoperator $\boldsymbol{D}$ gebildet. Der Lastvektor $\boldsymbol{P}$ ergibt sich aus den Knotenlasten der Einzelelemente, welche sich wiederrum in Einzelkräfte $\boldsymbol{F}$, den Druck $\boldsymbol{p}$ und Linienlasten $\boldsymbol{q}$ aufteilen.

Modellierung der Dämpfung

Im Folgenden wird die Dämpfung für die Rayleigh-Dämpfung und die Strukturdämpfung verglichen. Bei beiden Fällen findet die Bestimmung der Dämpfung an der Eigenfrequenz ω_0 statt.

Die Rayleigh Dämpfung aus Gleichung (3.22) eingesetzt in die Bewegungs-DGL aus Gleichung (3.5) ergibt sich Gleichung (A.14). Das Dämpfungsmaß der Rayleigh Dämpfung ist in Gleichung (A.15) dargestellt [Das14b], [Nas12].

$$m \cdot \ddot{x}(t) + (\alpha \cdot m + \beta \cdot k) \cdot \dot{x}(t) + k \cdot x(t) = F(t) \tag{A.14}$$

$$\xi(\omega) = \frac{\alpha}{2\omega_i} + \frac{\beta\omega_i}{2} \tag{A.15}$$

Die Strukturdämpfung aus Gleichung (3.23) eingesetzt in die Bewegungs-DGL eines Ein-Massenschwingers aus Gleichung (3.5) ergibt sich Gleichung (A.16). Unter der Annahme der gleichen Antwort im Resonanzfall ergibt sich das Dämpfungsmaß in Gleichung (A.17) [Nas12].

$$m \cdot \ddot{x}(t) + k(1 + is) \cdot x(t) = F(t) \tag{A.16}$$

$$\xi(\omega) = \frac{s}{2} \tag{A.17}$$

A3 Ergänzende Informationen zum Versuch des Erklärungsbeispiels

Das Sandwichpanel (Euro-Composites S.A., Luxemburg) ist durch einen Wabenkern aus Aramid (ABS5035 A4) mit Decklagen aus einlagigem Glasfaser verstärktem Kunststoff (GFK) (ABS5047-07) aufgebaut.

Tabelle A.2: Laminataufbau des Paneels mit Sonderdicke des Kerns von Euro-Composites S.A.

Aufbau	Werkstoff	Dicke	Dichte
Decklage	ABS5047-07 [Gur09c]	0,25 mm	1972 kg/m³
Kern	ECA 3.2-48 [Eur11]	5 mm	48 kg/m³
Decklage	PHG600-68-50	0,25 mm	1972 kg/m³

Tabelle A.3: Laminataufbau und Materialeigenschaften des Sandwichpanels.

```
#**************DEFINE SANDWICH-STRUCTURED COMPOSITE**************#

sand_mat = ['ABS5047-07', ' ECA 3.2-48', ' ABS5047-07']
sand_thickness = [0.25, 5, 0.25]          # [mm]

#**************DEFINE MATERIAL PARAMETER************************#

# Prepreg ABS5047-07 datasheet
p_E11 = 23200                   # Modulas of Elasticity 1 [N/mm^2]
p_E22   = 21500                 # Modulas of Elasticity 2 [N/mm^2]
p_v12   = 0.15                  # Poisson's ratio 12 [/]
p_G12   = 4980                  # Shear modulus 12 [N/mm^2]
p_d     = 18e-10                # Density [t/mm^3]

# Core WEB48N32 datasheet
c_E     = 1                     # Modulas of Elasticity [N/mm^2]
c_E     = 1                     # Modulas of Elasticity [N/mm^2]
c_E     = 137                   # Modulas of Elasticity [N/mm^2]
c_G12   = 0.1                   # Shear modulus 12 [N/mm^2]
c_G13   = 40                    # Shear modulus 13 [N/mm^2]
c_G23   = 25                    # Shear modulus 23 [N/mm^2]
c_v12   = 0.01                  # Poisson's ratio 12 [/]
c_v13   = 0.01                  # Poisson's ratio 13 [/]
c_v23   = 0.01                  # Poisson's ratio 23 [/]
c_d     = 48e-12                # Density [t/mm^3]
```

Bild A.1 a) zeigt den Versuchsaufbau zur Untersuchung des Sandwichpanels und die Platzierung der verwendeten Sensoren. Die Messwerte werden über die Beschleunigungssensoren (3D 500 g TLD356A02, PCB Piezotronics Inc., Depew NY, USA) an den Messpunkten unten und oben aufgenommen. Die Beschleunigung a_1 wird über den Sensor 1 und die Beschleunigung a_3 wird über den Sensor 3 bestimmt. Für die Beschleunigung a_4 wird über als Mittelwert der Sensoren 4 und 5 bestimmt. Im Versuchsaufbau ist das Paneel (900 mm x 350 mm) unten zwischen zwei Aluminiumhaltern verschraubt, hiermit kommt es über die untere Höhe von 65 mm zu einer festen Einspannung. Die obere Schnittstelle ist auf einer Höhe von 250 mm angebracht.

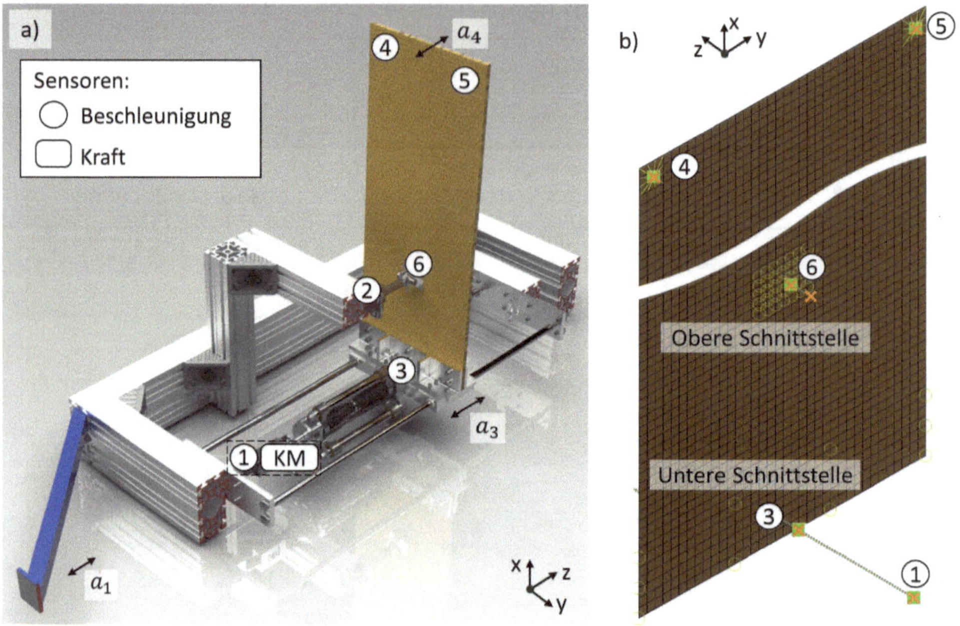

Bild A.1: a) Übersicht der Sensorpunkte zur Schwingungsuntersuchung im Prüfstand; b) Simulationsmodell des Sandwichpanels in Abaqus 2021.

Bild A.1 b) zeigt das zugehörige Simulationsmodell wie es in Abaqus 2021 per Python-Skript implementiert ist. An der unteren Schnittstelle ist zwischen Punkt 1 und Punkt 3 eine parametrisierbare Verbindung vorgesehen, welcher die mechanischen Eigenschaften Steifigkeit und Dämpfung zugeordnet werden können. Punkt 3 ist starr mit den unteren Knoten der Elementen des Sandwichpanels verbunden. An der oberen Schnittstelle ist der Drehpunkt des Gelenks frei von Momenten über eine starre Verbindung mit den Elementen unter dem oberen Halter verbunden. Die Punkte 4 und 5 sind mit den Knoten der Elemente im oberen linken und rechten Bereich verbunden.

Das Sandwichpanel wird durch quadratische Schalenelemente ($S4R$) abgebildet mit einer Seitenlänge von 10 mm. Es wird orthotropes elastisches Materialverhalten angenommen.

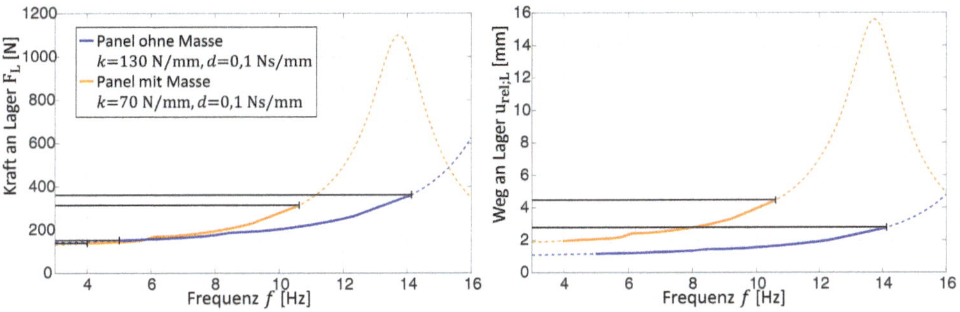

Bild A.2: Kraft und Wegamplitude an der unteren Lagerstelle des Sandwichpanels mit und ohne angebrachter Zusatzmasse.

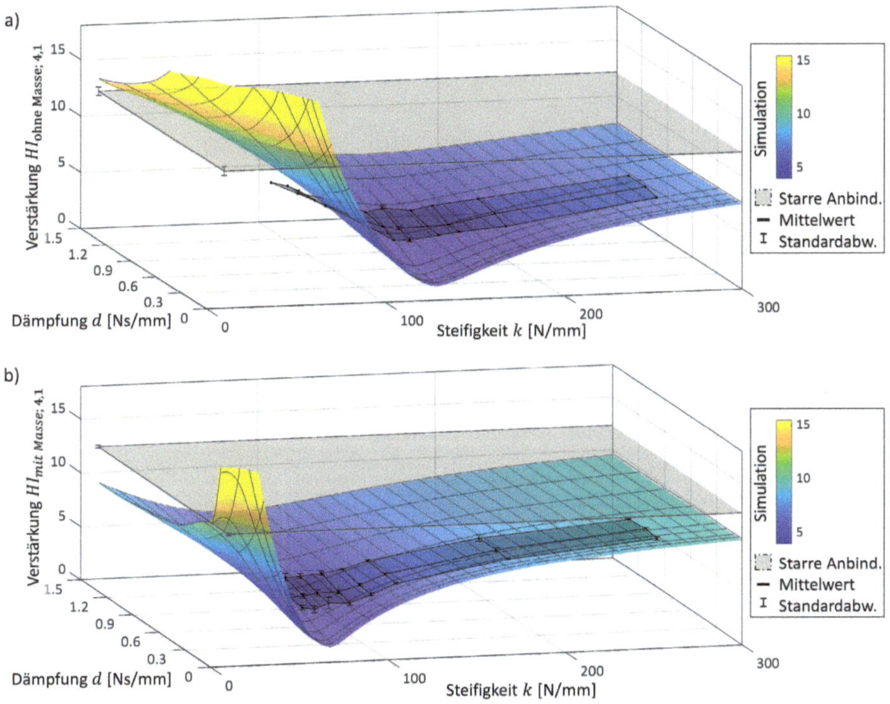

Bild A.3: Experimentell und numerisch bestimmte Verstärkung der Paneel in a) ohne Zusatzmasse und b) mit Zusatzmasse von 100 g.

Bild A.3 a) zeigt die Verstärkung des Sandwichpanels ohne Zusatzmasse bei der ersten Resonanz am Sensor 4 angeregt durch Sensor 1. Bild A.3 b) zeigt äquivalent die

Verstärkung des Sandwichpanels mit angebrachter Masse. In Grau dargestellt ist die Verstärkung bei starrer Anbindung, die farbige Fläche beschreibt die numerisch bestimmten Verstärkungen der Paneel-Varianten. In Schwarz sind die experimentell untersuchten Versuchsergebnisse dargestellt, aus der dreifachen Versuchswiederholung resultieren Mittelwert und Standardabweichung. Insgesamt kommt es qualitativ zu einem ähnlichen Verhalten, allerdings bilden sich die simulierten Tiefpunkte in den Versuchen geringer aus.

A4 Eigenschaften der anpassbaren Impedanzelemente

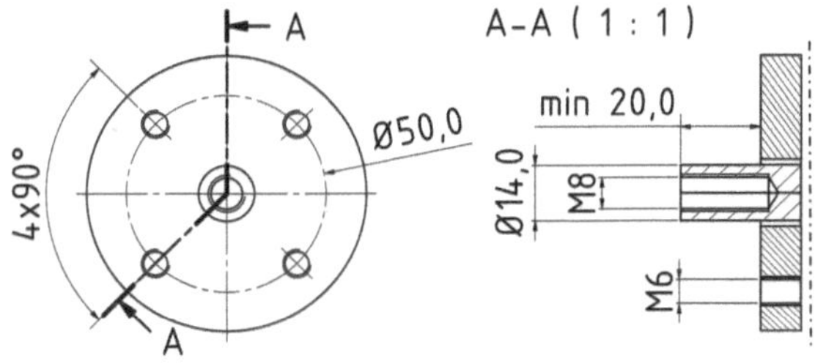

Bild A.4: Standardisierte Schnittstellen für ASE, ADE und AIE aus dem DFG-Projekt AIProVE (Maße in mm) [Hey23b].

Tabelle A.4: Verwendete Komponenten in Heyden_2021_ADE

Komponenten	Bezeichnung und Hersteller
Drosselventil	CQ 2, Have Hydraulik SE
Hydrospeicher	Gefertigter Schraubmechanismus
Rückschlagventile	BEPU-08-010-N (Customized), Otto Fluid Control GmbH
Drucksensor	UPA 3 0...100bar, Barksdale GmbH
Temperatursensor	Thermocouple Typ K 2 mm, ThermoExpert GmBH

Tabelle A.5: Verwendete Komponenten in Heyden_2022_AIE

Komponenten	Bezeichnung und Hersteller
Progressive Feder	Sonderanfertigung, Stalter Technische Federn GmbH
Drosselventil	CQ 2, Have Hydraulik SE
Hydrospeicher	SBO250-0,075E1/112U-250AK, HYDAC GmbH
Rückschlagventile	BEPU-08-010-N (Customized), Otto Fluid Control GmbH
Drucksensor	UPA 3 0...100bar, Barksdale GmbH
Temperatursensor	Thermocouple Typ K 2 mm, ThermoExpert GmBH

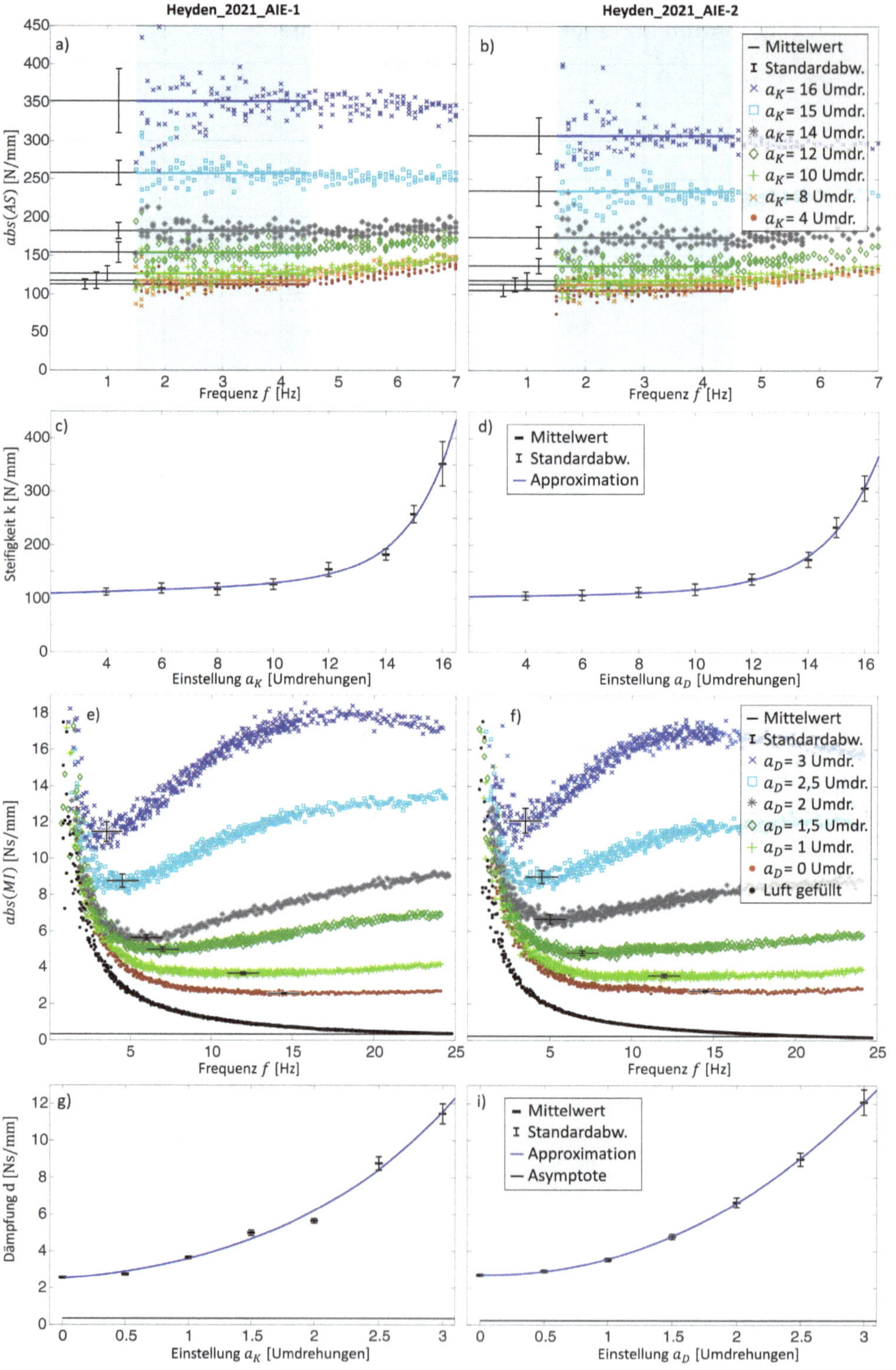
Heyden_2021_AIE-1
Heyden_2021_AIE-2
a)
b)
c)
d)
e)
f)
g)
i)
abs(AS) [N/mm]
Frequenz f [Hz]
Steifigkeit k [N/mm]
Einstellung a_K [Umdrehungen]
Einstellung a_D [Umdrehungen]
abs(MI) [Ns/mm]
Dämpfung d [Ns/mm]
Mittelwert
Standardabw.
a_K= 16 Umdr.
a_K= 15 Umdr.
a_K= 14 Umdr.
a_K= 12 Umdr.
a_K= 10 Umdr.
a_K= 8 Umdr.
a_K= 4 Umdr.
Approximation
a_D= 3 Umdr.
a_D= 2,5 Umdr.
a_D= 2 Umdr.
a_D= 1,5 Umdr.
a_D= 1 Umdr.
a_D= 0 Umdr.
Luft gefüllt
Asymptote

Bild A.5: Scheinbare Steifigkeiten, mechanische Impedanz, Steifigkeit und Dämpfung der beiden AIE Heyden_2021_AIE-1 (links) Heyden_2021_AIE-2 (rechts).

$$k_{AIE1}(a_k) = 105{,}9 \cdot e^{0{,}01569 \cdot a_k} + 0{,}00946 \cdot e^{0{,}6277 \cdot a_k} \tag{A.18}$$

$$d_{AIE1}(a_d) = 0{,}0503 \cdot a_d^4 - 0{,}104 \cdot a_d^3 + 0{,}727 \cdot a_d^2 + 0{,}4023 \cdot a_d^1 + 2{,}525 \tag{A.19}$$

$$k_{AIE2}(a_k) = 102{,}8 \cdot e^{0.0069 \cdot a_k} + 0{,}04067 \cdot e^{0{,}5293 \cdot a_k} \tag{A.20}$$

$$d_{AIE2}(a_d) = -0{,}0012 \cdot a_d^4 - 0{,}0517 \cdot a_d^3 + 0{,}9361 \cdot a_d^2 + 0{,}1201 \cdot a_d^1 + 2{,}718 \tag{A.21}$$

A5 Untersuchung der Prüfumgebung

Im Rahmen der Untersuchung der Anregung der Partition durch den Hexapod wurden gemeinsam mit Philipp Hüttich (Masterrand und später Mitarbeiter am PKT) eine Vielzahl an Untersuchungen durchgeführt. Unter anderem wurde das Schwingverhalten des Aluminiumtors zur Befestigung der Flugzeugpartition untersucht.

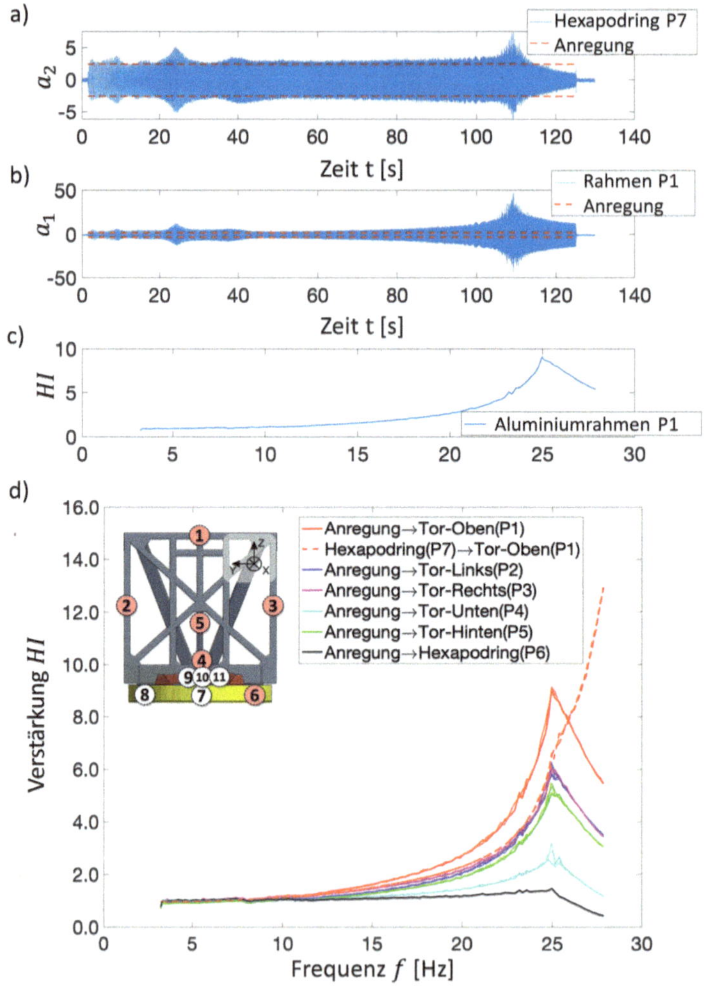

Bild A.6: Untersuchung des Schwingverhaltens des Hexapod und des Aluminiumaufbaus.

Hierzu wurden auf dem Hexpod-Ring und dem Aluminiumtor Beschleunigungssensoren gesetzt. In Bild A.6-a und b zeigen das Zeitsignal für den Beschleunigungssensor am Hexapod-Ring und an der Toroberkante. Die Beschleunigung der Anregung liegt bei $2{,}5\,\frac{m}{s^2}$

und ist als rote Strichlinie in die beiden Zeitsignale als Sollsignal eingetragen. Bild A.6-d zeigt die resultierenden Verstärkungssignale. Die Anregung des Rings und damit an den unteren Schnittstellen ist konstant 1 und damit näherungsweise ideal, ab 25 Hz fällt auch die Verstärkung des Hexapod-Ring ab, wobei davon ausgegangen werden kann, dass der Prüfstand mit Prüfaufbau der Bewegung nicht mehr ideal folgen kann. Mit steigender Höhe der Sensoren nimmt die Verstärkung zu, der Sensor oben am Tor erfährt mit steigender Frequenz eine deutlich höhere Beschleunigung als der Hexapod-Ring. Diese Verstärkung ist in den späteren Untersuchungen als Übertragungsfunktion zu berücksichtigen.

Die Untersuchungen mit Partition werden auf 23 Hz begrenzt, da das resultierende Aufschwingen des Aluminiumtors zu schwer beschreibbaren nichtlinearen Effekten führen kann und die Komponenten bis zum Versagen belasten könnte.

Während der Versuchsauswertung wurden wiederkehrend Schwingungen deutlich höherer Frequenz als der Anregungsfrequenz erkannt. Um dieses weiter zu analysieren wurden Spektrogramme erstellt, welche die auftretenden Amplituden der Beschleunigung über der Frequenz zu den unterschiedlichen Zeitpunkten darstellen. Bild A.7 stellt die Spektrogramme für die Beschleunigungsmessdaten am Hexapod-Ring und der Toroberkante bei einer Anregung von 2,5 $\frac{m}{s^2}$ dar. In dem linken Spektrogramm des Hexapodrings ist unmittelbar die Anregung als lineare Linie zu erkennen, welcher über die Versuchsdauer von 120 Sekunden von 3 Hz bis 28 Hz läuft. Es sind jedoch auch ganzzahlige Vielfache der Anregungsfrequenz zu erkennen. Die exakten Ursachen für die Oberschwingungen sind bei einem Prüfstand dieser Größe und Komplexität mit der großen Anzahl an Freiheitsgraden nicht eindeutig auszumachen. Insbesondere die dreifache Oberschwingung ist ausgeprägt, deren Auswirkung ist bereits in Bild A.7 bei 25 s zu erkennen, diese dreifache Oberschwingung erreicht bereits hier bei einer Anregungsfrequenz von 8,3 Hz die Resonanz des Tores mit 25 Hz, welche das Gesamtsystem wechselwirkend anregt und hier zu Ausschlägen im Beschleunigungssignal führt.

In der Arbeit werden Verstärkungen immer bei der Anregungsfrequenz ausgewertet und damit Ausschläge in anderen Frequenzbereichen vernachlässigt.

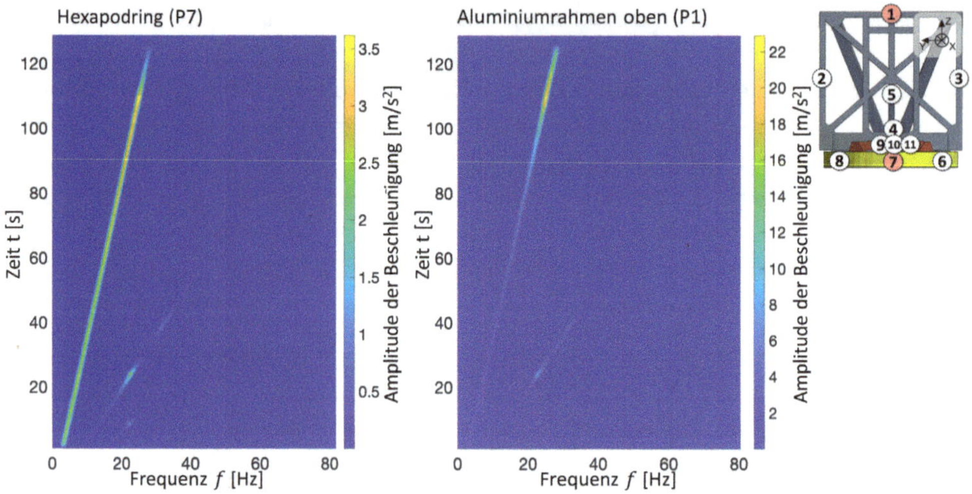

Bild A.7: Spektrogramm der Amplituden der Beschleunigung des Hexapod Prüfstand und des Aluminiumrahmens.

Aufgrund des aufschwingenden Aluminiumrahmens weisen die beiden oberen Lagerpunkte der Partition eine höhere Anregungsamplitude als die unteren auf. Um dieses weiter zu untersuchen ist die Verstärkung vom Hexapod-Ring zu dem Sensor im oberen Bereich des Aluminiumrahmens und zu den Sensoren auf den oberen beiden Schnittstellen zu bestimmen. Bild A.8 zeigt die Verstärkung an den vom Sensor 2 auf die Sensoren 1, 9 und 10 für den Fall starrer Anbindungen (AIE mit geklemmter Achse). Es ist zu erkennen, dass die drei Sensoren vergleichbares Verhalten aufweisen. Der Sensor 9 weist durch seine geringfügig niedrigere Höhe der Anbringung ein etwas geringes Aufschwingen auf, Senor 10 aufgrund seiner höheren Position ein etwas höheres Aufschwingen als der Sensor am Aluminiumrahmen. Der Sensor 1 am Tor wird aufgrund seines ähnlichen Schwingungsverhaltens für die Anregung der beiden oberen Schnittstellen verwendet. Zum Zeitpunkt der ersten Resonanz der Partition bei etwas über 12 Hz kommt es zu einer geringen Abweichung des Schwingverhaltens vom Ideal. Hierbei handelt es sich um eine Rückkopplung der Partition auf die Schnittstellen und das Aluminiumtor, was zu einer kurzen Zu- und Abnahme der Bewegung führt und einem kurzen zeitlichen Versatz der oberen zur unteren Anbindung führt.

Für die Modellierung wird das Aufschwingen des Aluminiumrahmens durch eine Übertagungsfunktion berücksichtigt. Die Rückkopplung durch die erste Resonanz der Partition wird vernachlässigt.

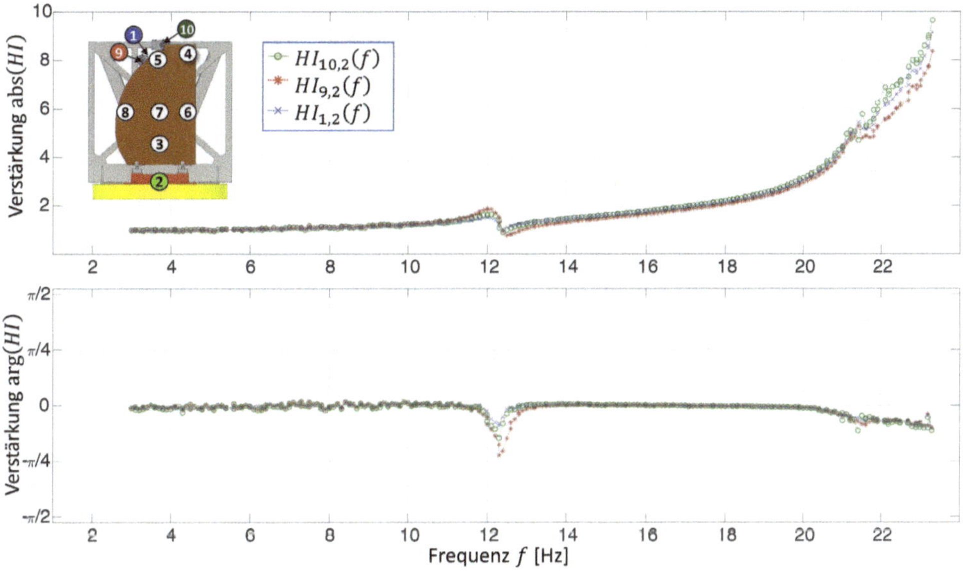

Bild A.8: Verstärkung der oberen Anbindung aufgezeigt an den beiden oberen Lagerstellen der Partition und am Aluminiumrahmen.

Aus dem gleichförmigen Verhalten der Übertragung für die geklemmten AIE Achsen und der Anregung des Tors lässt sich ableiten, dass die Klemmverbindung näherungsweise als starre Verbindung wirkt und damit für die Bestimmung der Systemeigenschaften des Simulationsmodelles genutzt werden kann.

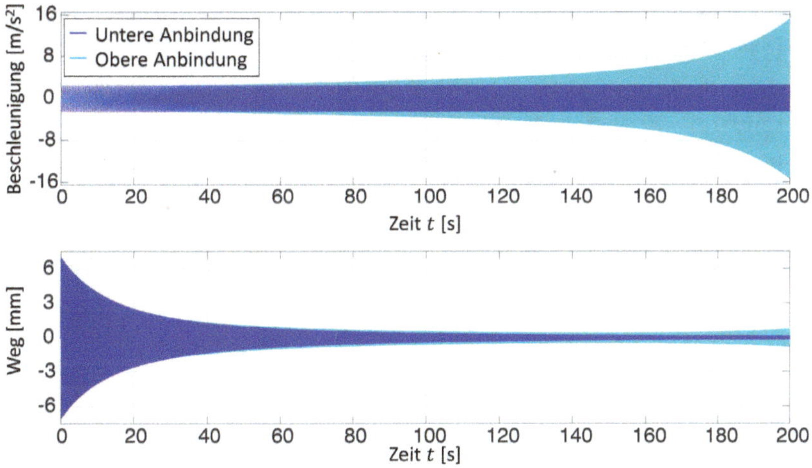

Bild A.9: Beschleunigung und Weg im Zeitbereich für die obere und untere Anbindung.

A6 Daten und Eigenschaften der verwendeten Komponenten

Tabelle A.6: Materialspezifikationen der GFK Decklagen und des Wabenkern, vgl. [See20].

Airbus Spezifikation	Hersteller Spezifikation	Beschreibung
ABS5047-02	PHG600-44-50 (verwendete Materialdaten in Tabelle A.7)	Gewebe aus E-Glasfilament, Style 120, 105 g/m^2, 8h-Satin, vorimprägniert mit 53 % Phenolharz PH600 [Gur09b]
ABS5047-08	PHG600-68-50 (Tabelle A.7)	Gewebe aus E-Glasfilament, Style 7781, 296 g/m^2, crowfoot 1/3, vorimprägniert mit 53 % Phenolharz PH600 [Gur09a]
ABS5035-A4	WEB-48N32 (Tabelle A.7)	Wabenkern aus Phenolharzgebundenes Polyamidpapier mit 2 mm Zellgröße und 48 kg/m^3 Dichte [ABS11]

Tabelle A.7: Laminataufbau und Materialeigenschaften der Partition Typ 1 und Typ 2 nach [Alb94].

```
#**************DEFINE SANDWICH-STRUCTURED COMPOSITE*************#

if Type == 'Type1':
        sand_mat = ['PHG600-68-50-02', 'PHG600-68-50-02', 'PHG600-68-50-02',
'WEB48N32', 'PHG600-68-50-02', 'PHG600-68-50-02', 'PHG600-68-50-02']
        sand_thickness = [0.19, 0.19, 0.19, 25, 0.19, 0.19, 0.19]      # [mm]
        sand_ori = [0, 0, 0, 0, 0, 0, 0]
        m_allInserts = 4.9e-3                                          # [t]

if Type == 'Type2':
        sand_mat = ['PHG600-44-50-02', 'PHG600-68-50-02', 'WEB48N32', 'PHG600-
68-50-02', 'PHG600-44-50-02']
        sand_thickness = [0.09, 0.19, 25, 0.19, 0.09]                  # [mm]
        sand_ori = [0, 0, 0, 0, 0]
        m_allInserts = 3.92e-3                                         # [t]

#**************DEFINE MATERIAL PARAMETER************************#

# Prepreg PHG600-44-50-02 datasheet
p1_E11 = 20100                      # Modulas of Elasticity 1 [N/mm^2]
p1_E22  = 19500                     # Modulas of Elasticity 2 [N/mm^2]
```

```
p1_E33  = 5000                # Modulas of Elasticity 3 [N/mm^2]
p1_v12  = 0.04                # Poisson's ratio 12 [/]
p1_v23  = 0.25                # Poisson's ratio 23 [/]
p1_v13  = 0.25                # Poisson's ratio 13 [/]
p1_G12  = 7000                # Shear modulus 12 [N/mm^2]
p1_G23  = 3610                # Shear modulus 23 [N/mm^2]
p1_G13  = 2850                # Shear modulus 13 [N/mm^2]
p1_d    = 2555e-12            # Density [t/mm^3]

# Prepreg PHG600-68-50-02 datasheet
p2_E11  = 24600               # Modulas of Elasticity 1 [N/mm^2]
p2_E22  = 23100               # Modulas of Elasticity 2 [N/mm^2]
p2_E33  = 5000                # Modulas of Elasticity 3 [N/mm^2]
p2_v12  = 0.04                # Poisson's ratio 12 [/]
p2_v23  = 0.25                # Poisson's ratio 23 [/]
p2_v13  = 0.25                # Poisson's ratio 13 [/]
p2_G12  = 7500                # Shear modulus 12 [N/mm^2]
p2_G23  = 3775                # Shear modulus 23 [N/mm^2]
p2_G13  = 2935                # Shear modulus 13 [N/mm^2]
p2_d    = 3263e-12            # Density [t/mm^3]

# Core WEB48N32 datasheet
c_E     = 200                 # Modulas of Elasticity [N/mm^2]
c_G     = 26.25               # Shear modulus 13 [N/mm^2]
c_v     = 0.2                 # Poisson's ratio [/]
c_d     = 32e-12              # Density [t/mm^3]
```

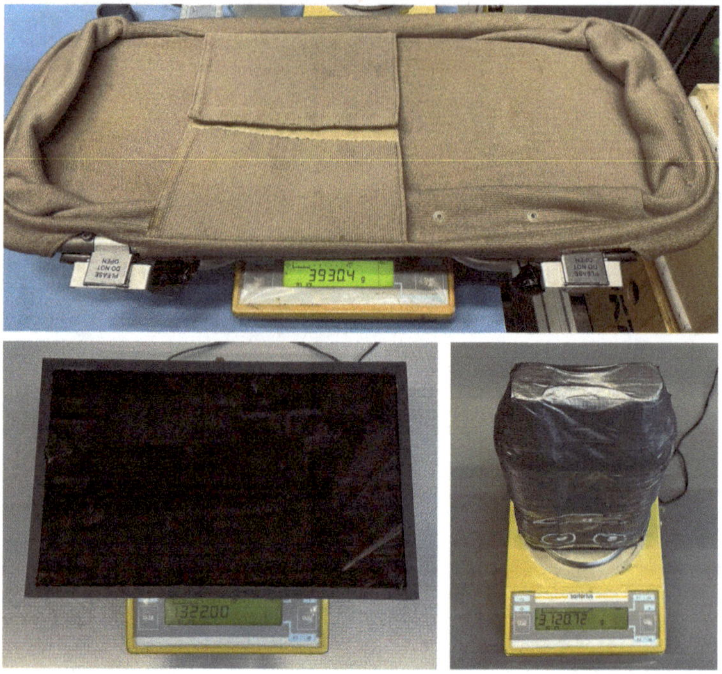

Bild A. 10: Masse der Anbaukomponenten Baby-Bassinet, Bildschirm-Dummy und Baby-Dummy.

Tabelle A.8: Trägheit der Schnittstellen und der Anbaukomponenten.

```
#****************DEFINE MASS PARAMETERS**************************#

# Connections an AIE
m_L1     = 0.94e-3              # mass of mount 1 [t]
m_AIE1   = 3.03e-3              # mass of AIE and connectors 1 [t]
m_L2     = 0.77e-3              # mass of mount 2 [t]
m_AIE2   = 3.09e-3              # mass of AIE and connectors 2 [t]
m_L3     = 0.938e-3             # mass of mount 3 [t]
m_AIE3   = 0.56e-3              # mass of AIE and connectors 3 [t]
m_L4     = 0.794e-3             # mass of mount 4 [t]
m_AIE4   = 0.56e-3              # mass of AIE and connectors 4 [t]

# Attachable components
m_Screen      = 1.322e-3        # mass of screen [t]
i11_Screen    = 5.820           # Moment of inertia [t*mm^2] (y Hexapod)
i22_Screen    = 13.226          # Moment of inertia [t*mm^2] (z Hexapod)
```

```
i33_Screen      = 18.970      # Moment of inertia [t*mm^2] (x Hexapod)
m_Bassinet      = 3.93e-3     # mass of screen [t]
i11_Bassinet    = 65.453      # Moment of inertia [t*mm^2] (y Hexapod)
i22_Bassinet    = 331.719     # Moment of inertia [t*mm^2] (z Hexapod)
i33_Bassinet    = 320.416     # Moment of inertia [t*mm^2] (x Hexapod)
m_Dummy         = 3.12e-3     # mass of screen [t]
i11_Dummy       = 7.685       # Moment of inertia [t*mm^2] (y Hexapod)
i22_Dummy       = 29.415      # Moment of inertia [t*mm^2] (z Hexapod)
i33_Dummy       = 24.824      # Moment of inertia [t*mm^2] (x Hexapod)
```

A7 Simulationsergebnisse und Versuchsergebnisse

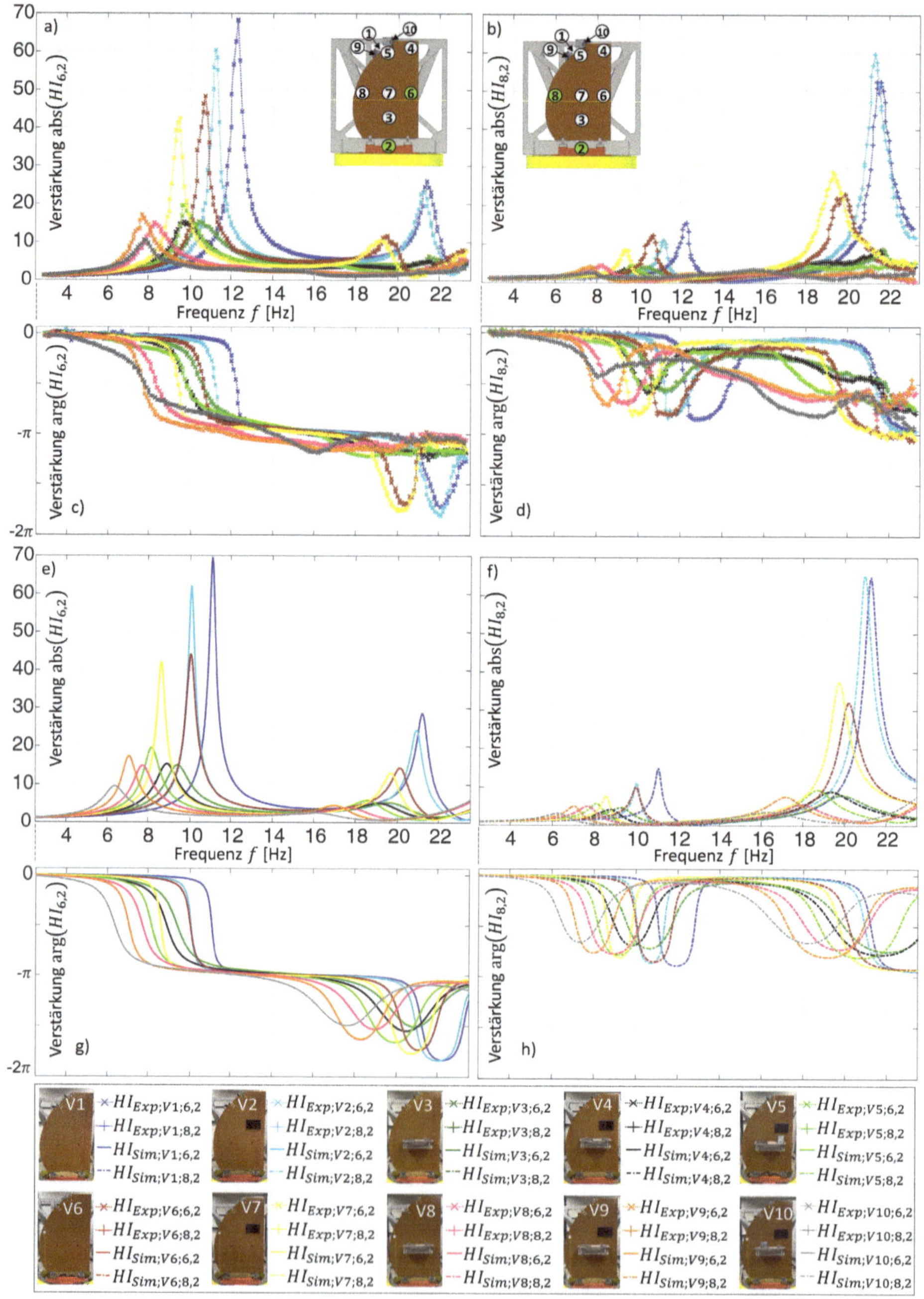

Bild A.11: Experimentell und simulativ bestimmte Verstärkung der Partition-Varianten V1, V2, V3, V5, V6 und V9 an den Sensoren 6 und 8.

Bild A.12 zeigt, wie oft ein Knotenpunkt auf der Partition bei Resonanz sein maximales Aufschwingen erfährt. Dieses ist hier repräsentativ für die Partition Typ 2 gezeigt, ohne Anbaukomponenten. Beim zugrundeliegenden Kennfeld sind die Schnittstellen L1 und L2 von 1 bis 500 N/mm und die Dämpfung von 0.1 bis 10 Ns/mm variiert worden.

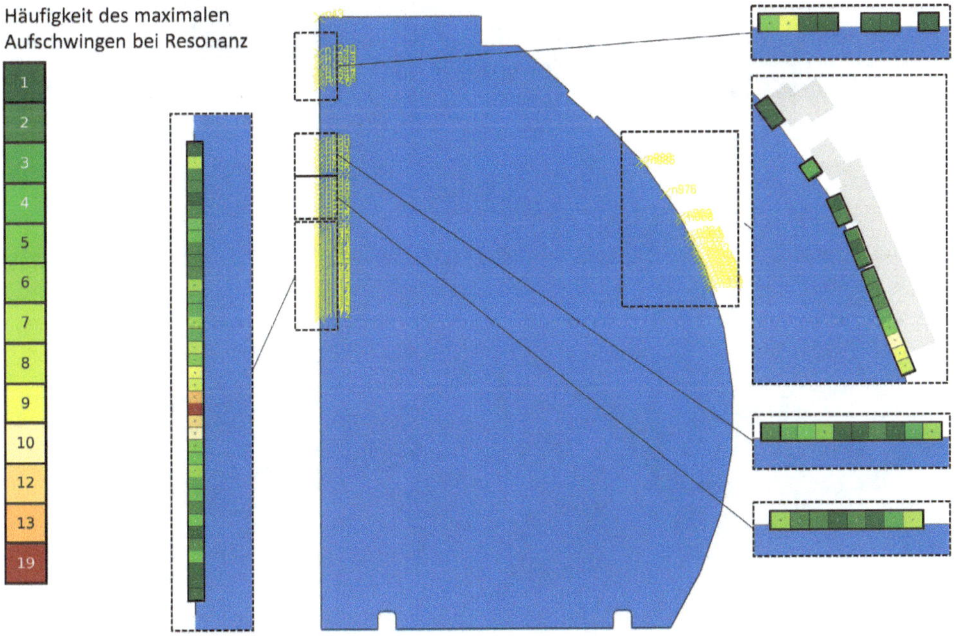

Bild A.12: Häufigkeitskarte des maximalen Aufschwingens bei Resonanz für die parametrisierte Schnittstellen L1 und L2 der Partition-Variante V6.

Partition Typ 1 **Partition Typ 2**

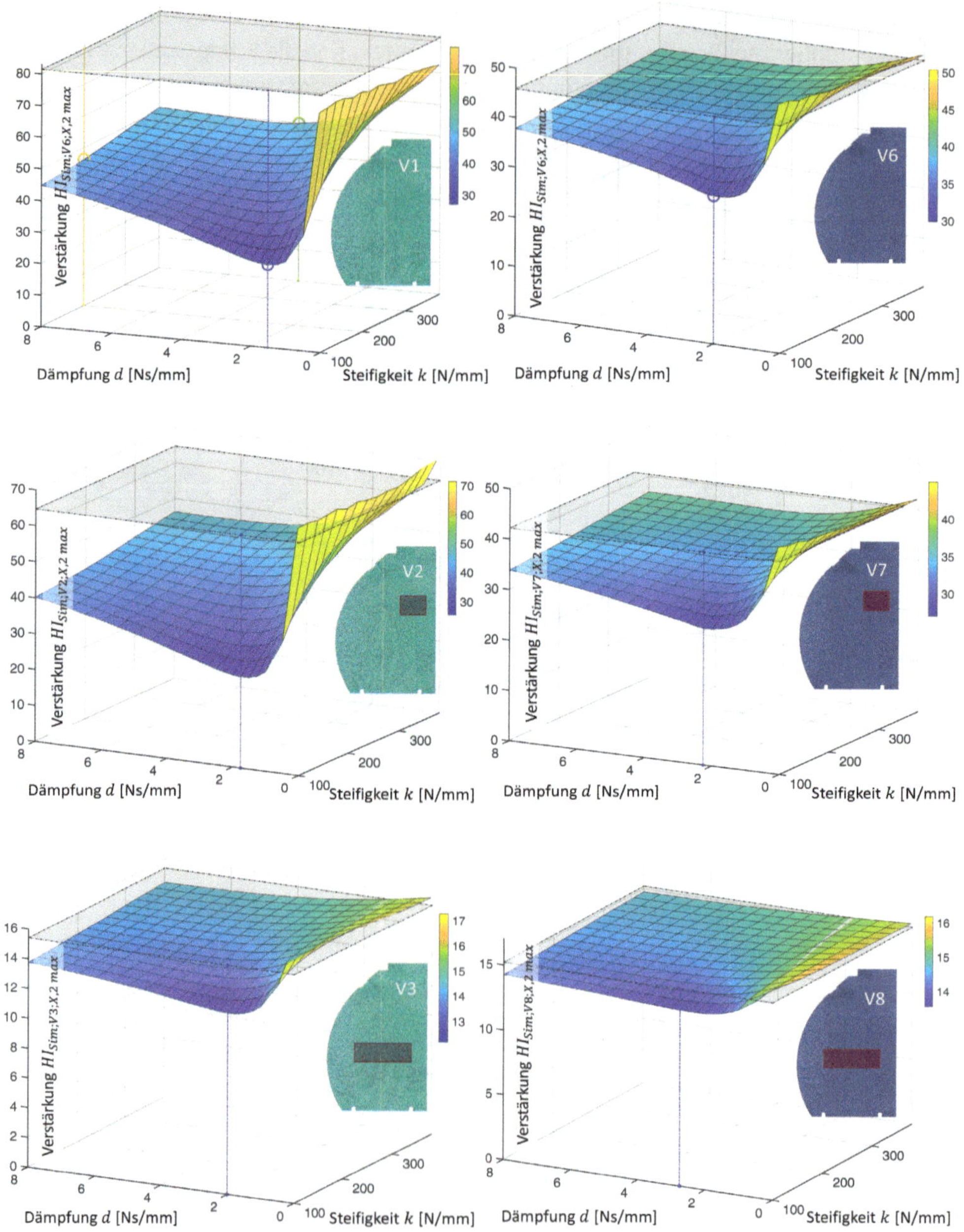

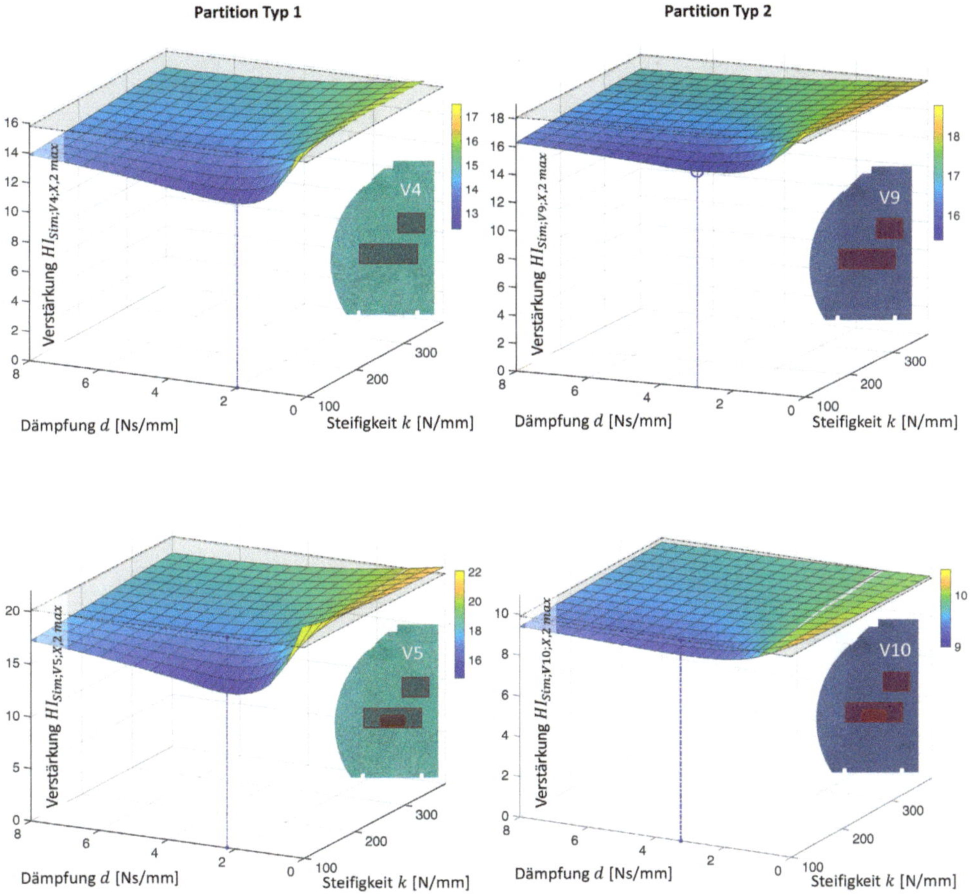

Bild A.13: Verstärkung aller Partition-Varianten über Steifigkeit und Dämpfung der beiden oberen Schnittstellen.

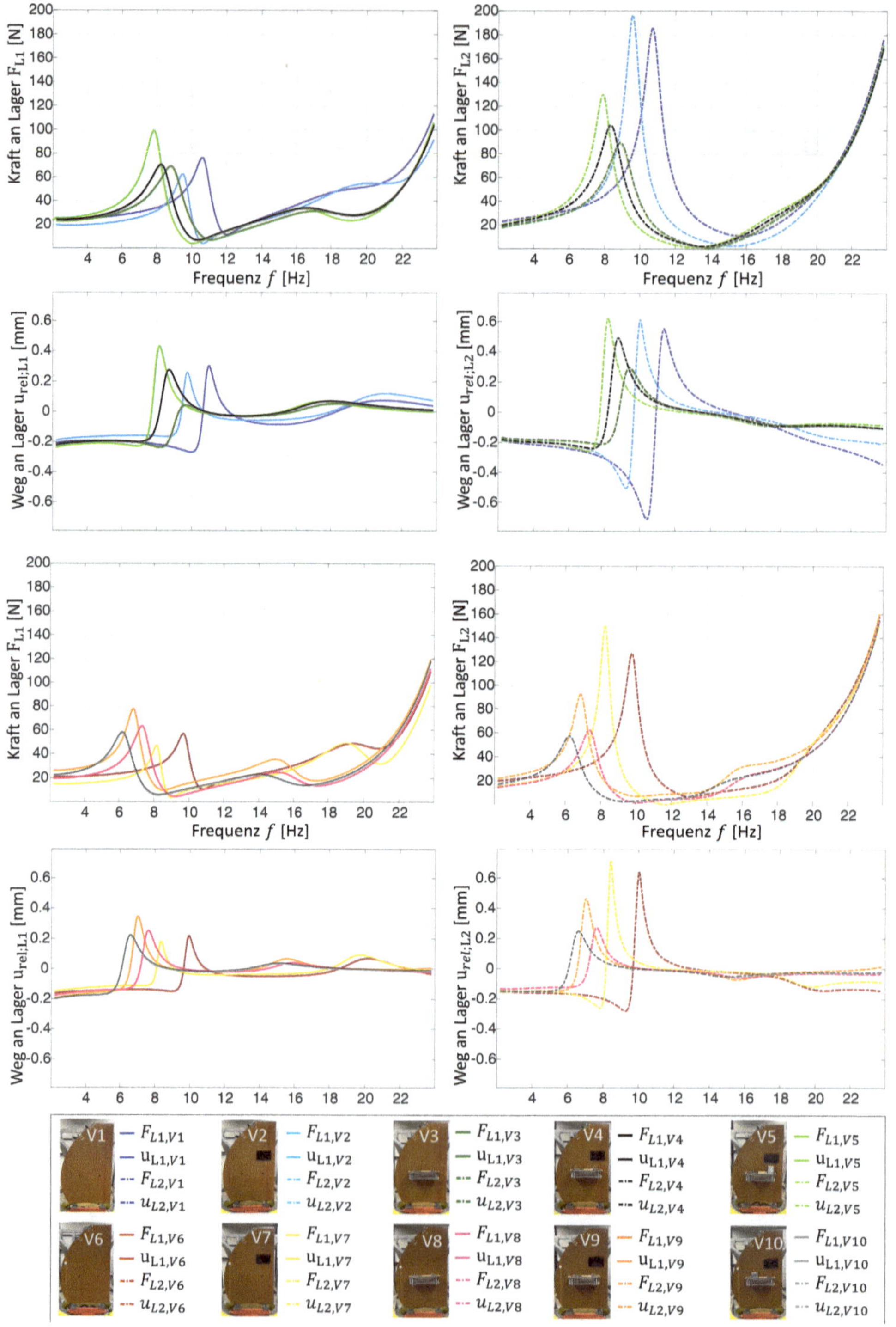
Kraft an Lager F_{L1} [N]
Kraft an Lager F_{L2} [N]
Frequenz f [Hz]
Weg an Lager $u_{rel;L1}$ [mm]
Weg an Lager $u_{rel;L2}$ [mm]
V1 $F_{L1,V1}$ $u_{L1,V1}$ $F_{L2,V1}$ $u_{L2,V1}$
V2 $F_{L1,V2}$ $u_{L1,V2}$ $F_{L2,V2}$ $u_{L2,V2}$
V3 $F_{L1,V3}$ $u_{L1,V3}$ $F_{L2,V3}$ $u_{L2,V3}$
V4 $F_{L1,V4}$ $u_{L1,V4}$ $F_{L2,V4}$ $u_{L2,V4}$
V5 $F_{L1,V5}$ $u_{L1,V5}$ $F_{L2,V5}$ $u_{L2,V5}$
V6 $F_{L1,V6}$ $u_{L1,V6}$ $F_{L2,V6}$ $u_{L2,V6}$
V7 $F_{L1,V7}$ $u_{L1,V7}$ $F_{L2,V7}$ $u_{L2,V7}$
V8 $F_{L1,V8}$ $u_{L1,V8}$ $F_{L2,V8}$ $u_{L2,V8}$
V9 $F_{L1,V9}$ $u_{L1,V9}$ $F_{L2,V9}$ $u_{L2,V9}$
V10 $F_{L1,V10}$ $u_{L1,V10}$ $F_{L2,V10}$ $u_{L2,V10}$

Bild A.14: Simulierte Kraft und relativer Weg aller Partition-Varianten bei optimalen Schnittstelleneigenschaften.

Tabelle A.9: Zusammenfassung der mechanischen Kenngrößen aller Partition-Varianten.

	V1	V2	V3	V4	V5	V6	V7	V8	V9	V10	**VSum**
Steifigk. [N/mm]	100	100	100	100	100	100	100	100	100	100	**100**
Dämpfu. [Ns/mm]	1,5	1,75	2	2	2,25	2	2,25	2,75	3	3,25	**1,5 – 3.25**
Kraft L1 [N]	50 - 115	50 - 95	40 - 110	40 - 110	40 - 110	45 - 110	45 - 100	35 - 110	40-120	35 - 120	**35 - 120**
Kraft L2 [N]	45 - 190	35 - 200	50 - 170	55 - 170	55 - 170	40 - 160	35 - 160	50 - 160	40-160	45 - 160	**35 - 200**
Weg L1 [mm]	0,35	0,25	0,25	0,3	0,45	0,25	0,2	0,3	0,35	0,25	**0,45**
Weg L2 [mm]	0,65	0,65	0,3	0,5	0,65	0,65	0,75	0,3	0,5	0,25	**0,75**

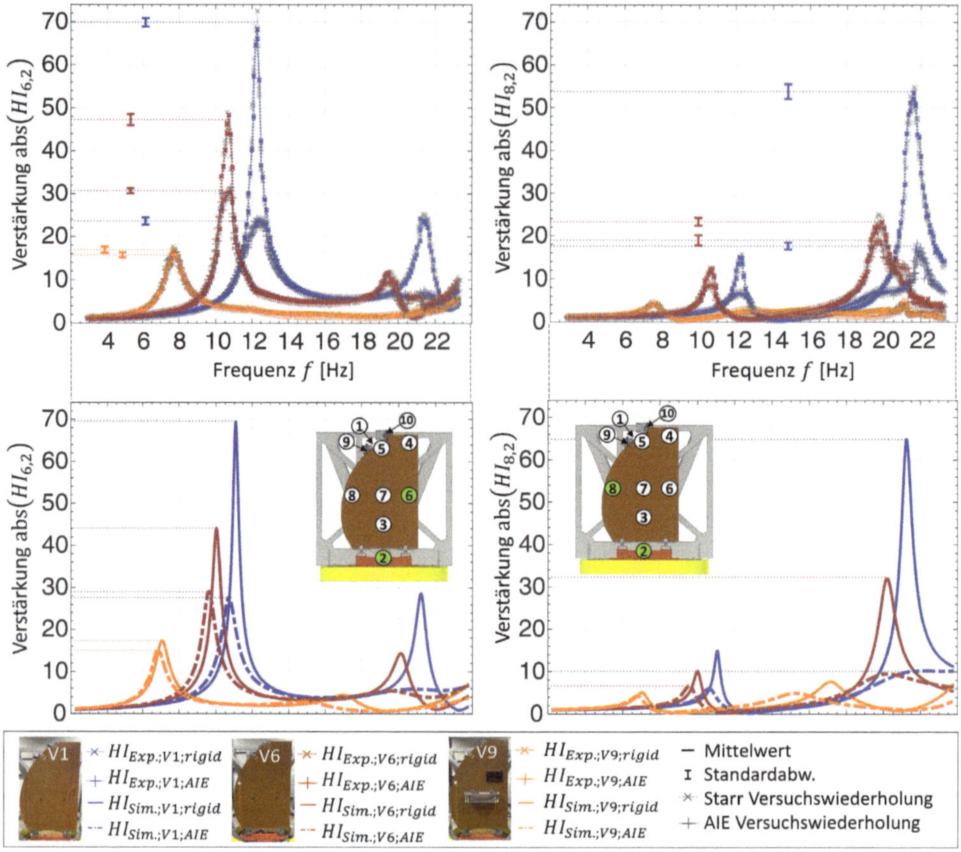

Bild A.15: Vergleich der Partition-Varianten V1, V6, V9 simulativ und experimentell mit Versuchswiederholung für starre Anbindungen und mit AIE an den oberen Schnittstellen (k = 100 N/mm und d = 2,5 Ns/mm).

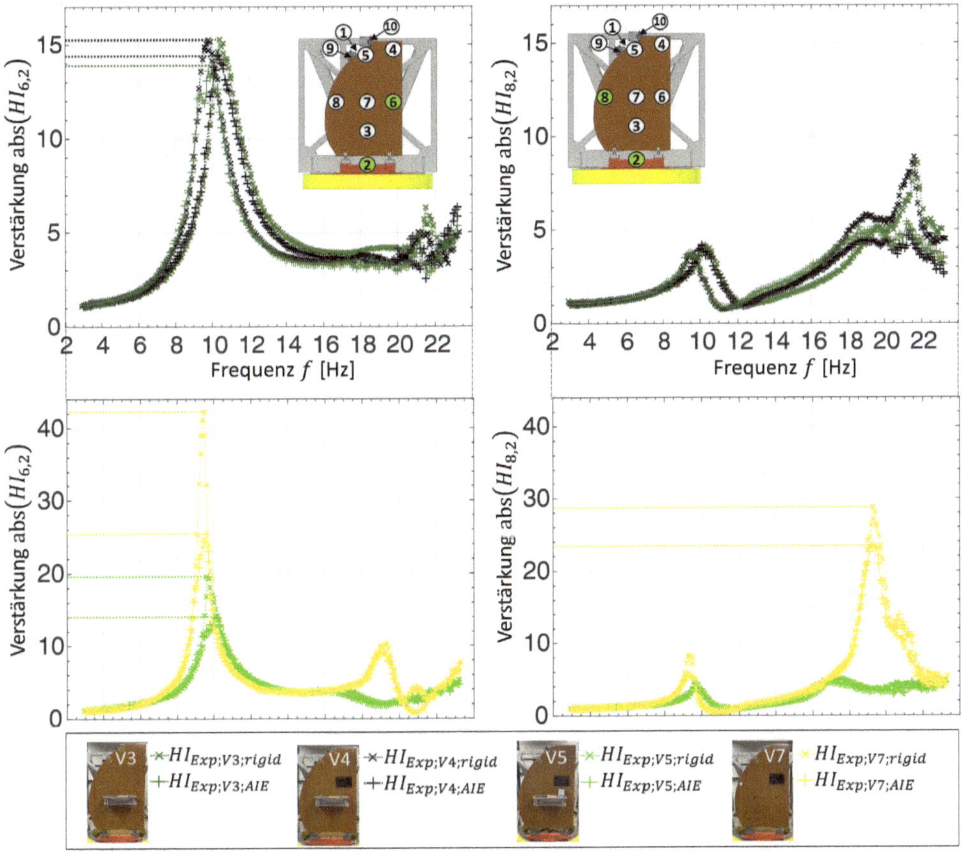

Bild A.16: Die Partition-Varianten V3, V4, V5, V7 experimentell für starre Anbindungen und mit AIE an den oberen Schnittstellen (k = 100 N/mm und d = 2,5 Ns/mm).

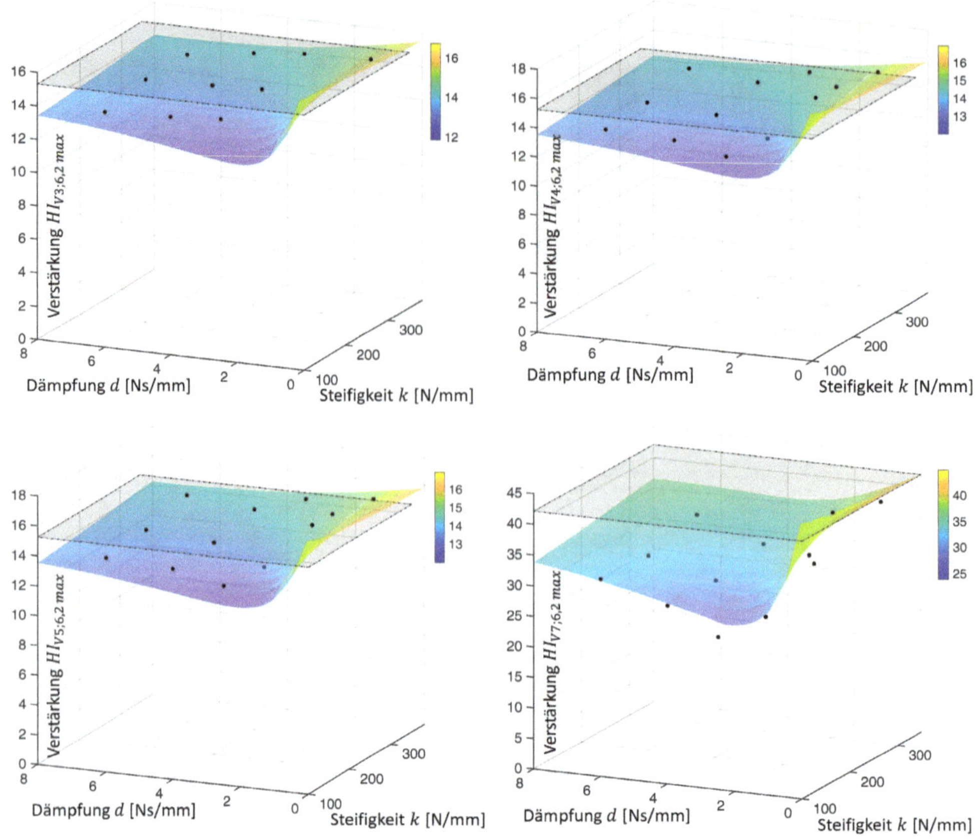

Bild A.17: Vergleich experimentell bestimmter Versuchsergebnisse mit Simulationsergebnissen für V3, V4, V5 und V7 (V1, V6 und V9 in Hauptteil).

A8 Signifikanzanalysen der Schwingungsreduzierung der Partition-Varianten

Mit der Signifikanzanalyse soll eine Überprüfung gegeben werden, wie wahrscheinlich das Ergebnis einer Messung nicht durch Zufall entstanden ist, sondern tatsächlich ein systematischer wiederholbarer Effekt besteht. Die Signifikanzanalyse für die Partition-Varianten bietet sich für die drei untersuchten Partition-Varianten V1, V6 und V9 an, da nur bei diesen für die Anpassung der Schnittstellen ausreichende Versuchswiederholungen betrachtet wurden. Bild A.15 zeigt die zugehörigen Verläufe mit Versuchswiederholung, Mittelwert und Standardabweichung für starre Anbindung und optimale Schnittstelleneigenschaften aus dem Versuch auf.

Es gibt eine Vielzahl an Signifikanztests mit unterschiedlichen Vor- und Nachteilen, für einen Nachweis mit geringer Versuchswiederholung bietet sich der Student's t-test (Student wurde als Pseudonym von WILLIAM SEALY GOSSET in der Erstveröffentlichung 1908 verwendet) an. Bei diesem wird über den Vertrauensbereich der Differenz zweier Messergebnisse $\Delta\mu$ die Signifikanz bewertet [Kle16]. Der Vertrauensbereich δ wird über Gleichung (A.22) bestimmt, wobei s_d die Abweichung der Differenz beschreibt und t die Anzahl der zu berücksichtigenden Standardabweichungen, welche aus zugehörigen Tabellen z. B. in KLEPPMANN [Kle16] bestimmt werden können. Der t-Wert richtet sich nach dem gewünschten Vertrauensniveau und der Anzahl der Versuchswiederholungen. Typische Vertrauensniveaus sind 95 %, 99 % oder 99,9 %, sie beschrieben den Anteil der berücksichtigten Verteilung, welche genutzt wird um die Differenz zwischen den beiden Mittelwerten zu bestimmen.

$$\Delta\mu - t \cdot s_d \leq \delta \leq \Delta\mu + t \cdot s_d \qquad \text{(A.22)}$$

Ein Effekt ist statistisch signifikant, wenn die Differenz der Mittelwerte inkl. ihres Vertrauensbereichs größer null ist. Hierzu wird folgende Hypothese für die Varianten überprüft.

Für die Partition-Variante V1 gilt bei starrer Anbindung eine mittlere Verstärkung von $\mu_{V1,rigid} = 70$, bei einer Versuchswiederholdung von $n = 5$ und einer Standardabweichung von $s_{V1,rigid} = 1.96$. Für die angepassten Schnittstellen mit $k = 100\ N/mm$ und $d = 2.5\ Ns/mm$ ergebt sich eine Verstärkung von $\mu_{V1,adj} = 24$, bei einer Versuchswiederholung von $n = 5$ und einer Standardabweichung von $s_{V1,adj} = 0.83$. Nach Kleppmann [Kle16] ergibt sich für ein Vertrauensintervall von 99,9 % und einer Versuchswiederholung von $n = 5$ ein t-Wert von 5,04.

$$\Delta\mu = \mu_{rigid} - \mu_{adj} = 46 \qquad \text{(A.23)}$$

$$s_d = \sqrt{\frac{s_{rigid}^2 + s_{adj}^2}{n}} = 0.97 \tag{A.24}$$

$$\Delta\mu - t \cdot s_d \leq \delta \leq \Delta\mu + t \cdot s_d \tag{A.25}$$
$$41{,}1 \leq \delta \leq 50{,}9 \quad \text{mit} \quad (1 - \alpha = 0.999; t = 5{,}04)$$

Über die Differenz der Mittelwerte $\Delta\mu$ und der Standardabweichung der Mittelwerte s_d der Partition-Variante V1 kann bei einem Vertrauensintervall 99,9 % von einer signifikanten Differenz der Mittelwerte gesprochen werden, da Differenz inkl. Vertrauensbereich größer null ist.

Für die Partition-Variante V6 gilt bei starrer Anbindung eine mittlere Verstärkung von $\mu_{V6,rigid} = 47{,}3$, bei einer Versuchswiederholdung von $n = 3$ und einer Standardabweichung von $s_{V6,rigid} = 1.29$. Für die angepassten Schnittstellen mit $k = 100\ N/mm$ und $d = 2.5\ Ns/mm$ ergebt sich eine Verstärkung von $\mu_{V1,adj} = 30.5$, bei einer Versuchswiederholung von $n = 3$ und einer Standardabweichung von $s_{V6,adj} = 0.68$. Nach Kleppmann [Kle16] ergibt sich für ein Vertrauensintervall von 99,9 % und einer Versuchswiederholung von $n = 3$ ein t-Wert von 8.61.

$$\Delta\mu - t \cdot s_d \leq \delta \leq \Delta\mu + t \cdot s_d \tag{A.26}$$
$$9.6 \leq \delta \leq 24.03 \quad \text{mit} \quad (1 - \alpha = 0.999; t = 8.61)$$

Über die Differenz der Mittelwerte $\Delta\mu$ und der Standardabweichung der Mittelwerte s_d der Partition-Variante V6 kann bei einem Vertrauensintervall 99,9 % von einer signifikanten Differenz der Mittelwerte gesprochen werden, da Differenz inkl. Vertrauensbereich größer null ist.

Für die Partition-Variante V9 gilt bei starrer Anbindung eine mittlere Verstärkung von $\mu_{V6,rigid} = 17{,}4$, bei einer Versuchswiederholdung von $n = 3$ und einer Standardabweichung von $s_{V6,rigid} = 0{,}73$. Für die angepassten Schnittstellen mit $k = 100\ N/mm$ und $d = 2.5\ Ns/mm$ ergebt sich eine Verstärkung von $\mu_{V1,adj} = 15{,}7$, bei einer Versuchswiederholung von $n = 3$ und einer Standardabweichung von $s_{V6,adj} = 0{,}34$.

$$\Delta\mu - t \cdot s_d \leq \delta \leq \Delta\mu + t \cdot s_d \tag{A.27}$$
$$-2.26 \leq \delta \leq 5.66 \quad \text{mit} \quad (1 - \alpha = 0.999; t = 8.61)$$
$$-0.43 \leq \delta \leq 3.83 \quad \text{mit} \quad (1 - \alpha = 0.99; t = 4.6)$$
$$0.42 \leq \delta \leq 2.98 \quad \text{mit} \quad (1 - \alpha = 0.95; t = 2.78)$$

Über die Differenz der Mittelwerte $\Delta\mu$ und der Standardabweichung der Mittelwerte s_d der Partition-Variante V9 kann bei einem Vertrauensintervall 95 % von einer signifikanten Differenz der Mittelwerte gesprochen werden, da Differenz inkl. Vertrauensbereich größer null ist. Für höhere Vertrauensintervalle mit 99 % oder 99,9 % kann nicht von einer signifikanten Differenz gesprochen werden, mit dem Vertrauensbereich sind negative Differenzen der Mittelwerte möglich, womit eine Unterscheidung auch zufällig sein kann.

Es gibt einen signifikanten Unterschied zwischen dem Mittelwert der starren Anbindung und dem Mittelwert der angepassten Schnittstellen bei den Partition-Varianten V1, V6 und V9.

Literaturverzeichnis

[Abd23] Abdulateef, W. S.; Hejazi, F.: Fuzzy logic based adaptive vibration control system for structures subjected to seismic and wind loads, Structures, Vol. 55, 2023, pp. 1507–1531. https://doi.org/10.1016/j.istruc.2023.06.108

[ABS06] Airbus S.A.S.: ABS1437, Vibration requirements on equipment to cover the sustained engine imbalance, fan blade out event - Test method - Windmilling case, Blagnac, France, 2006.

[ABS11] Airbus S.A.S.: ABS5035, Honeycomb cores, hexagonal of polyamide paper, phenolic resin bonded, cured, Issue 6, Blagnac, France, 2011.

[Ahn09] Ahn, K. K.; Truong, D. Q.; Islam, M. A.: Modeling of a magneto-rheological fluid damper using a self tuning fuzzy mechanism, Journal of Mechanical Science and Technology, Vol. 23(5), 2009, pp. 1485–1499. https://doi.org/10.1007/s12206-009-0359-7

[Alb10] Albers, A.; Düser, T.: Implementation of a Vehicle-in-the-Loop Development and Validation Platform, FISITA 2010 World Automotive Congress, Budapest, 2010.

[Alb16] Albers, A.; Behrendt, M.; Klingler, S.; Matros, K.: Verifikation und Validierung im Produktentstehungsprozess, in: Lindemann, U. (Hrsg.): Handbuch Produktentwicklung, Hanser Verlag, München, 2016, pp. 541–569. https://doi.org/10.3139/9783446445819.019

[Alb94] Albert Mühlenberg Apparatebau: Material Properties - PHG600-44-50, PHG600-68-50, Web Core, 1994.

[Alv18] Alves, M. T. S.; Steffen, V.; Castro dos Santos, M.; Savi, M. A.; Enemark, S.; Santos, I. F.: Vibration control of a flexible rotor suspended by shape memory alloy wires, Journal of Intelligent Material Systems and Structures, Vol. 29(11), 2018, pp. 2309–2323. https://doi.org/10.1177/1045389X18758179

[Ao15] Ao, W. K.; Reynolds, P.: Analysis of H ∞ and H 2 Optimal Design Scheme for an Electromagnetic Damper with Shunt Resonant Circuit, in: Wicks, A. (Hrsg.): Shock & Vibration, Aircraft/Aerospace, and Energy Harvesting, Springer Verlag, Berlin, Conference Proceedings of the Society for Experimental Mechanics Series, Volume 9, 2015, pp. 201–212. https://doi.org/10.1007/978-3-319-15233-2_21

E. Heyden, *Vorgehen zur Schwingungsreduzierung durch anpassbare Impedanzelemente am Beispiel varianter Leichtbaustrukturen*, Produktentwicklung und Konstruktionstechnik 27, https://doi.org/10.1007/978-3-662-70736-4

[Aud11] AUDI AG: Audi Technology Portal - Audi magnetic ride, 2011. https://www.audi-technology-portal.de/de/fahrwerk/fahrwerksregelsysteme/audi-magnetic-ride (Stand: 13.08.23)

[Aut18] Autodesk Inc.: Inventor Nastran - Damping in Dynamic Analysis, 2018. https://knowledge.autodesk.com/guidref/NINCAD/2018/learn-explore/GUID-6D2ABB14-6285-441B-883F-358F9E37FA8E (Stand: 12.06.2023)

[Awa16] Awad, M. I. et al.: Modeling, design & characterization of a novel Passive Variable Stiffness Joint, International Conference on Intelligent Robots and Systems (IROS 2016), Daejeon, South Korea, 2016, pp. 323–329. https://doi.org/10.1109/IROS.2016.7759074

[Bar20] Barzegar, V.; Laflamme, S.; Downey, A.; Li, M.; Hu, C.: Numerical evaluation of a novel passive variable friction damper for vibration mitigation, Engineering Structures, Vol. 220, 2020. https://doi.org/10.1016/j.engstruct.2020.110920

[Bea77] Beards, C. F.; Williams, J. L.: The damping of structural vibration by rotational slip in joints, Journal of Sound and Vibration, Vol. 53(3), 1977, pp. 333–340. https://doi.org/10.1016/0022-460X(77)90418-7

[Bek11] Bekdaş, G.; Nigdeli, S. M.: Estimating optimum parameters of tuned mass dampers using harmony search, Engineering Structures, Vol. 33(9), 2011, pp. 2716–2723. https://doi.org/10.1016/j.engstruct.2011.05.024

[Ber23] Bertolino, A. C.; Gaidano, M.; Smorto, S.; Porro, P. G.; Sorli, M.: Development of a High-Performance Low-Weight Hydraulic Damper for Active Vibration Control of the Main Rotor on Helicopters—Part 1: Design and Mathematical Model, Aerospace, Vol. 10(5), 2023. https://doi.org/10.3390/aerospace10050391

[Bi18] Bi, Z.: Validation and Verification, in: Bi, Z. (Hrsg.): Finite Element Analysis Applications, Elsevier, 2018, pp. 455–494. https://doi.org/10.1016/B978-0-12-809952-0.00012-1

[Bog07] Bograd, S.; Schmidt, A.; Gaul, L.: Modeling of damping in bolted structures, in: Verein Deutscher Ingenieure e.V. (Hrsg.): VDI-Berichte Nr. 2003, 2007.

[Bra11a] Brandt, A.: Noise and vibration analysis - Signal analysis and experimental procedures, John Wiley and Sons Ltd, Chichester, UK, 2011.

[Bra11b] Brand, M.: Grundlagen FEM mit SolidWorks 2010 - Berechnungen verstehen und effektiv anwenden, Vieweg+Teubner, Wiesbaden, 2011. https://doi.org/10.1007/978-3-8348-9838-8

[Bre15] Breuer, S.; Rohrbach-Kerl, A.: Fahrzeugdynamik, Springer Verlag, Berlin, 2015. https://doi.org/10.1007/978-3-658-09475-1

[Cao15] Cao, L.; Downey, A.; Laflamme, S.; Taylor, D.; Ricles, J.: Variable friction device for structural control based on duo-servo vehicle brake: Modeling and experimental validation, Journal of Sound and Vibration, 348, 2015, pp. 41–56. https://doi.org/10.1016/j.jsv.2015.03.011

[Cat12] Catalano, M. et al.: A Variable Damping module for Variable Impedance Actuation, IEEE International Conference on Robotics and Automation, Saint Paul, USA, 2012, pp. 2666–2672. https://doi.org/10.1109/ICRA.2012.6224938

[Ces18] Cesmeci, S.; Gordaninejad, F.; Ryan, K. L.; Eltahawy, W.: A liquid spring–magnetorheological damper system under combined axial and shear loading for three-dimensional seismic isolation of structures, Journal of Intelligent Material Systems and Structures, Vol. 29(18), 2018, pp. 3517–3532. https://doi.org/10.1177/1045389X18783090

[Cho11] Choi, J.; Hong, S.; Lee, W.; Kang, S.; Kim, M.: A Robot Joint With Variable Stiffness Using Leaf Springs, IEEE Transactions on Robotics, Vol. 27(2), 2011, pp. 229–238. https://doi.org/10.1109/TRO.2010.2100450

[Con14] Connor, J.; Laflamme, S.: Structural Motion Engineering, Springer Verlag, Berlin, 2014. https://doi.org/10.1007/978-3-319-06281-5

[Cru20] Cruze, D.; Gladston, H.; Farsangi, E. N.; Loganathan, S.; Dharmaraj, T.; Solomon, S. M.: Development of a Multiple Coil Magneto-Rheological Smart Damper to Improve the Seismic Resilience of Building Structures, The Open Civil Engineering Journal, Vol. 14(1), 2020, pp. 78–93. https://doi.org/10.2174/1874149502014010078

[Dan22] Danun, A. N.; Lindenmann, A.; Heyden, E.: Design Catalogue of Adjustable Stiffness, Damping, and Impedance Elements within AIProVE-Project, Version 1.0, Zenodo, 2022. https://doi.org/10.5281/zenodo.7128860

[Das14a] Dassault Systèmes SE: Abaqus Skripting User's Guide, 2014. http://130.149.89.49:2080/v6.14/books/cmd/default.htm (Stand: 10.04.2023)

[Das14b] Dassault Systèmes SE: Abaqus Analysis User's Guide, 2014. http://130.149.89.49:2080/v6.14/books/usb/default.htm (Stand: 10.04.2023)

[Das15] Dassault Systèmes SE: Abaqus Theory Guide, 2015. http://130.149.89.49:2080/v6.14/books/stm/default.htm (Stand: 10.04.2023)

[Den17] Deng, H. et al.: Variable stiffness mechanisms of dual parameters changing magnetorheological fluid devices, Smart Materials and Structures, Vol. 26(12), 2017. https://doi.org/10.1088/1361-665X/aa92d5

[Den19] Deng, H. et al.: Design and verification of a seat suspension with variable stiffness and damping, Smart Materials and Structures, Vol. 28(6), 2019. https://doi.org/10.1088/1361-665X/ab18d4

[Dep02] Department of Defense: Composite Materials Handbook - Polymer Matrix Composites Materials Usage, Design, and Analysis, Technomic Publishing Co. Inc., Volume 3, Lancaster, 2002.

[DIN00] Deutsches Institut für Normung e. V.: DIN 1311-1, Schwingungen und schwingungsfähige Systeme - Teil 1: Grundbegriffe, Einteilung, ICS 17.160; 01.040.17, Beuth Verlag GmbH, Berlin, 2000.

[DIN02] Deutsches Institut für Normung e. V.: DIN 1311-2, Schwingungen und schwingungsfähige Systeme - Teil 2: Lineare, zeitinvariante schwingungsfähige Systeme mit einem Freiheitsgrad, ICS 17.160, Beuth Verlag GmbH, Berlin, 2002.

[DIN15] Deutsches Institut für Normung e. V.: DIN EN ISO 9000, Qualitätsmanagementsysteme - Grundlagen und Begriffe, ICS 01.040.03; 03.120.10, Beuth Verlag GmbH, Berlin, 2015.

[DIN18] Deutsches Institut für Normung e. V.: DIN EN ISO/IEC 17025, Allgemeine Anforderungen an die Kompetenz von Prüf- und Kalibrierlaboratorien, ICS 03.120.20; 19.020, Beuth Verlag GmbH, Berlin, 2018.

[DIN94] Deutsches Institut für Normung e. V.: DIN 5483-3, Zeitabhängige Größen - Teil 3: Komplexe Darstellung sinusförmig, ICS 01.060.10, Beuth Verlag GmbH, Berlin, 1994.

[Dix07] Dixon, J. C.: The Shock Absorber Handbook, John Wiley & Sons Ltd., Wiley-Professional engineering publishing series, Chichester, UK, Second Edition, 2007.

[Don06] Dong, R. G.; Welcome, D. E.; McDowell, T. W.; Wu, J. Z.: Measurement of biodynamic response of human hand–arm system, Journal of Sound and Vibration, Vol. 294, 2006, pp. 807–827. https://doi.org/10.1016/j.jsv.2005.12.047

[Don20] Dong, X. et al.: Magneto-Rheological Variable Stiffness and Damping Torsional Vibration Control of Powertrain System, Frontiers in Materials, Vol. 7, 2020. https://doi.org/10.3389/fmats.2020.00121

[Dow16] Downey, A.; Cao, L.; Laflamme, S.; Taylor, D.; Ricles, J.: High capacity variable friction damper based on band brake technology, Engineering Structures, Vol. 113, 2016, pp. 287–298. https://doi.org/10.1016/j.engstruct.2016.01.035

[Duf13] Duffy, K. P.; Choi, B. B.; Provenza, A. J.; Min, J. B.; Kray, N.: Active Piezoelectric Vibration Control of Subscale Composite Fan Blades, Journal of Engineering for Gas Turbines and Power, Vol. 135(1), 2013. https://doi.org/10.1115/1.4007720

[Dun18] Dunaj, P.; Powalka, B.; Okulik, T.; Berczyński, S.; Chodzko, M.: Modelling Steel Beams Filled With Composite Material, Journal of Machine Construction and Maintenance, Vol. 110, 2018, pp. 71–78.

[EASA21] European Aviation Safety Agency: Amendment 27, Certification Specifications and Acceptable Means of Compliance for Large Aeroplanes - CS-25, 2021.

[Ehl21] Ehlers, T.; Tatzko, S.; Wallaschek, J.; Lachmayer, R.: Design of particle dampers for additive manufacturing, Additive Manufacturing, 38, 2021, pp. 101752. https://doi.org/10.1016/j.addma.2020.101752

[Eis17] Eisend, M.; Kuß, A.: Grundlagen empirischer Forschung, Springer Fachmedien, Wiesbaden, 2017. https://doi.org/10.1007/978-3-658-09705-9

[Ene16] Enemark, S.; Santos, I. F.: Rotor-bearing system integrated with shape memory alloy springs for ensuring adaptable dynamics and damping enhancement - Theory and experiment, Journal of Sound and Vibration, Vol.

369, 2016, pp. 29–49.
https://doi.org/10.1016/j.jsv.2016.01.023

[Eno12] Enoch, A.; Sutas, A.; Nakaoka, S.; Vijayakumar, S.: BLUE: A bipedal robot with variable stiffness and damping, 12th IEEE-RAS International Conference on Humanoid Robots, Osaka, Japan, 2012, pp. 487–494.
https://doi.org/10.1109/HUMANOIDS.2012.6651564

[Eur11] Euro-Composites S.A.: Material Properties - ECA Honeycomb, Echternach, Luxembourg, 2011.

[Ewi86] Ewins, D. J.: Modal Testing - Theory and Practice, Research Studies Press Ltd., volume 2, Letchworth, UK, 1986.

[Far23] Farahpour, H.; Hejazi, F.: Development of integrated semi-active adaptive vibration control system for bridges subjected to traffic loads, Structures, Vol. 51, 2023, pp. 1773–1794.
https://doi.org/10.1016/j.istruc.2023.03.107

[Fin15] Findeisen, D.; Helduser, S.: Ölhydraulik - Handbuch der hydraulischen Antriebe und Steuerung, Springer Verlag, Berlin, 2015.
https://doi.org/10.1007/978-3-642-54909-0

[Fri11] Friedl, W.; Chalon, M.; Reinecke, J.; Grebenstein, M.: A flexible antagonistic spring element for a high performance over actuated hand, IEEE/RSJ International Conference, San Francisco, USA, 2011, pp. 1366–1372.
https://doi.org/10.1109/IROS.2011.6094569

[Gag19] Gagnon, L.; Morandini, M.; Ghiringhelli, G. L.: A review of particle damping modeling and testing, Journal of Sound and Vibration, Vol. 459, 2019, pp. 114865.
https://doi.org/10.1016/j.jsv.2019.114865

[Gal81] Gallardo, V. C.; Gaffney, E. F.; Bach, L. J., Stallone, M. J.: Blade Loss Transient Dynamics Analysis - Survey and Perspective, NASA Lewis Research Center (Hrsg.), Cincinnati, USA, 1981.

[GAMA09] General Aviation Manufacturers Association: GAMA No. 13, Acceptable Practices Document, Cabin Interior Monument Structural Substantiation Methods, General Aviation Manufacturers Association, Washington, USA, 2009.

[Gau01] Gaul, L.; Nitsche, R.: The Role of Friction in Mechanical Joints, Applied Mechanics Reviews, Vol. 54(2), 2001, pp. 93–106.
https://doi.org/10.1115/1.3097294

[Gau14] Gaul, L.; Becker, J.: Reduction of Structural Vibrations by Passive and Semiactively Controlled Friction Dampers, Shock and Vibration, 2014. https://doi.org/10.1155/2014/870564

[Gér15] Géradin, M.; Rixen, D.; Farhat, C.: Mechanical vibrations - Theory and applications to structural dynamics, Wiley, Chichester, UK, Third Edition, 2015.

[Ger21] Gericke, K.; Bender, B.; Feldhusen, J.; Grote, K.-H.: Entwickeln von Wirkstrukturen, in: Bender, B.; Gericke, K. (Hrsg.): Pahl/Beitz Konstruktionslehre, Springer Verlag, Berlin, 2021, pp. 255–306. https://doi.org/10.1007/978-3-662-57303-7_10

[Gon15] Gonzalez-Buelga, A.; Clare, L. R.; Neild, S. A.; Burrow, S. G.; Inman, D. J.: An electromagnetic vibration absorber with harvesting and tuning capabilities, Structural Control and Health Monitoring, Vol. 22(11), 2015, pp. 1359–1372.
https://doi.org/10.1002/stc.1748

[Gos08] Gosline, A. H. C.; Hayward, V.: Eddy Current Brakes for Haptic Interfaces: Design, Identification, and Control, IEEE/ASME Transactions on Mechatronics, Vol. 13(6), 2008, pp. 669–677. https://doi.org/10.1109/TMECH.2008.2004623

[Gro17] Groß, A.; Stretz, A.; Ersoy, M.; Eulenbach, H.-D.; Gold, H.; Sonnenburg, R.: Bestandteile der Dämpfung, in: Ersoy, M.; Gies, S. (Hrsg.): Fahrwerkhandbuch, Springer Fachmedien, Wiesbaden, 2017, pp. 487–540. https://doi.org/10.1007/978-3-658-15468-4_10

[Gug08] Guglielmino, E.; Sireteanu, T.; Stammers, C. W.; Ghita, G.; Giuclea, M.: Semi-active suspension control - Improved vehicle ride and road friendliness, Springer Verlag, London, UK, 2008.

[Gui20] Guimarães Oliveira, A.; Almeida Silva, A.; Jose de Araújo, C.; Senko, R.; Pierre B dos Reis, R.: Design and experimental analysis of a smart bearing using shape memory alloy springs, Journal of Intelligent Material Systems and Structures, Vol. 31(11), 2020, pp. 1390–1402. https://doi.org/10.1177/1045389X20924829

[Gur09a] Gurit Holding AG: Material Properties - PHG600-68-50, Zürich, Switzerland, 2009.

[Gur09b] Gurit Holding AG: Material Properties - PHG600-44-50, Zürich, Switzerland, 2009.

[Gur09c] Gurit Holding AG: Material Properties - PH 831, Zürich, Switzerland, 2009.

[Gur18] Gurubasavaraju, T. M.; Kumar, H.; Mahalingam, A.: An approach for characterizing twin-tube shear-mode magnetorheological damper through coupled FE and CFD analysis, Journal of the Brazilian Society of Mechanical Sciences and Engineering, Vol. 40(139), 2018.
https://doi.org/10.1007/s40430-018-1066-z

[Gys09] Gysen, B. L. J.; Janssen, J. L. G.; Paulides, J. J. H.; Lomonova, E. A.: Design Aspects of an Active Electromagnetic Suspension System for Automotive Applications, IEEE Transactions on Industry Applications, Vol. 45(5), 2009, pp. 1589–1597.
https://doi.org/10.1109/TIA.2009.2027097

[Gys10] Gysen, B. L. J.; Paulides, J. J. H.; Janssen, J. L. G.; Lomonova, E. A.: Active Electromagnetic Suspension System for Improved Vehicle Dynamics, IEEE Transactions on Vehicular Technology, Vol. 59(3), 2010, pp. 1156–1163.
https://doi.org/10.1109/TVT.2009.2038706

[Gys11a] Gysen, B. L. J.: Generalized harmonic modeling technique for 2D electromagnetic problems - Applied to the design of a direct-drive active suspension system, Dissertation, Technische Universiteit Eindhoven, Niederlande, 2011.
https://doi.org/10.6100/IR719773

[Gys11b] Gysen, B. L. J.; van der Sande, T. P. J.; Paulides, J. J. H.; Lomonova, E. A.: Efficiency of a Regenerative Direct-Drive Electromagnetic Active Suspension, IEEE Transactions on Vehicular Technology, Vol.60(4), 2011, pp. 1384–1393.
https://doi.org/10.1109/TVT.2011.2131160

[Hal01] Halim, D.; Moheimani, S.: Spatial resonant control of flexible structures-application to a piezoelectric laminate beam, IEEE Transactions on Control Systems Technology, Vol. 9(1), 2001, pp. 37–53.
https://doi.org/10.1109/87.896744

[Ham09] Ham, R. van; Sugar, T.; Vanderborght, B.; Hollander, K.; Lefeber, D.: Compliant actuator designs, IEEE Robotics & Automation Magazine, Vol. 16(3), 2009, pp. 81–94.
https://doi.org/10.1109/MRA.2009.933629

[Han12] Hansmann, J.; Kaal, W.; Seipel, B.; Melz, T.: Einstellbares Federelement für Adaptierbaren Schwingungstilger, ATZ - Automobiltechnische Zeitschrift, Vol. 114(3), 2012, pp. 242–247.
https://doi.org/10.1365/s35148-012-0295-1

[Han20a] Hansmann, J.; Millitzer, J.; Rieß, S.; Balzer, L.: Symbiose virtueller und experimenteller Methoden für effizienteres Testen und Entwickeln, in: Liebl, J. (Hrsg.): Experten-Forum Powertrain - Simulation und Test, Springer Fachmedien, Wiesbaden, Proceedings, 2020, pp. 35–49. https://doi.org/10.1007/978-3-658-28707-8_4

[Han20b] Hanna, M.; Schwenke, J.; Heyden, E.; Laukotka, F.; Krause, D.: Neue Trends in der Flugzeugkabinenentwicklung, in: Krause, D. et al. (Hrsg.): Produktentwicklung und Konstruktionstechnik - Forschungsergebnisse und -projekte der Jahre 2016 bis 2020, Springer Verlag, Berlin, Produktentwicklung und Konstruktionstechnik, Band 19, 2020, pp. 207–228. https://doi.org/10.1007/978-3-662-62393-0_9

[Hei13] Heißing, B.; Ersoy, M.; Gies, S.: Fahrwerkhandbuch, Springer Fachmedien, Wiesbaden, 2013. https://doi.org/10.1007/978-3-658-01992-1

[Her17] Herrada, F. J.; García-Martínez, J.; Fraile, A.; Hermanns, L.; Montáns, F. J.: A method for performing efficient parametric dynamic analyses in large finite element models undergoing structural modifications, Engineering Structures, Vol. 131, 2017, pp. 625–638. https://doi.org/10.1016/j.engstruct.2016.10.026

[Hey18] Heyden, E.; Lindenmann, A.; Oltmann, J.; Bruchmueller, T.; Krause, D.; Matthiesen, S.: Adjustable Impedance Elements for Testing and Validation of System Components, Book of Abstracts of the Symposium Lightweight Design in Product Development, Zurich, Schweiz, 2018, pp. 44–46.

[Hey19] Heyden, E.; S. Hartwich, T.; Schwenke, J.; Krause, D.: Transferability of Boundary Conditions in Testing and Validation of Lightweight Structures, Proceedings of the 30th Symposium Design for X (DFX 2019), Jesteburg, 2019. https://doi.org/10.35199/dfx2019.8

[Hey20a] Heyden, E.; Schwenke, J.; Hartwich, T. S.; Hanna, M.; Krause, D.: Aktuelle Ansätze in der Entwicklung und Auslegung von Leichtbaustrukturen, in: Krause, D. et al. (Hrsg.): Produktentwicklung und Konstruktionstechnik - Forschungsergebnisse und -projekte der Jahre 2016 bis 2020, Springer Verlag, Berlin, Produktentwicklung und Konstruktionstechnik, Band 19, 2020, pp. 135–157. https://doi.org/10.1007/978-3-662-62393-0_6

[Hey20b] Heyden, E.; Küchenhof, J.; Greve, E.; Krause, D.: Development of a Design Education Platform for an Interdisciplinary Teaching Concept, Procedia

CIRP, Vol. 91, 2020, pp. 553–558.
https://doi.org/10.1016/j.procir.2020.02.213

[Hey21] Heyden, E.; Lindenmann, A.; Matthiesen, S.; Krause, D.: Approach for Calibrated Measurement of the Frequency Response for Characterization of Compliant Interface Elements on Vibration Test Benches, Applied Sciences, Vol. 11, 2021.
https://doi.org/10.3390/app11209604

[Hey23a] Heyden, E.; Hofmann, U.; Meboldt, M.; Krause, D.: A compact adjustable hydraulic damper with symmetric high load behavior enabled by selective laser melting, Journal of Low Frequency Noise, Vibration and Active Control, Vol. 42(4), 2023.
https://doi.org/10.1177/14613484231181864

[Hey23b] Heyden, E.; Nasrallah Danun, A.; Lindenmann, A.; Matthiesen, S.; Meboldt, M.; Krause, D.: Design Catalogue of Adjustable Stiffness, Damping, and Impedance Elements within AIProVE-Project, Version 2.0, Zenodo, 2023.
https://doi.org/10.5281/zenodo.8123620

[Hey25] Heyden, E.; Hüttich, P.; Bunk, L.; Krause, D.: Vibration Reduction of Lightweight Structures through Adjustable Damping and Stiffness Properties at their Interfaces, Journal of Low Frequency Noise, Vibration and Active Control, 2025 (in review).

[Hin11] Hinzen, H.: Maschinenelemente 1, Oldenbourg Wissenschaftsverlag, München, 3. Auflage, 2011.
https://doi.org/10.1524/9783486707922

[Hof20] Hofmann, J.: Verifikation und Validierung, in: Hofmann, J. (Hrsg.): Ein Physiologiemodell für Tactical Combat Casualty Care Training in mobilen Serious Games, Springer Fachmedien, Wiesbaden, 2020, pp. 235–252.
https://doi.org/10.1007/978-3-658-30202-3_14

[Hu22] Hu, H.; Liu, Y.; Xie, Z.; Yao, J.; Liu, H.: Mechanical design, modeling, and identification for a novel antagonistic variable stiffness dexterous finger, Frontiers of Mechanical Engineering, Vol. 17(3), 2022.
https://doi.org/10.1007/s11465-022-0691-5

[Hua19] Huang, H.; Sun, S.; Chen, S.; Li, W.: Numerical and experimental studies on a new variable stiffness and damping magnetorheological fluid damper, Journal of Intelligent Material Systems and Structures, Vol. 30(11), 2019, pp. 1639–1652.
https://doi.org/10.1177/1045389X19844003

[Hut04] Hutton, D. V.: Fundamentals of finite element analysis, McGraw-Hill, Boston, USA, 2004.

[Hüt22] Hüttich, P.; Heyden, E.; Krause, D.: A Numerical Model for Vibration Analyses of an Aircraft Partition with Parameterized Interface Properties, Proceedings of the ECCM20, 2022.

[Ibr05] Ibrahim, R. A.; Pettit, C. L.: Uncertainties and dynamic problems of bolted joints and other fasteners, Journal of Sound and Vibration, Vol. 279, 2005, pp. 857–936.
https://doi.org/10.1016/j.jsv.2003.11.064

[Inm14] Inman, D. J.: Engineering vibration, Pearson Education, Boston, USA, 4. Edition, 2014.

[Iye04] Iyengar, V. R.; ALEXANDRIDIS, A. A.; TUNG, S. C.; RULE, D. S.: Wear Testing of Seals in Magneto-Rheological Fluids, Tribology Transactions, Vol. 47, 2004, pp. 23–28.
https://doi.org/10.1080/05698190490279083

[Jaf13] Jafari, A.; Tsagarakis, N. G.; Caldwell, D. G.: A Novel Intrinsically Energy Efficient Actuator With Adjustable Stiffness (AwAS), IEEE/ASME Transactions on Mechatronics, Vol. 18(1), 2013, pp. 355–365.
https://doi.org/10.1109/TMECH.2011.2177098

[Jan06] Janocha, H.: Steuerbares Motorlager mit magnetorheologischer Flüssigkeit, in: Verein Deutscher Ingenieure e.V. (Hrsg.): VDI-Berichte, 2006, pp. 313–326.

[Jug16] Jugulkar, L. M.; Singh, S.; Sawant, S. M.: Analysis of suspension with variable stiffness and variable damping force for automotive applications, Advances in Mechanical Engineering, Vol. 8(5), 2016.
https://doi.org/10.1177/1687814016648638

[Juj19] Jujjavarapu, S. S.; Memar, A. H.; Karami, M. A.; Esfahani, E. T.: Variable Stiffness Mechanism for Suppressing Unintended Forces in Physical Human–Robot Interaction, Journal of Mechanisms and Robotics, Vol. 11(2), 2019.
https://doi.org/10.1115/1.4042295

[Ker09] Kern, T. A. et al.: Entwicklung Haptischer Geräte - Ein Einstieg für Ingenieure, Springer Verlag, Berlin, 2009.
https://doi.org/10.1007/978-3-540-87644-1

[Key09] Keye, S.; Keimer, R.; Homann, S.: A vibration absorber with variable eigenfrequency for turboprop aircraft, Aerospace Science and Technology, Vol.

13, 2009, pp. 165–171.
https://doi.org/10.1016/j.ast.2008.10.001

[Kim01a] Kim, J. Y.; Jeong, W. B.; Lee, S. B.; Lee, B. H.: An Experimental Approach for Structural Dynamic Modification of Fixture in Vibration Test Control, JSME International Journal Series C - Mechanical Systems, Machine Elements and Manufacturing, Vol. 44(2), 2001, pp. 334–340.
https://doi.org/10.1299/jsmec.44.334

[Kim01b] Kim, S.-M.; Elliott, S. J.; Brennan, M. J.: Decentralized control for multichannel active vibration isolation, IEEE Transactions on Control Systems Technology, Vol. 9(1), 2001, pp. 93–100.
https://doi.org/10.1109/87.896750

[Kim17] Kim, H.-C.; Shin, Y.-J.; You, W.; Jung, K. C.; Oh, J.-S.; Choi, S.-B.: A ride quality evaluation of a semi-active railway vehicle suspension system with MR damper - Railway field tests, Journal of Rail and Rapid Transit, Vol. 231(3), 2017, pp. 306–316.
https://doi.org/10.1177/0954409716629706

[Kla15] Klahn, C.; Leutenecker, B.; Meboldt, M.: Design Strategies for the Process of Additive Manufacturing, Procedia CIRP, Vol. 36, 2015, pp. 230–235.
https://doi.org/10.1016/j.procir.2015.01.082

[Kla18] Klahn, C.; Meboldt, M.; Fontana, F.; Leutenecker-Twelsiek, B.; Jansen, J.: Entwicklung und Konstruktion für die Additive Fertigung - Grundlagen und Methoden für den Einsatz in industriellen Endkundenprodukten, Vogel Business Media, Würzburg, 1. Auflage, 2018.

[Kle11] Klein, B.: Versuchsplanung - DoE - Einführung in die Taguchi/Shainin-Methodik, Oldenbourg Wissenschaftsverlag GmbH, München, 3. Auflage, 2011.

[Kle14] Kleppmann, W.: Statistische Versuchsplanung, in: Pfeifer, T.; Schmitt, R. (Hrsg.): Masing Handbuch Qualitätsmanagement, Carl Hanser Verlag GmbH & Co. KG, München, 2014, pp. 499–522.
https://doi.org/10.3139/9783446439924.022

[Kle15] Klein, B.: FEM - Grundlagen und Anwendungen der Finite-Element-Methode im Maschinen- und Fahrzeugbau, Springer Fachmedien, Wiesbaden, 10. Auflage, 2015.

[Kle16] Kleppmann, W.: Versuchsplanung - Produkte und Prozesse optimieren, Hanser Verlag, München, 9. Auflage, 2016.
https://doi.org/10.3139/9783446447172

[Kog99] Koganezawa, K.; Watanabe, Y.; Shimizu, N.: Antagonistic muscle-like actuator and its application to multi-d.o.f. forearm prosthesis, Advanced Robotics, Vol. 12(7-8), 1999, pp. 771–789. https://doi.org/10.1163/156855399X00135

[Kra16] Krause, D.; Seemann, R.; Oltmann, J.; Rasmussen, O.: Produktvalidierung von Leichtbaustrukturen für die Flugzeugkabine, Deutscher Luft- und Raumfahrtkongress, 2016.

[Kra18] Krause, D.; Gebhardt, N.: Methodische Entwicklung modularer Produktfamilien - Hohe Produktvielfalt beherrschbar entwickeln, Springer Verlag, Berlin, 2018. https://doi.org/10.1007/978-3-662-53040-5

[Kra23] Krause, D.; Heyden, E.: Anpassbare Impedanzelemente zur Schwingungsreduzierung von Flugzeugstrukturen - Nachweis und Anwendung auf Schwingungsprüfständen, Konstruktion - WiGeP News, Vol. 75, 2023, pp. 59. https://doi.org/10.37544/0720-5953-2023-11-12-59

[Laf10] Laffranchi, M.; Tsagarakis, N. G.; Caldwell, D. G.: A variable physical damping actuator (VPDA) for compliant robotic joints, IEEE International Conference on Robotics and Automation, Anchorage, USA, 2010, pp. 1668–1674. https://doi.org/10.1109/ROBOT.2010.5509971

[Laf12] Laflamme, S.; Taylor, D.; Abdellaoui Maane, M.; Connor, J. J.: Modified friction device for control of large-scale systems, Structural Control and Health Monitoring, Vol. 19(4), 2012, pp. 548–564. https://doi.org/10.1002/stc.454

[Lal14] Lalanne, C.: Sinusoidal Vibration, John Wiley & Sons, Chichester, UK, 2014. https://doi.org/10.1002/9781118931110

[Lan01] Lang, G. F.; Snyder, D.: Understanding the Physics of Electrodynamic Shaker Performance, Dynamic Testing Reference Issue35, 2001, pp. 24–35.

[Lan97] Lang, G. F.: Electrodynamic Shaker Fundamentals, Sound and Vibration Issue, 1997, pp. 1–8.

[Lau20] Laukotka, F. et al.: Entwicklung und Anwendung von Sonderprüfständen, in: Krause, D. et al. (Hrsg.): Produktentwicklung und Konstruktionstechnik - Forschungsergebnisse und -projekte der Jahre 2016 bis 2020, Springer

Verlag, Berlin, Produktentwicklung und Konstruktionstechnik, Band 19, 2020, pp. 177–205.
https://doi.org/10.1007/978-3-662-62393-0_8

[Lav15] Lavate, S. A.; Todkar, R. G.: Variable Stiffness Actuators A General Review, International Journal of Engineering Research and, Vol. 4(7), 2015, pp. 201–205.
https://doi.org/10.17577/IJERTV4IS070214

[Leu16] Leutenecker-Twelsiek, B.; Klahn, C.; Meboldt, M.: Considering Part Orientation in Design for Additive Manufacturing, Procedia CIRP, Vol. 50, 2016, pp. 408–413.
https://doi.org/10.1016/j.procir.2016.05.016

[Lin12] Lin, P.-Y.; Lin, T.-K.: Control of seismically isolated bridges by magnetorheological dampers and a rolling pendulum system, Structural Control and Health Monitoring, Vol. 19, 2012, pp. 278–294.
https://doi.org/10.1002/stc.431

[Lin14] Lindemann, U.: Models of Design, in: Chakrabarti, A.; Blessing, L. T. M. (Hrsg.): An Anthology of Theories and Models of Design, Springer Verlag, Berlin, 2014, pp. 121–132.
https://doi.org/10.1007/978-1-4471-6338-1_6

[Lin19] Lindenmann, A.; Heyden, E.; Matthiesen, S.; Krause, D.: Adjustable Impedance Elements for Testing and Validation of Aircraft Components and Hand-Held Power Tools, Stuttgarter Symposium für Produktentwicklung (SSP 2019), Stuttgart, 2019.

[Lin22] Lindenmann, A.; Heyden, E.; Mas, V.; Krause, D.; Matthiesen, S.: Influence of friction bearings on the frequency response of a variable stiffness mechanism, Mechanism and Machine Theory, Vol. 168, 2022.
https://doi.org/10.1016/j.mechmachtheory.2021.104588

[Lin23] Lindenmann, A.: Analyse der Schwingungseigenschaften des menschlichen Hand-Arm-Systems in translatorischer Richtung und deren Abbildung in einem einstellbaren Hand-Arm-Modell, Dissertation, Karlsruher Institut für Technologie (KIT), Forschungsberichte des IPEK, Band 166, 2023.
https://doi.org/10.5445/IR/1000161145

[Liu06a] Liu, Y.; Matsuhisa, H.; Utsuno, H.; Park, J. G.: Vibration Control by a Variable Damping and Stiffness System with Magnetorheological Dampers, JSME International Journal Series C - Mechanical Systems, Machine

Elements and Manufacturing, Vol. 49(2), 2006, pp. 411–417.
https://doi.org/10.1299/jsmec.49.411

[Liu06b] Liu, Y.; Matsuhisa, H.; Utsuno, H.; Park, J. G.: Variable Damping and Stiffness Vibration Control with Magnetorheological Fluid Dampers for Two Degree-of-Freedom System, JSME International Journal Series C - Mechanical Systems, Machine Elements and Manufacturing, Vol. 49(1), 2006, pp. 156–162.
https://doi.org/10.1299/jsmec.49.156

[Liu08] Liu, Y.; Matsuhisa, H.; Utsuno, H.: Semi-active vibration isolation system with variable stiffness and damping control, Journal of Sound and Vibration, Vol. 313, 2008, pp. 16–28.
https://doi.org/10.1016/j.jsv.2007.11.045

[Liu14] Liu, G. R.; Quek, S. S.: The finite element method - A practical course, Elsevier, Amsterdam, Niederlande, Second edition, 2014.

[Liu16] Liu, L.; Leonhardt, S.; Misgeld, B. J.: Design and control of a mechanical rotary variable impedance actuator, Mechatronics, Vol. 39, 2016, pp. 226–236.
https://doi.org/10.1016/j.mechatronics.2016.06.002

[Mac19] Maciejewski, I.; Krzyżyński, T.; Pecolt, S.; Chamera, S.: Semi-active vibration control of horizontal seat suspension by using magneto-rheological damper, Journal of Theoretical and Applied Mechanics, Vol. 57(2), 2019, pp. 411–420.
https://doi.org/10.15632/jtam-pl/104593

[Mag16] Magnus, K.; Popp, K.; Sextro, W.: Schwingungen - Grundlagen - Modelle - Beispiele, Springer Fachmedien, Wiesbaden, 10. Auflage, 2016.
https://doi.org/10.1007/978-3-658-13821-9

[Man20] Mangold, S.: Erfassung heterogener passiver Anwendereigenschaften und deren Abbildung in einem einstellbaren Hand-Arm Modell am Beispiel eines Impulsschraubers, Dissertation, Karlsruher Institut für Technologie (KIT), Forschungsberichte des IPEK, Band 125, 2020.
https://doi.org/10.5445/IR/1000118163

[Mat07] Matthias, M.; Friedmann, A.; Koch, T.; Drögemüller, T.: Active mounts for marine application - the BMBF research project "Active aggregate mounts to reduce structure vibrations and structure-borne sound transmission", Active and Passive Smart Structures and Integrated Systems 2007, San Diego, USA, 2007.
https://doi.org/10.1117/12.715639

[Mat19] Matthiesen, S.; Schäfer, T.; Mangold, S.; Durow, W.: X-in-the-Loop in der Gerätebranche - Ein ganzheitliches Validierungsframework unter Berücksichtigung der Wechselwirkungen zwischen Anwender, Gerät und Anwendung, Stuttgarter Symposium für Produktentwicklung (SSP 2019), Stuttgart, 2019.

[Mat21] Matthiesen, S.: Gestaltung – Prozess und Methoden, in: Bender, B.; Gericke, K. (Hrsg.): Pahl/Beitz Konstruktionslehre, Springer Verlag, Berlin, 2021, pp. 397–465. https://doi.org/10.1007/978-3-662-57303-7_13

[Mau22] Mauser, K.; Sjarov, M.; Nowak, A.; Campanile, L. F.; Hasse, A.: Design and control of actively prestressed compliant mechanisms for variable stiffness actuators, Journal of Intelligent Material Systems and Structures, Vol. 33(19), 2022, pp. 1045389X2210856. https://doi.org/10.1177/1045389X221085656

[McC95] McConnell, K.: Vibration Testing - Theory and Practice, John Wiley & Sons, New York, USA, 1995.

[Mei22] Mei, F.; Bi, S.; Cai, Y.; Gao, H.: Design and Experiment Evaluation of Load Distribution on the Dual Motors in Cam-Based Variable Stiffness Actuator with Helping Mode, Actuators, Vol. 11(6), 2022. https://doi.org/10.3390/act11060153

[Mey23] Meyer, N.; Seifried, R.: Systematic design of particle dampers for transient vertical vibrations, Granular Matter, Vol. 25(1), 2023. https://doi.org/10.1007/s10035-022-01290-y

[Mig05] Migliore, S. A.; Brown, E. A.; DeWeerth, S. P.: Biologically Inspired Joint Stiffness Control, Proceedings of the IEEE International Conference on Robotics and Automation, Barcelona, Spain, 2005, pp. 4508–4513. https://doi.org/10.1109/ROBOT.2005.1570814

[Mil21] Millitzer, J.; Hansmann, J.; Lapiccirella, G.; Tamm, C.; Herold, S.: Tuning and Emulation of Mechanical Characteristics - Tunable Mounts and a Mechanical Hardware-in-the-Loop Approach for More Efficient Research and Testing, in: Pelz, P. F.; Groche, P. (Hrsg.): Uncertainty in Mechanical Engineering, Springer Verlag, Berlin, 2021, pp. 129–144. https://doi.org/10.1007/978-3-030-77256-7_12

[Miz03] Mizuno, T.; Toumiya, T.; Takasaki, M.: Vibration Isolation System Using Negative Stiffness, JSME International Journal Series C - Mechanical Systems, Machine Elements and Manufacturing, Vol. 46(3), 2003, pp. 807–

812.
https://doi.org/10.1299/jsmec.46.807

[Moh22] Mohd Yamin, A. H.; Ab Talib, M. H.; Mat Darus, I. Z.; Mohd Nor, N. S.: Magneto-Rheological (MR) damper - Parametric Modelling and Experimental Validation of the Lord RD 8040-1, Jurnal Teknologi, Vol. 84(2), 2022, pp. 27–34.
https://doi.org/10.11113/jurnalteknologi.v84.16611

[Mös10] Möser, M.; Kropp, W.: Körperschall - Physikalische Grundlagen und technische Anwendungen, Springer Verlag, Berlin, 3. Auflage, 2010.
https://doi.org/10.1007/978-3-540-49048-7

[Nam10] Nam, K.-H.; Kim, B.-S.; Song, J.-B.: Compliant actuation of parallel-type variable stiffness actuator based on antagonistic actuation, Journal of Mechanical Science and Technology, Vol. 24(11), 2010, pp. 2315–2321.
https://doi.org/10.1007/s12206-010-0813-6

[Nas12] Nasdala, L.: FEM-Formelsammlung Statik und Dynamik - Hintergrundinformationen, Tipps und Tricks, Springer Fachmedien, Wiesbaden, 2. Auflage, 2012.

[Nin18] Ning, D.; Du, H.; Sun, S.; Li, W.; Li, W.: An Energy Saving Variable Damping Seat Suspension System With Regeneration Capability, IEEE Transactions on Industrial Electronics, Vol. 65(10), 2018, pp. 8080–8091.
https://doi.org/10.1109/TIE.2018.2803756

[Oh16] Oh, J.-S.; Shin, Y.-J.; Koo, H.-W.; Kim, H.-C.; Park, J.; Choi, S.-B.: Vibration control of a semi-active railway vehicle suspension with magneto-rheological dampers, Advances in Mechanical Engineering, Vol. 8(4), 2016, pp. 168781401664363.
https://doi.org/10.1177/1687814016643638

[Ole79] Olesen, H.; Randall, R.: A Guide to Mechanical Impedance and Structural Response Techniques, Brüel & Kjaer (Hrsg.), Kopenhagen, Dänemark, 1979.

[Olt15] Oltmann, J.; Seemann, R.; Krause, D.: Experimental Investigation on Damping for Honeycomb Sandwich Panels under different Support Conditions, Proceedings of the 5th International Workshop on Aircraft System Technologies (AST 2016), Hamburg, 2015, pp. 207–216.

[Olt18] Oltmann, J.; Hartwich, T. S.; Krause, D.: Design of Particle Dampers for Lightweight Structures Using Frequency Based Substructuring,

Proceedings of the International Conference on Noise and Vibration Engineering (ISMA 2018), Leuven, Belgium, 2018.

[Olt20] Oltmann, J.; Hartwich, T.; Krause, D.: Optimizing lightweight structures with particle damping using frequency based substructuring, Design Science, Vol. 6, 2020. https://doi.org/10.1017/dsj.2020.13

[Pah02] Pahl, H. J.: Luftfedern in Nutzfahrzeugen - Auslegung Berechnung Praxis, LFT Luftfedertechnik, Tönisvorst, 2002.

[Pér16] Pérez-Díaz, J.; Valiente-Blanco, I.; Cristache, C.: Z-Damper: A New Paradigm for Attenuation of Vibrations, Machines, Vol. 4(2), 2016. https://doi.org/10.3390/machines4020012

[Pet15] Petit, F.; Friedl, W.; Höppner, H.; Grebenstein, M.: Analysis and Synthesis of the Bidirectional Antagonistic Variable Stiffness Mechanism, IEEE/ASME Transactions on Mechatronics, Vol. 20(2), 2015, pp. 684–695. https://doi.org/10.1109/TMECH.2014.2321428

[Pin12] Pintelon, R.; Schoukens, J.: System Identification - A Frequency Domain Approach, John Wiley & Sons, Hoboken, USA, Second Edition, 2012. https://doi.org/10.1002/9781118287422

[Pla13] Plaumann, B.; Rasmussen, O.; Krause, D.: System analysis and synthesis for the dimensioning of variant lightweight cabin interior, Proceedings of the 54th AIAA/ASME/ASCE/AHS/ASC Structures, Structural Dynamics, and Materials Conference, Boston, USA, 2013. https://doi.org/10.2514/6.2013-1632

[Pla14a] Plaumann, B.; Krause, D.: Methodical Support for the Dimensioning of Variant Lightweight Structures Under Dynamic Excitations, Proceedings of the 13th International Design Conference (DESIGN 2014), Dubrovnik, Croatia, 2014, pp. 1167–1178.

[Pla14b] Plaumann, B.; Krause, D.: A Methodical Approach for Dynamic System Analysis & Synthesis in the Dimensioning of Variant Lightweight Cabin Interior, 29th Congress of the International Council of the Aeronautical Sciences, St. Petersburg, Russland, 2014.

[Pla15] Plaumann, B.: Systemanalyse und -synthese für die Auslegung varianter Leichtbaustrukturen unter dynamischen Lasten, Dissertation, Technische Universität Hamburg-Harburg, TuTech Verlag, Hamburger Schriftenreihe Produktentwicklung und Konstruktionstechnik, Band 14, Hamburg, 2015. https://doi.org/10.15480/882.1261

[Pur11] Puri, G.: Python scripts for Abaqus - Learn by example, Charleston, USA, 2011.

[Qui05] Quinn, D. D.; Segalman, D. J.: Using Series-Series Iwan-Type Models for Understanding Joint Dynamics, Journal of Applied Mechanics, Vol. 72(5), 2005, pp. 666–673.
https://doi.org/10.1115/1.1978918

[Rad13] Radoičić, G.; Jovanović, M.: Experimental Identification of Overall Structural Damping of System, Journal of Mechanical Engineering, Vol. 59(4), 2013, pp. 260–268.
https://doi.org/10.5545/sv-jme.2012.569

[Ram17] Rambacher, C.; Ehrt, T.; Sell, H.: Schwingungsoptimierung ganzer Achsen, ATZ - Automobiltechnische Zeitschrift, 1196, 2017, pp. 54–59.
https://doi.org/10.1007/s35148-017-0040-x

[Rao11] Rao, S. S.: Mechanical vibrations, Pearson Education, London, UK, Fifth Edition, 2011.

[Ras17] Rasmussen, O.; Krause, D.: Influence of Load Elements on the Dynamic Behaviour of Lightweight Structures, Proceedings of the 6th International Workshop on Aircraft System Technologies (AST 2017), 2017.

[Red19] Reddy, J. N.: Introduction to the finite element method, McGraw Hill Education, New York, USA, Fourth Edition, 2019.

[Rei04] Reinhorn, A. M.; Sivaselvan, M. V.; Liang, Z.; Shao, X.: Real-Time Dynamic Hybrid Testing of Structural Systems, 13th World Conference on Earthquake Engineering, Vancouver, Canada, 2004.

[Riv10] Rivin, E. I.: Handbook on Stiffness & Damping in Mechanical Design, ASME Press, New York, USA, 2010.
https://doi.org/10.1115/1.802939

[Roj19] Rojas, R. A.; Wehrle, E.; Vidoni, R.: Optimal Design for the Passive Control of Vibration Based on Limit Cycles, Shock and Vibration, Vol. 2019, 2019.
https://doi.org/10.1155/2019/5808510

[Rot01] Roth, K.: Konstruieren mit Konstruktionskatalogen, Springer Berlin Heidelberg, Berlin, Heidelberg, 2001.
https://doi.org/10.1007/978-3-642-17467-4

[Sal07] Salvador, F.: Toward a Product System Modularity Construct: Literature Review and Reconceptualization, IEEE Transactions on Engineering

Management, Vol. 54(2), 2007, pp. 219–240.
https://doi.org/10.1109/TEM.2007.893996

[San11] Santos, I. F.: On the future of controllable fluid film bearings, Mécanique & Industries, Vol. 12, 2011, pp. 275–281.
https://doi.org/10.1051/meca/2011016

[Sar23] Sariyildiz, E.; Mutlu, R.; Roberts, J.; Kuo, C.-H.; Ugurlu, B.: Design and Control of a Novel Variable Stiffness Series Elastic Actuator, IEEE/ASME Transactions on Mechatronics, Vol. 28(3), 2023, pp. 1534–1545.
https://doi.org/10.1109/TMECH.2022.3232471

[Sch21] Schmitz, T. L.; Smith, K. S.: Mechanical Vibrations, Springer Verlag, Cham, Switzerland, 2021.
https://doi.org/10.1007/978-3-030-52344-2

[Sch22] Schmitz, K.: Fluidtechnik - Systeme und Komponenten, Shaker Verlag, Reihe Fluidtechnik, Düren, 2022.

[Sch23] Schröder, T.; Spengler, C.; Lindenmann, A.; Matthiesen, S.: Einfluss der Ankopplungskräfte auf die rotatorische Impedanz des menschlichen Hand-Arm-Systems bei Rotationsschwingungen um die zh-Achse, Humanschwingungen, 2023, pp. 125–136.
https://doi.org/10.51202/9783181024119-125

[Seb23] Sebesta, K.; Zacek, J.; Salva, M.: Experimental Device for Testing of Semi-Active Magnetorheological damper, MM Science Journal, 2023.
https://doi.org/10.17973/MMSJ.2023_03_2023004

[See14] Seemann, R.; Plaumann, B.; Oltmann, J.; Krause, D.: FE-Modelling Guidelines for the Dimensioning of Aircraft Cabin Interior under Stationary Dynamic Loads, 29th Congress of the International Council of the Aeronautical Sciences, St. Petersburg, Russland, 2014.

[See15] Seemann, R.; Krause, D.: Virtual testing of nomex honeycomb sandwich panel inserts, 20th ICCM International Conferences on Composite Materials, Copenhagen, Denmark, 2015.

[See20] Seemann, R.: A Virtual Testing Approach for Honeycomb Sandwich Panel Joints in Aircraft Interior, Dissertation, Technische Universität Hamburg, Springer Verlag, Produktentwicklung und Konstruktionstechnik, Band 16, Berlin, 2020.
https://doi.org/10.1007/978-3-662-60276-8

[Sha21] Shao, Y.; Zhang, W.; Ding, X.: Configuration synthesis of variable stiffness mechanisms based on guide-bar mechanisms with length-adjustable

links, Mechanism and Machine Theory, Vol. 156, 2021.
https://doi.org/10.1016/j.mechmachtheory.2020.104153

[Sin10] Sinha, A.: Vibration of mechanical systems, Cambridge Univ. Press, Cambridge, UK, 2010.

[Son16] Song, D.-F.; Lu, Y.-J.: Research and Development of Mechanically Adjustable Fluid Viscous Damper, Proceedings of the 3rd International Conference on Material Engineering and Application (ICMEA 2016), 2016, pp. 556–562.
https://doi.org/10.2991/icmea-16.2016.92

[Spu20] Spurk, J. H.; Aksel, N.: Fluid Mechanics, Springer Verlag, Cham, Switzerland, Third Edition, 2020.
https://doi.org/10.1007/978-3-030-30259-7

[Stü16] Stücheli, M.: On the Design of Compact Adjustable Impedance Elements, Dissertation, ETH Zurich, Research Collection, No. 23809, Zurich, Switzerland, 2016.
https://doi.org/10.3929/ethz-a-010800363

[Stü17] Stücheli, M.; Daners, M. S.; Meboldt, M.: Benchmark of the Compactness Potential of Adjustable Stiffness Mechanisms, Journal of Mechanisms and Robotics, Vol. 9(5), 2017.
https://doi.org/10.1115/1.4037114

[Stu19] Sturm, C.; Bremer, F.; Matthiesen, S.: Design for Vibration Reduction – An Overview of Models for Product Development with Focus on Excitation and Transmission of Vibrations of Technical Systems, Procedia CIRP, Vol. 84, 2019, pp. 662–666.
https://doi.org/10.1016/j.procir.2019.03.254

[Sun15a] Sun, S.; Yang, J.; Li, W.; Deng, H.; Du, H.; Alici, G.: Development of a novel variable stiffness and damping magnetorheological fluid damper, Smart Materials and Structures, Vol. 24, 2015.
https://doi.org/10.1088/0964-1726/24/8/085021

[Sun15b] Sun, S. et al.: A Compact Variable Stiffness and Damping Shock Absorber for Vehicle Suspension, IEEE/ASME Transactions on Mechatronics, Vol. 20(5), 2015, pp. 2621–2629.
https://doi.org/10.1109/TMECH.2015.2406319

[Sun17] Sun, S.; Tang, X.; Li, W.; Du, H.: Advanced vehicle suspension with variable stiffness and damping MR damper, Procedings of the IEEE International

Conference on Mechatronics (ICM), Churchill, Australia, 2017, pp. 444–448.

[Tag12] Tagliamonte, N. L.; Sergi, F.; Accoto, D.; Carpino, G.; Guglielmelli, E.: Double actuation architectures for rendering variable impedance in compliant robots: A review, Mechatronics, Vol. 22(8), 2012, pp. 1187–1203. https://doi.org/10.1016/j.mechatronics.2012.09.011

[Ter99] Terenzi, G.: Dynamics of SDOF Systems with Nonlinear Viscous Damping, Journal of Engineering Mechanics, Vol. 125(8), 1999, pp. 956–963. https://doi.org/10.1061/(ASCE)0733-9399(1999)125:8(956)

[Tha04] Thacker, B. H.; Doebling, S. W.; Hemez, F. M.; Anderson, M. C.; Pepin, J. E.; Rodriguez, E. A.: Concepts of Model Verification and Validation, National Nuclear Security Agency (Hrsg.), Los Alamos, USA, 2004. https://doi.org/10.2172/835920

[Tho01] Thomke, S.; Bell, D. E.: Sequential Testing in Product Development, Management Science, Vol. 47(2), 2001, pp. 308–323. https://doi.org/10.1287/mnsc.47.2.308.9838

[Ung73] Ungar, E. E.: The status of engineering knowledge concerning the damping of built-up structures, Journal of Sound and Vibration, Vol. 26(1), 1973, pp. 141–154. https://doi.org/10.1016/S0022-460X(73)80210-X

[Uns03] Unsal, M.; Niezrecki, C.; Crane III, C.: A new semi-active piezoelectric-based friction damper, Smart Structures and Materials 2003, San Diego, USA, 2003. https://doi.org/10.1117/12.483771

[Van00] Vance, J. M.; Ying, D.; Nikolajsen, J. L.: Actively Controlled Bearing Dampers for Aircraft Engine Applications, Journal of Engineering for Gas Turbines and Power, Vol. 122(3), 2000, pp. 466–472. https://doi.org/10.1115/1.1286922

[Van13] Vanderborght, B. et al.: Variable impedance actuators: A review, Robotics and Autonomous Systems, Vol. 61(12), 2013, pp. 1601–1614. https://doi.org/10.1016/j.robot.2013.06.009

[Var02] Varoto, P. S.; Oliveira, L. P. R.: Interaction Between a Vibration Exciter and the Structure Under Test, Sound and Vibration Issue, 2002, pp. 20–25.

[VDI14a] Verein Deutscher Ingenieure e.V.: VDI-Richtlinie 3720 Blatt 1, Konstruktion lärmarmer Maschinen und Anlagen - Konstruktionsaufgaben und -methodik, ICS 17.140.20; 21.020, Beuth Verlag GmbH, Berlin, 2014.

[VDI14b] Verein Deutscher Ingenieure e.V.: VDI-Richtlinie 3833 Blatt 1, Schwingungsdämpfer und Schwingungstilger Schwingungsdämpfer - Grundlagen, Kenngrößen, Realisierung, Anwendung, Beuth Verlag GmbH, Berlin, 2014.

[VDI19] Verein Deutscher Ingenieure e.V.: VDI-Richtlinie 2221 Blatt 1, Entwicklung technischer Produkte und Systeme - Modell der Produktentwicklung, 03.100.40, Beuth Verlag GmbH, Berlin, 2019.

[VDI21] Verein Deutscher Ingenieure e.V.: VDI/VDE-Richtlinie 2206, Entwicklung mechatronischer und cyber-p hysischer Systeme, ICS 03.100.40, Beuth Verlag GmbH, Berlin, 2021.

[VDI97] Verein Deutscher Ingenieure e.V.: VDI-Richtlinie 2222 Blatt 1, Konstruktionsmethodik - Methodisches Entwickeln von Lösungsprinzipien, 03.100.40, Beuth Verlag GmbH, Berlin, 1997.

[VDI98] Verein Deutscher Ingenieure e.V.: VDI-Richtlinie 2225, Konstruktionsmethodik - Technisch-wirtschaftliches Konstruieren, Technisch-wirtschaftliche Bewertung, Beuth Verlag GmbH, Berlin, 1998.

[Vid22] Vidal, J. V.; Rolo, P.; Carneiro, P. M.; Peres, I.; Kholkin, A. L.; Soares dos Santos, M. P.: Automated electromagnetic generator with self-adaptive structure by coil switching, Applied Energy, Vol. 325, 2022. https://doi.org/10.1016/j.apenergy.2022.119802

[Viv22] Vivekananda Sharma, S.; Hemalatha, G.: Numerical and Experimental Investigation on Small Scale Magnetorheological Damper, International Journal of Engineering, Vol. 35(12), 2022, pp. 2395–2402. https://doi.org/10.5829/IJE.2022.35.12C.16

[Vöt06] Vöth, S.: Dynamik schwingungsfähiger Systeme - Von der Modellbildung bis zur Betriebsfestigkeitsrechnung mit MATLAB/SIMULINK, Friedrich Vieweg & Sohn Verlag, Wiesbaden, 2006.

[Vuo17] Vuong, N.-D.; Li, R.; Chew, C.-M.; Jafari, A.; Polden, J.: A novel variable stiffness mechanism with linear spring characteristic for machining operations, Robotica, Vol. 35(7), 2017, pp. 1627–1637. https://doi.org/10.1017/S0263574716000357

[Wag22] Wagner, M.: Lineare und nichtlineare FEM - Eine Einführung mit Anwendungen in der Umformsimulation mit LS-DYNA, Springer Fachmedien, Wiesbaden, 3. Auflage, 2022. https://doi.org/10.1007/978-3-658-36522-6

[Wah16] Wahid, S. A.; Ismail, I.; Aid, S.; Rahim, M. S.: Magneto-rheological defects and failures: A review, Materials Science and Engineering, Vol. 114, 2016. https://doi.org/10.1088/1757-899X/114/1/012101

[Wan19] Wang, W.; Hua, X.; Wang, X.; Wu, J.; Sun, H.; Song, G.: Mechanical behavior of magnetorheological dampers after long-term operation in a cable vibration control system, Structural Control and Health Monitoring, Vol. 26(1), 2019.
https://doi.org/10.1002/stc.2280

[Wan22] Wang, J.: Active Vibration & Noise Control: Design Towards Performance Limit - A New Paradigm to Active Control, Springer Nature, Singapore, 1st ed. 2022, 2022.
https://doi.org/10.1007/978-981-19-4116-0

[Wit21] Wittel, H.; Spura, C.; Jannasch, D.: Roloff/Matek Maschinenelemente, Springer Fachmedien, Wiesbaden, 2021.
https://doi.org/10.1007/978-3-658-34160-2

[Wol08] Wolf, S.; Hirzinger, G.: A new variable stiffness design - Matching requirements of the next robot generation, IEEE International Conference on Robotics and Automation, Pasadena, USA, 2008, pp. 1741–1746.
https://doi.org/10.1109/ROBOT.2008.4543452

[Wol11] Wolf, S.; Eiberger, O.; Hirzinger, G.: The DLR FSJ - Energy based design of a variable stiffness joint, IEEE International Conference on Robotics and Automation, Shanghai, China, 2011, pp. 5082–5089.
https://doi.org/10.1109/ICRA.2011.5980303

[Wol16] Wolf, S. et al.: Variable Stiffness Actuators: Review on Design and Components, IEEE/ASME Transactions on Mechatronics, Vol. 21(5), 2016, pp. 2418–2430.
https://doi.org/10.1109/TMECH.2015.2501019

[Wri14] Wright, J. R.; Cooper, J. E.: Introduction to Aircraft Aeroelasticity and Loads, John Wiley & Sons, Second Edition, 2014.
https://doi.org/10.1002/9781118700440

[Wu16] Wu, T.-H.; Lan, C.-C.: A wide-range variable stiffness mechanism for semi-active vibration systems, Journal of Sound and Vibration, Vol. 363, 2016, pp. 18–32.
https://doi.org/10.1016/j.jsv.2015.10.024

[Xin16] Xing, Z.; Yu, M.; Sun, S.; Fu, J.; Li, W.: A hybrid magnetorheological elastomer-fluid (MRE-F) isolation mount: development and experimental

validation, Smart Materials and Structures, Vol. 25, 2016.
https://doi.org/10.1088/0964-1726/25/1/015026

[Yan02] Yang, G.; Spencer, B. F.; Carlson, J. D.; Sain, M. K.: Large-scale MR fluid dampers: modeling and dynamic performance considerations, Engineering Structures, Vol. 24(3), 2002, pp. 309–323.
https://doi.org/10.1016/S0141-0296(01)00097-9

[Yu06] Yu, M.; Liao, C. R.; Chen, W. M.; Huang, S. L.: Study on MR Semi-active Suspension System and its Road Testing, Journal of Intelligent Material Systems and Structures, Vol. 17(8-9), 2006, pp. 801–806.
https://doi.org/10.1177/1045389X06057534

[Zel12] Zeller, P.: Handbuch Fahrzeugakustik, Vieweg+Teubner Verlag, Wiesbaden, 2012.
https://doi.org/10.1007/978-3-8348-8657-6

[Zha17] Zhao, H.; Han, D.; Zhang, L.; Bi, S.: Design of a stiffness-adjustable compliant linear-motion mechanism, Precision Engineering, Vol. 48, 2017, pp. 305–314.
https://doi.org/10.1016/j.precisioneng.2016.12.013

[Zha23] Zhang, S.; Wei, W.; Chen, X.; Xu, L.; Cao, Y.: Vibration Performance Analysis and Multi-Objective Optimization Design of a Tractor Scissor Seat Suspension System, Agriculture, Vol. 13(48), 2023.
https://doi.org/10.3390/agriculture13010048

[Zha23] Zhang, X.; Liu, X.; Sun, C.: Research on a novel displacement-dependent semi-active valve damping control mechanism used in the seat suspension system, Advances in Mechanical Engineering, Vol. 15(4), 2023.
https://doi.org/10.1177/16878132231169631

[Zha23] Zhao, J. et al.: Prescribed Performance Control-Based Semi-Active Vibration Controller for Seat Suspension Equipped with an Electromagnetic Damper, Vibration, Vol. 6, 2023, pp. 303–318.
https://doi.org/10.3390/vibration6010019

[Zho20] Zhong, W.-M.; Zhu, A.-D.; Bai, X.-X. F.; Wereley, N. M.; Zhang, N.: Integrated Shock Absorber With Both Tunable Inertance and Damping, Frontiers in Materials, Vol. 7, 2020.
https://doi.org/10.3389/fmats.2020.00204

[Zho22] Zhou, X.; Sun, T.; Sun, B.; Ma, N.; Ou, J.: Adaptive Passive-Control for Multi-Stage Seismic Response of High-Rise Braced Frame Using the

Frictional-Yielding Compounded BRBs, Buildings, Vol. 12(12), 2022. https://doi.org/10.3390/buildings12122123

[Zhu12] Zhu, S.; Shen, W.; Xu, Y.: Linear electromagnetic devices for vibration damping and energy harvesting: Modeling and testing, Engineering Structures, Vol. 34, 2012, pp. 198–212. https://doi.org/10.1016/j.engstruct.2011.09.024

[Żur22] Żurawski, M.; Zalewski, R.: Experimental Studies on Adaptive-Passive Symmetrical Granular Damper Operation, Materials, Vol. 15(17), 2022. https://doi.org/10.3390/ma15176170